华章IT
HZBOOKS | Information Technology

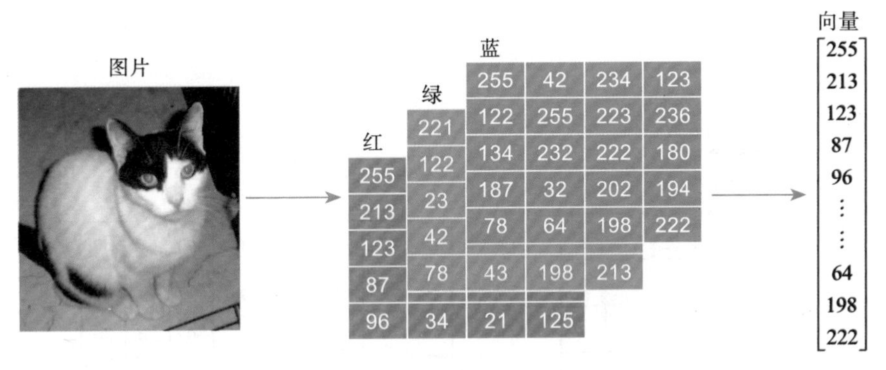

图 3-4　图片处理

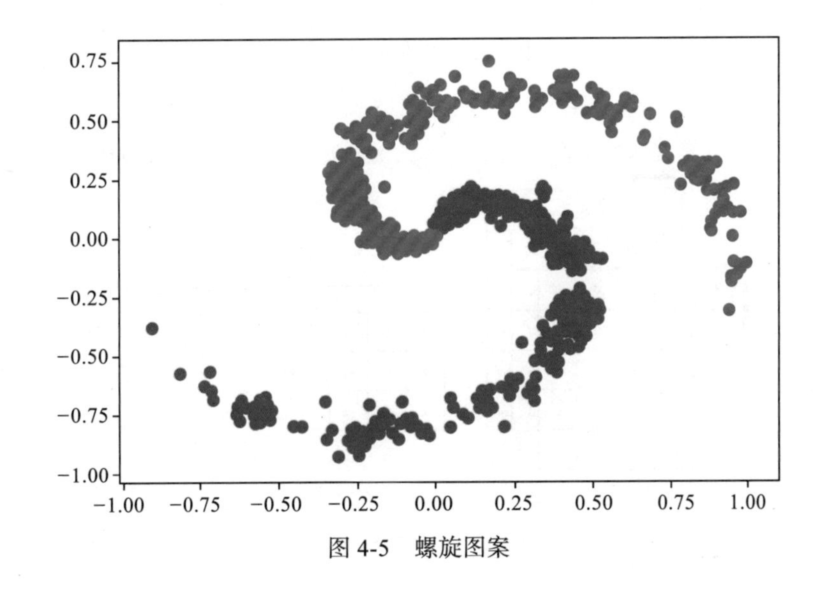

图 4-5　螺旋图案

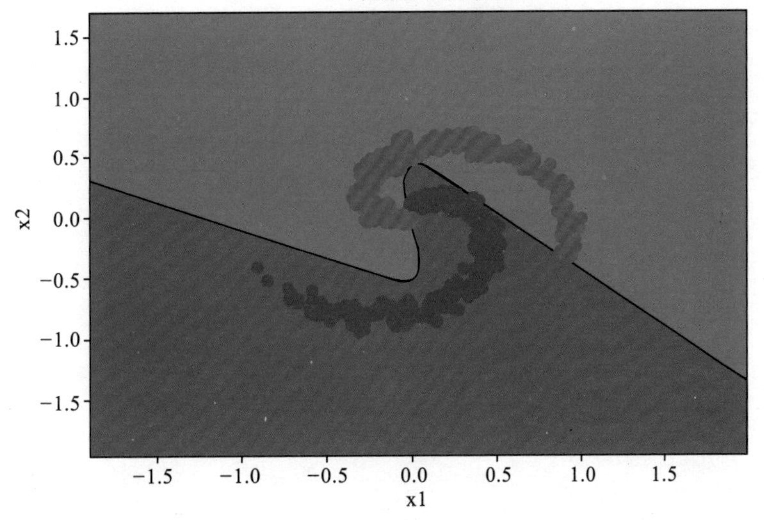

图 4-8　神经网络分类结果

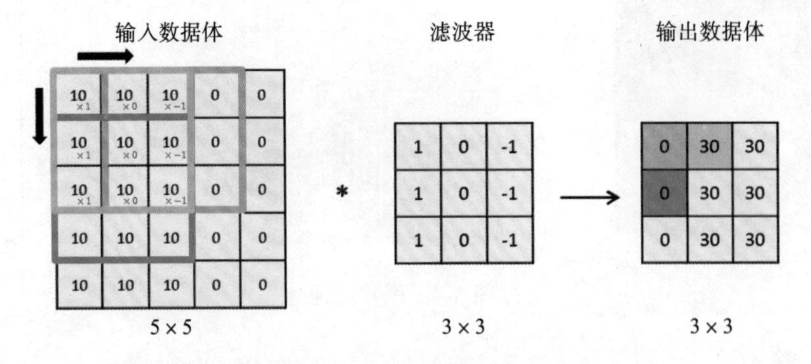

图 6-2　二维卷积操作

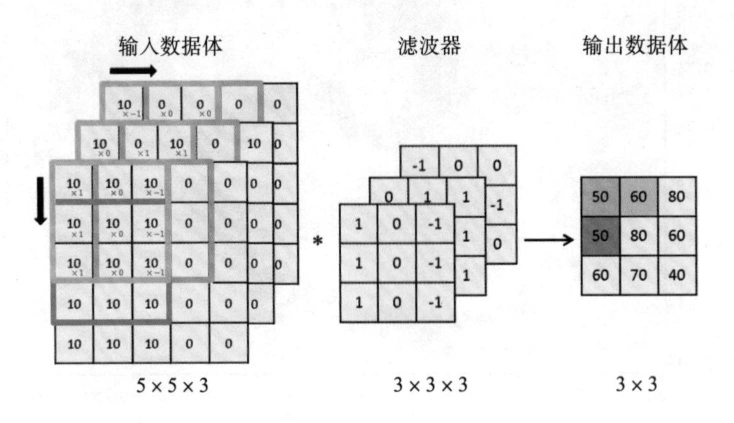

图 6-3　三维卷积操作

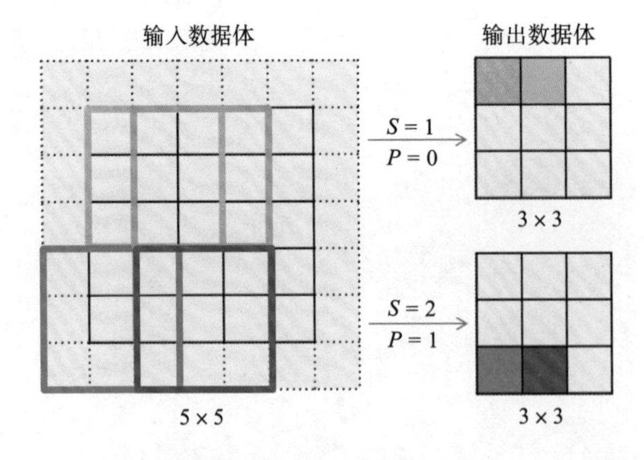

图 6-4　输出数据体尺寸计算

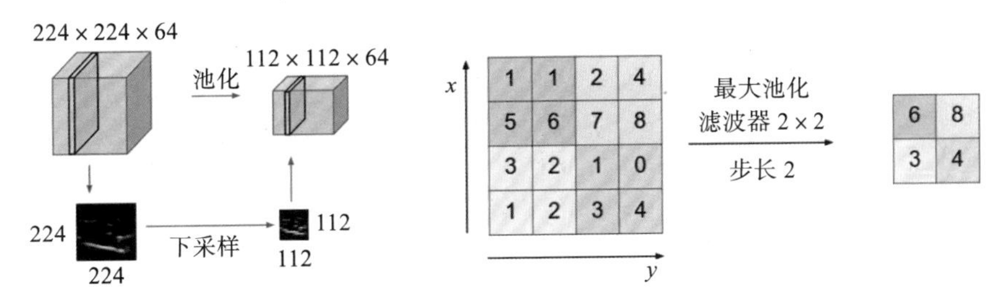

图 6-6　池化操作

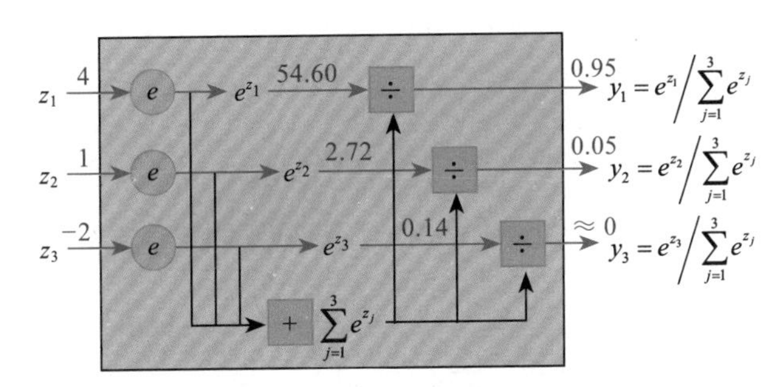

图 6-7　Softmax 计算过程示意图

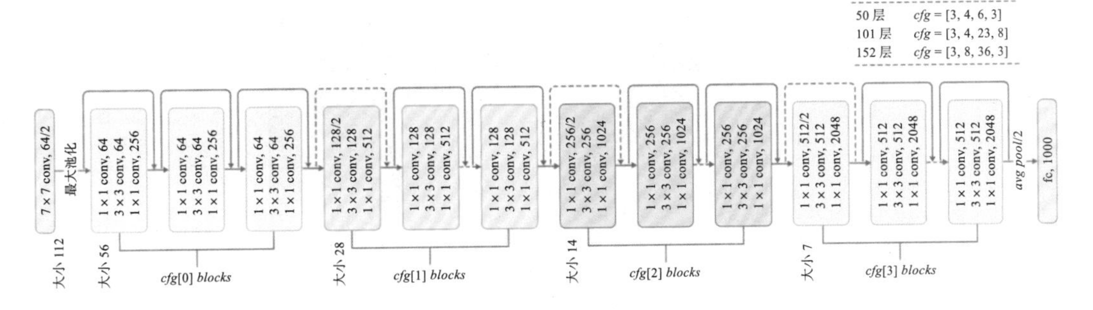

图 6-16　基于 Image 的 ResNet 模型

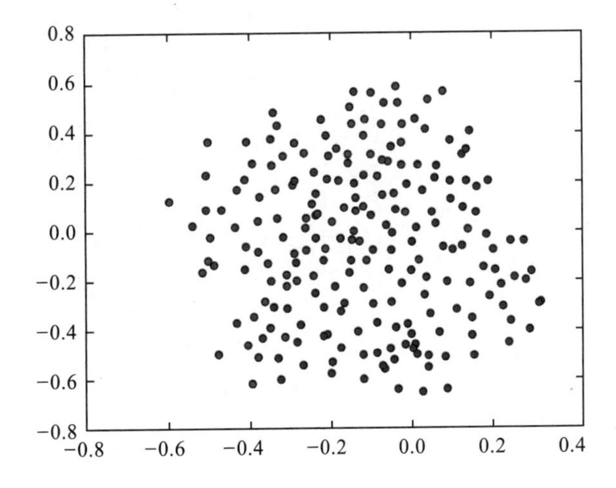

图 10-10　点集数据分布

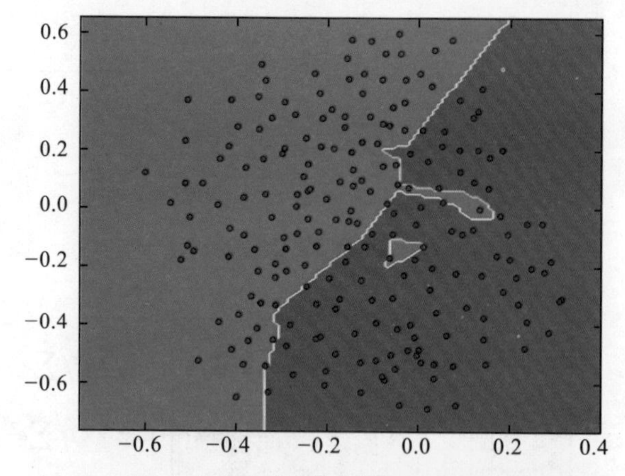

图 10-11　无正则化项的分类模型得到的决策边界

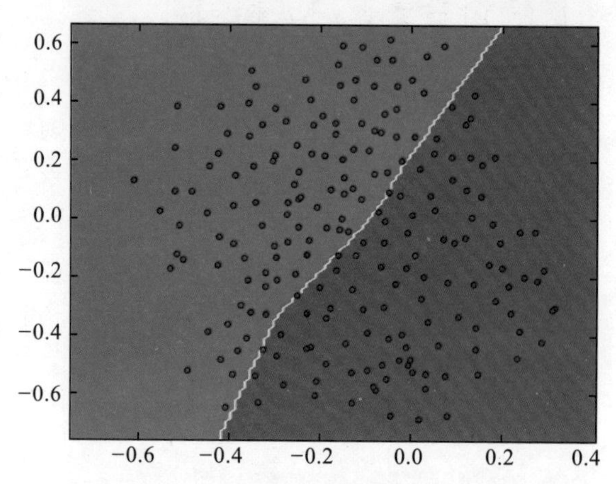

图 10-12　加入 L2 正则化的分类模型得到的决策边界

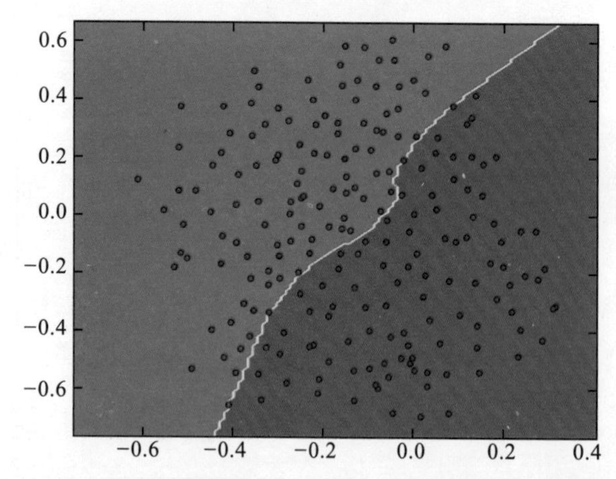

图 10-13　加入 Dropout 正则化的分类模型得到的决策边界

智能系统与技术丛书

Deep Learning by PaddlePaddle

PaddlePaddle 深度学习实战

刘祥龙 杨晴虹 谭中意 蒋晓琳 白浩杰 编著

深度学习技术及应用国家工程实验室
百度技术学院 组编

图书在版编目（CIP）数据

PaddlePaddle 深度学习实战 / 刘祥龙等编著 . 一北京：机械工业出版社，2018.5
（智能系统与技术丛书）

ISBN 978-7-111-60046-6

I. P… II. 刘… III. 学习系统 IV. TP273

中国版本图书馆 CIP 数据核字（2018）第 102946 号

PaddlePaddle 深度学习实战

出版发行：机械工业出版社（北京市西城区百万庄大街 22 号 邮政编码：100037）

责任编辑：李 艺　　责任校对：殷 虹

印 刷：北京市兆成印刷有限责任公司　　版 次：2018 年 6 月第 1 版第 1 次印刷

开 本：186mm × 240mm 1/16　　印 张：16.5（含 0.25 印张彩插）

书 号：ISBN 978-7-111-60046-6　　定 价：69.00 元

凡购本书，如有缺页、倒页、脱页，由本社发行部调换

客服热线：（010）88379426 88361066　　投稿热线：（010）88379604

购书热线：（010）68326294 88379649 68995259　　读者信箱：hzit@hzbook.com

FOREWORD

序

人工智能是第四次科技革命，改变世界

我们正处在一个巨变的时代，人工智能已经成为这个时代的主题。人工智能成为第四次工业革命的核心驱动力，并将像机械化、电气化、信息化一样，最终渗透到每一个行业的每一个角落，将人类历史推入一个崭新的科技时代。人工智能将重塑全球制造业竞争新格局，引爆新一轮产业革命。我国和主要发达国家都在积极布局人工智能，将其作为新产业革命的引爆点，加大科技投入，加快产业化进程。人工智能将对战略新兴产业形成整体性突破，并带来巨大的市场空间。人工智能出现之后，那些重复性的工作，不管是体力的还是脑力的，都可能会慢慢消失，但是创意性的、更高端的工作将产生。

以 1956 年的达特茅斯会议（Dartmouth Conference）为起点，人工智能经过了 60 余年的发展，经历了逻辑推理理论和专家系统的两次繁荣，也经历了随之而来的两次寒冬。在最近的十年间，人工智能技术再次出现了前所未有的爆发性增长和繁荣期。机器学习技术，尤其是深度学习技术的兴起是本次人工智能繁荣大潮的重要推动力。以互联网为代表，国内外企业纷纷成立专注于人工智能的研发部门。在人工智能浪潮的推动下，学术界与工业界紧密合作，探索全新的科研领域，并将科技成果逐渐辐射到各行各业。

现阶段，人工智能在语音、图像、自然语言处理等技术上取得了前所未有的突破。本轮人工智能的快速发展离不开三大关键要素。

第一，大规模、高性能的云端计算硬件集群是人工智能发展的强劲引擎。目前深度学习算法模型结构复杂、规模大、参数多；模型的开发门槛很高。面对这些挑战，高性能的硬件，如 GPU、FPGA、ASIC 等，尤其是面向人工智能应用的专用芯片的发展，让机器学习的训练速度提升数倍。

第二，数据是推动人工智能发展的燃料，机器学习技术需要大量标注数据来进行模型训练，在海量数据样本的基础上挖掘信息，得到有用的知识，从而做出决策。移动互联网、IoT 物联网的发展，不止让手机这样的移动设备接入互联网，音箱、电视、冰箱都可以接入云，获得人工智能的能力和服务。用户通过这些设备感受到 AI 带来的便利，实际其背后是云上提供的服务。云是 AI 的 container，如果将 AI 比作电的话，云就是核电站，为各行各业提供源源不断的智能核动力。

第三，是不断推陈出新的人工智能算法，从卷积神经网络（Convolutional Neural Network，CNN）到递归神经网络（Recurrent Neural Network，RNN），从生成式对抗网络（Generative Adversarial Networks，GANs）到迁移学习（Transfer Learning）。每一次新算法的提出或改进，都带来了应用效果的大幅提升。人工智能技术在语音、图像、自然语言等众多领域的使用，推动了这次人工智能大潮的持续发展。

人工智能正在改变世界，它还处在婴儿时代，还有巨大的发展空间。人工智能将融合百业千行，并创造出全新的领域。

ABC 融合，加速物理世界与数字世界的融合

综合来看，以人工智能（AI）为代表，大数据（Big Data）、云计算（Cloud Computing）等一系列互联网技术都在驱动着社会、经济的发展。大数据就像是推动技术和商业发展的燃料，能让服务商更了解用户需求，让用户更轻松地获得自己喜欢的商品和服务；而云计算提供了各种应用和服务运营的基础。ABC（AI、Big Data、Cloud Computing）三位一体驱动着“互联网物理化”的快速变革，将数字世界的互联网技术、商业模式又送回到物理世界，改变未来社会。

在 2016 年的百度云智峰会上，我提出了 ABC 三位一体智能云的概念。ABC 智能云将成为行业智能转型的载体。有别于传统的云，ABC 智能云不仅能提供大规模的计算资源，更可以将行业数据转换为知识，特别是不同行业的知识，如工业、能源、金融、媒体等。随着云上数据的不断聚集，ABC 智能云将提供越来越多的知识，进而为行业提供分析、预测、自动化等 AI 能力，帮助传统行业进行改造，大幅提升其生产力。AI 甚至可以建立一系列新的产品、服务，如智能家居、无人车等。AI 的商业化途径是通过数据

加算法、软件与专用硬件这样 ABC 三位一体的智能云来实现的，从而实现用户价值并产生商业价值，这样更多的数据和更大的价值将进入创新循环阶段，而且创新速度将越来越快。

发展 AI 需要开放的生态和交叉领域的人才

人工智能是第四次工业革命的核心驱动力，是中国历史性的机遇。此轮人工智能革命中，我国与领先国家几乎同时起步，并且拥有培育人工智能发展的最佳土壤。一方面，我国有良好的政策环境，在 2017 年十二届全国人大五次会议上，“人工智能”这一表述首次出现在政府工作报告中。2017 年 7 月，国务院印发了《新一代人工智能发展规划》，提出了我国新一代人工智能发展的指导思想、战略目标、重点任务和保障措施。《规划》提出，到 2030 年，中国成为世界主要人工智能创新中心，人工智能核心产业规模超过 1 万亿元，带动相关产业规模超过 10 万亿元。另一方面，在人才储备方面，人工智能领域的华人科学家人才济济。虽然从突破性科研贡献的数量和质量，以及科研成果的影响力来看，中国与美国还有差距，但是在通用技术方面，中国在计算机视觉和语音识别等领域都达到了世界一流水平。中国企业也正在从应用驱动型创新向技术驱动型创新转移。

人工智能需要数学基础好的人才，而中国学生有非常强的数理基础，中国人工智能专业博士生约有 3 万人。人工智能时代，对人才的要求是做“三好学生”——数学好、编程好、态度好。首先，是数学好，人工智能技术的研发需要很深厚的数学功底，线性代数、概率论、离散数学、模型优化等都需要有深厚的数学专业积累；其次，是编程好，人工智能技术的落地实现，乃至形成商业化产品，需要有很强的工程开发能力，将理论实现和落地；最后，是态度好，我们处在一个快速变化的时代，新技术不断涌现，社会需求和知识更新更是瞬息万变，技术人才需要主动学习、协调和整合资源，从而达成目标，和团队及项目共同成长。Machine is learning, you must keep learning。每天都要学习，机器在学习，你必须要学得更快，才不会被机器淘汰，包括做交叉学科的研究。

作为最早深耕人工智能的科技公司之一，百度于 2016 年将曾两获公司最高奖的深度学习平台 PaddlePaddle（Parallel Distributed Deep Learning）开源至 GitHub 社区，方便更为广泛的技术人员加入到人工智能领域。该平台可实现亿万级别海量数据的高性能计算，其主要特点是训练算法高度优化，并充分利用了GPU和FPGA等异构计算资源加速运算，支持大规模数据量的分布式训练，是研发人工智能基础技术的基础。PaddlePaddle广泛应用于百度自动驾驶、图像识别、语音、自然语言理解等领域。

PaddlePaddle的开源大幅提高了人工智能的开发速度，让深度学习变得简单、快速。北京工业大学的学生就曾利用PaddlePaddle平台为平谷的桃农制造了一台智能桃子分拣机，可以根据桃子的颜色、大小、光泽等诸多特征实现智能分拣，分桃准确率达90%以上，解放了人力，提高了生产效率。

人工智能是一项工具，要更好地为人所用，本书为我们开启了一扇走入人工智能世界的大门，帮助大家深入浅出地了解百度的深度学习开源平台。站在巨人的肩膀上，能看得更远！

百度公司总裁

张亚勤博士

PREFACE

前　言

人工智能（AI）前景无量已经成为业界共识，国内外很多企业都聚集了各种资源大力发展人工智能。人工智能并不是一个新生的名词，在数十年的发展历程中，像“深度学习”这样在学术界和工业界皆具颠覆性的技术可谓十年难遇。作为国内人工智能领域的领头羊，百度在AI领域早已深耕多年，特别是在深度学习领域建树颇丰。百度通过应用深度学习技术，使其在语音、视觉、文本、无人驾驶等各领域都处于领先位置。百度着力打造大AI生态，倾其全力推动中国AI产业大力发展。2016年，百度开源了其内部使用的深度学习框架PaddlePaddle。

深度学习算法十分强大，但深入理解和灵活运用深度学习算法并不是一件容易的事情，尤其是复杂的数学模型和计算过程让不少同学刚入门就放弃了。现在市面上有不少科普型的书，主要作用是从宏观上描述深度学习的发展和用途，没有对细节的描述，只起到了提振读者信心的作用。同时，也不乏学界大牛的全而难的“大部头”著作，但是其中帮助初学者入门深度学习的内容并不多。本书针对此现状立足于PaddlePaddle框架，从算法到应用由浅入深地带领读者一步一步进入AI技术世界。

本书从实战的角度出发，旨在帮助读者掌握满足工业需求的实际技能。在真实工业开发中框架是必不可少的，现在市面上框架很多且各具特色，其中PaddlePaddle因为其具有上手容易、运行效率高、支持私有云等优势，受到越来越多的公司和个人的青睐。虽然开发者对PaddlePaddle表现出了浓厚的兴趣，可惜的是市面上还没有一本关于PaddlePaddle的书。为了让更多的开发者享受到深度学习带来的福利，于是由百度发起，特邀北航参与，两家精诚合作联袂打造了本书。

本书采用由简入繁的原则撰写而成。我们希望本书能成为一名能带领读者领略PaddlePaddle精妙的精神导游。从较为简单的线性回归、逻辑回归到较为复杂的RNN数字识别、个性化推荐、云上部署等，本书结合若干实例，系统地介绍了PaddlePaddle的使用特点。教会读者如何使用框架就像教会了读者一套外功拳法。然而本书不仅关注框架本身的细节用法，还非常注重基础知识和理论，目的是教会读者内功心法。书中既详细描述了神经网络的各个细节，也深入讲解了算法性能优化的思路和技巧，旨在帮助读者深入理解深度学习的精髓。

本书共分为10章，每一章都包含理论介绍和对应的代码实现。除了第1章讲述主要的数学基础外，其余各章都有PaddlePaddle的代码实现。

第1章介绍数学基础和Python库的使用。

第2章回顾神经网络的发展历程和机器学习的基本概念，使用线性回归作为PaddlePaddle的入门示例。

第3章以逻辑回归为主线介绍单个神经元的工作原理，分别使用numpy库和PaddlePaddle实现逻辑回归模型的猫脸分类。

第4章开始正式介绍神经网络。以双层的网络为例深入讲解BP算法的计算过程，分别用numpy库和PaddlePaddle实现"花"的点集分类问题。

第5章介绍深度神经网络的相关知识，总结神经网络的核心算法运算过程。然后使用深度网络再次分别使用numpy库和PaddlePaddle实现猫脸分类。

第6章以图像分类为切入点深入讲解卷积神经网络的相关细节，同时介绍几种经典的网络模型。接着介绍用PaddlePaddle实现基于MNIST数据集的手写数字的识别。

第7章介绍个性化推荐系统的算法，包括基于传统机器学习的推荐方法和基于深度学习的推荐方法，其中重点介绍深度学习的融合推荐系统。同时介绍使用PaddlePaddle在ml-1m数据集上完成推荐系统的具体实现。

第8章以个性化推荐系统为例，详细讲解PaddlePaddle Cloud的使用方法，介绍在云上如何创建、配置集群，如何提交单节点任务等，并实现基于PaddlePaddle Cloud搭建分布式深度学习推荐网络模型。

第9章介绍PaddlePaddle的又一个应用场景，即广告点击通过率预估（CTR），重点介绍CTR的基本过程和常见模型，然后基于Kaggle数据集网站的Avazu数据集，使用PaddlePaddle实现训练和预测的整个过程。

第10章系统介绍算法优化的思路和方法。从深度学习系统的实践流程开始，介绍评估和调优策略等重要概念和思想，并结合实例给出调优的具体效果。

本书适合的读者主要包含：

- 对 PaddlePaddle 框架感兴趣的开发者；
- 希望学习深度学习的在校大学生和在职的程序员；
- 从事深度学习教学工作的一线教师；
- 希望深入理解深度学习的产品经理。

阅读本书最好具备以下要求：至少具有高中以上的数学基础，具有基本的编程能力（拥有 Python 编程经验更好）。如果读者具有机器学习的相关经验，那么学习起来会更加轻松。

ACKNOWLEDGEMENT

致　　谢

本书谨献给 PaddlePaddle 社区的开发者和生态用户们，正是因为你们的热忱和积极贡献，才使得 PaddlePaddle 深度学习框架得以不断演进。

诚挚感谢百度技术委员会理事长、深度学习技术及应用国家工程实验室（DLNEL）秘书长陈尚义先生，他精心组织和策划了本书，可以说没有他的推动和支持，就没有本书的问世。

感谢百度总裁张亚勤在百忙之中为本书作序，感谢百度副总裁及 DLNEL 理事长和主任王海峰，因为有了他们的肯定和支持，才使得 DLNEL 输出的首个实战教程顺利出版。

感谢 DLNEL 副主任李莹和百度技术生态部总经理喻友平对本书涉及的技术内容的指导；感谢 PaddlePaddle 团队王萌、骆涛、曹莹、冉邱、张超、杜哲等专家对教程的审阅和修订。

感谢所有关心 PaddlePaddle 的热心开发者们，限于篇幅，在此不再一一列举。

CONTENTS

目　录

CHAPTER 1

第 1 章

数学基础与 Python 库

本章介绍了读者在学习深度学习之前，需要掌握的一些数学知识和 Python 编程知识。由于书中编写的代码都是基于 Python 实现的，文中首先介绍了 Python 特点及研究人员选取 Python 语言的原因。然后介绍了在学习深度学习过程中最为常用的两个 Python 基础库——numpy 库和 matplotlib 库。最后归纳了在学习深度学习中用到的一些数学模型用 Python 实现。

学完本章，希望读者能够掌握以下知识点：

（1）理解深度学习涉及的基本数学知识，对线性代数和微积分基础知识能够有比较扎实的掌握。

（2）掌握 numpy 库和 matplotlib 库的基本应用。

（3）读者能进行数学模型与编程实现的综合实验，实现算法思维和动手实现的融会贯通。

1.1 Python 是进行人工智能编程的主要语言

当前，无论工业界还是学术界，进行人工智能（AI）编程的主流语言就是 Python。Python 在 1989 年由荷兰人 Guido van Rossum 发明，从发明之日起就由社区维护不断壮大。

Python 是一门解释型的高级语言，其设计简洁优雅，对程序员友好，开发效率高。Python 专注于缩短开发周期，让开发者尽力避免考虑底层细节，把宝贵的精力更多投入到功能开发本身上来。Python 官方对 Python 的评价：“ Python 追求的是找到最好的解决方案，相比之下，其他语言追求的是多种解决方案。”多年的积淀让 Python 形成了强大的生态。由于 Python 非常容易扩展，在各个领域的开发者不断贡献代码的情况下，逐渐形成了各种各样的库。特别是人工智能开发常常用到的 numpy、scipy、matplotlib 等库。

开发者除了可以调用使用 Python 语言编写的库，还能通过各种方式轻松地调用其他语言编写的模块。一种常见的方式是：底层复杂且对效率要求高的模块用 C/C++ 实现，顶层调用的 API 用 Python 语言封装，这样通过简单的语法实现顶层逻辑。因为这样的特性，Python 又被称为“胶水语言”。这种特性的好处显而易见，一方面开发者可以更多地专注于思考问题的逻辑而不是把时间用在编程上，另一方面由于大量使用 C/C++ 跟它配合，使得采用 Python 开发的真实程序运行起来非常快。尤其对于做人工智能的研发人员，这种方式非常理想。现在主流的深度学习框架都直接用 Python 语言或者提供了 Python 接口。由百度发起的深度学习框架 PaddlePaddle 的工作语言就是 Python。

Python 能成为人工智能的主流语言的一个重要原因就是其语法简单、容易掌握。Python 已成为 Web 开发、游戏脚本、计算机视觉、物联网管理和机器人开发的主流语言之一。这些行业的从业人员都是专业的程序员，软件开发是他们的本职工作。但是在“新兴”领域越来越多的人开始了解和使用人工智能技术，越来越多的人将成为人工智能工程师，成为应用工程师和人工智能的用户。Python 由于入门简单成为目前最受欢迎的人工智能工作语言。

注意　python 由于历史原因分为了两个版本，2.x 和 3.x，因为 PaddlePaddle 目前只支持 2.x 版本，未来有计划支持 3.x 版本，所以本书中用到的例子都是在 Python 2.7 上运行和测试通过的，建议读者也使用 2.x 的版本。

Python 是一种很优美的编程语言。希望读者在编写 Python 程序的时候，也能注重把代码写的优雅，易读性和可维护性好。事实上，Python 的作者对于代码优雅有明确的建议，请在 python console 下输入 import this，能看到被称为“Python 之禅”的要求。下面是中英文对照：

补充阅读

Python 之禅（The Zen of Python）

（注：翻译来自 Python 官方中文社区）

The Zen of Python, by Tim Peters

Python 之禅　作者：Tim Peters

Beautiful is better than ugly. 优美胜于丑陋（Python 以编写优美的代码为目标）

Explicit is better than implicit. 明了胜于晦涩（优美的代码应当是明了的，命名规范，风格相似）

Simple is better than complex. 简洁胜于复杂（优美的代码应当是简洁的，不要有复杂的内部实现）

Complex is better than complicated. 复杂胜于凌乱（如果复杂不可避免，那代码间也不能有难懂的关系，要保持接口简洁）

Flat is better than nested. 扁平胜于嵌套（优美的代码应当是扁平的，不能有太多的嵌套）

Sparse is better than dense. 间隔胜于紧凑（优美的代码有适当的间隔，不要奢望一行代码解决问题）

Readability counts. 可读性很重要（优美的代码是可读性很高的）

Special cases aren't special enough to break the rules. 即便假借特例的实用性之名，也不可违背这些规则（这些规则至高无上）

Although practicality beats purity.

Errors should never pass silently.

Unless explicitly silenced.

不要包容所有错误，除非你确定需要这样做（精准地捕获异常，不写 except:pass 风格的代码）

In the face of ambiguity, refuse the temptation to guess.

当存在多种可能，不要尝试去猜测

There should be one-- and preferably only one --obvious way to do it.

而是尽量找一种，最好是唯一一种明显的解决方案（如果不确定，就用穷举法）

Although that way may not be obvious at first unless you're Dutch.

虽然这并不容易，因为你不是 Python 之父（这里的 Dutch 是指 Guido，他开创了 Python 语言）

Now is better than never.

做也许好过不做

Although never is often better than *right* now.

但不假思索就动手还不如不做（动手之前要细思量）

If the implementation is hard to explain, it's a bad idea.

If the implementation is easy to explain, it may be a good idea.

如果你无法向人描述你的方案，那肯定不是一个好方案；如果方案容易描述，那也许是个好方案（方案测评标准）

Namespaces are one honking great idea -- let's do more of those!

命名空间是一种绝妙的理念，我们应当多加利用（倡导与号召）

1.2　数学基础

机器学习及深度学习的理论是建立在数学基础上的。本节主要介绍了线性代数和微积分的基础知识。本书的主题是深度学习及 PaddlePaddle 框架的使用，所以数学部分只简明扼要地介绍与主题紧密相关的内容。如果读者已经熟悉相关知识，可以跳过本节。

1.2.1　线性代数基础

线性代数对于机器学习及深度学习极为重要。机器学习的基础就是数据，没有大量的数据也就没有了机器学习。数据中蕴含了丰富的信息，这些信息可以通过多维的视角来看待，可以说数据就是很多个维度的信息的综合体。如果要存储和计算这些数据就需要用到线性代数中的知识，包括机器学习中最常用到的向量、矩阵、张量等。下面分别介绍这些基本概念及相关的常用运算。

1. 向量

在线性代数中，最基本的概念是**标量**（Scalar）。标量就是一个实数。比标量更常用的一个概念是**向量**（Vector）。向量就是 n 个实数组成的有序数组，称为 n 维向量（如公式 1-1 所示）。如果没有特别说明，一个 n 维向量一般表示一个列向量。向量符号一般用黑体小写字母 $\boldsymbol{a}, \boldsymbol{b}, \boldsymbol{c}$ 来表示。这个有序数组中的每个元素都有对应的下标。数组中的第一个元素的下标是 1，第二个元素的下标是 2，以此类推。通常用 $\boldsymbol{a}_1$ 表示第一个元素，$\boldsymbol{a}_2$ 表示第二个元素，$\boldsymbol{a}_i$ 表示第 i 个元素。数组中的每一个元素被称为一个分量。多个向量可以组成一个矩阵。

$$\boldsymbol{a}=\begin{bmatrix}\boldsymbol{a}_1\\ \boldsymbol{a}_2\\ \vdots\\ \boldsymbol{a}_n\end{bmatrix} \tag{1-1}$$

2. 矩阵

矩阵（Matrix）是线性代数中应用非常广泛的一个概念。矩阵比向量更加复杂，向量是一个一维的概念而矩阵是一个二维的概念。一个矩阵的直观认识如公式 1-2 所示。式中矩阵由 $m \times n$ 个元素组成，这些元素被组织成 m 行和 n 列。本书中矩阵使用黑体大写字母表示，例如 $\boldsymbol{A}$。矩阵中每个元素使用 $\boldsymbol{a}_{ij}$ 的形式表示，例如第一行第一列的元素为 $\boldsymbol{a}_{11}$。

$$\begin{bmatrix}\boldsymbol{a}_{11}\boldsymbol{a}_{12} & \boldsymbol{a}_{1}\\ \boldsymbol{a}_{21}\boldsymbol{a}_{22} & \boldsymbol{a}_{2}\\ \vdots\ \ \vdots\ \ \vdots & \vdots\\ \boldsymbol{a}_{m1}\boldsymbol{a}_{m2} & \boldsymbol{a}_{mn}\end{bmatrix} \tag{1-2}$$

特别的，一个向量也可视为大小为 $n \times 1$ 的矩阵，如公式 1-3 所示，既是一个 $n \times 1$ 矩阵，又是一个 n 维向量。

$$\begin{bmatrix}\boldsymbol{a}_{11}\\ \boldsymbol{a}_{21}\\ \vdots\\ \boldsymbol{a}_{m1}\end{bmatrix} \tag{1-3}$$

单位矩阵（Identity Matrix）是一种特殊的矩阵，其**主对角线（Leading Diagonal，连接矩阵左上角和右下角的连线）**上元素为 1，其余元素为 0。n 阶单位矩阵 $\boldsymbol{I}_n$ 是一个 $n \times n$ 的方形矩阵。可以记为 $\boldsymbol{I}_n=\mathrm{diag}(1, 1,\cdots, 1)$。

3. 向量的运算

在机器学习及深度学习中向量不仅用来存储数据，也会参与操作。向量的运算主要有两个，一个是向量的加减法，一个是向量的点乘（内积）。

向量的加减法比较容易理解。无论是加法还是减法都需要参与运算的两个向量的长度相同，其运算规则是对应位置的元素求和或者求差。例如，向量 $\boldsymbol{a}=[a_1, a_2,\cdots a_n]$ 和向量 $\boldsymbol{b}=[b_1, b_2,\cdots b_n]$ 都是长度为 n 的向量，求和就是生成向量 $\boldsymbol{c}=[c_1, c_2,\cdots c_n]$，$\boldsymbol{c}$ 中的每一个元

素都是由 $\boldsymbol{a}$ 和 $\boldsymbol{b}$ 对应位置的元素求和得到 $\boldsymbol{c}_i=\boldsymbol{a}_i+\boldsymbol{b}_i$。

向量的点乘相对复杂一些，两个长度相同的向量才能做点乘。假设存在两个长度相同都为 n 的向量 $\boldsymbol{a}=[a_1, a_2,\cdots a_n]$ 和 $\boldsymbol{b}=[b_1, b_2,\cdots b_n]$，它们的点乘结果为一个标量 c。c 的值为向量 $\boldsymbol{a}$ 和向量 $\boldsymbol{b}$ 对应位置的元素的乘积求和：$c=a_1\times b_1+a_2\times b_2+\cdots+a_n\times b_n$。向量点乘记作 $\boldsymbol{c}=\boldsymbol{ab}$ 或记作 $\boldsymbol{c}=\boldsymbol{a}\cdot\boldsymbol{b}$。点乘使用公式表示，即 $\boldsymbol{c}=\sum_i^n \boldsymbol{a}_i\boldsymbol{b}_i$。通过对公式的观察会发现点乘符合交换律，即 $\boldsymbol{ab}=\boldsymbol{ba}$。

4. 矩阵的运算

相比于普通的算术运算，矩阵运算更加复杂。最常见的矩阵运算主要有加、减、乘、转置，而乘又分为点乘和元素乘。矩阵的加减运算是相对简单的运算。加减运算涉及两个矩阵，运算的结果生成第三个矩阵。**加减运算**要求运算输入的两个矩阵的规模相同（即，两个矩阵都为 m 行 $\times n$ 列），其规则就是对应位置的元素加和减。例如，假设 $\boldsymbol{A}$ 和 $\boldsymbol{B}$ 都是 m 行 n 列的矩阵，则 $\boldsymbol{A}$ 和 $\boldsymbol{B}$ 的加和减分别为：

$$(\boldsymbol{A}+\boldsymbol{B})_{ij}=\boldsymbol{A}_{ij}+\boldsymbol{B}_{ij} \qquad (\boldsymbol{A}-\boldsymbol{B})_{ij}=\boldsymbol{A}_{ij}-\boldsymbol{B}_{ij} \tag{1-4}$$

矩阵乘法是矩阵运算中最重要的操作之一。矩阵的乘法有两种运算，一种是**点乘**（Matrix Product），一种是**元素乘**（Element-Wise Product）。下面分别介绍。

点乘运算是一个常用矩阵操作。两个矩阵 $\boldsymbol{A}$ 和 $\boldsymbol{B}$ 经过点乘运算产生矩阵 $\boldsymbol{C}$。点乘运算的前提条件就是矩阵 $\boldsymbol{A}$ 的列数必须和矩阵 $\boldsymbol{B}$ 的行数相等。如果矩阵 $\boldsymbol{A}$ 的形状是 $m\times n$，矩阵 $\boldsymbol{B}$ 的形状是 $n\times p$，那么矩阵 $\boldsymbol{C}$ 的形状是 $m\times p$。点乘运算可以书写作 $\boldsymbol{C}=\boldsymbol{A}\cdot\boldsymbol{B}$，通常更常用的写法是 $\boldsymbol{C}=\boldsymbol{AB}$。点乘运算的规则稍复杂，$\boldsymbol{A}$ 中的第 i 行点乘 $\boldsymbol{B}$ 中的第 j 列得到一个标量，这个标量就是 $\boldsymbol{C}$ 中的第 i 行第 j 个元素。例如，$\boldsymbol{A}$ 的第一行点乘 $\boldsymbol{B}$ 的第一列得到 $\boldsymbol{C}$ 中的一个元素 $\boldsymbol{C}_{11}$；$\boldsymbol{A}$ 的第三行乘以 $\boldsymbol{B}$ 的第二列得到 $\boldsymbol{C}$ 的一个元素 $\boldsymbol{C}_{32}$。其公式表示如下：

$$\boldsymbol{C}_{ij}=(\boldsymbol{AB})_{ij}=\sum_{k=1}^{n}\boldsymbol{A}_{ik}\boldsymbol{B}_{kj} \tag{1-5}$$

注意　点乘运算不具备交换律，即 $\boldsymbol{AB}\neq\boldsymbol{BA}$。甚至很多时候 $\boldsymbol{AB}$ 可以计算，但是 $\boldsymbol{BA}$ 不存在，因为点乘必须符合行数和列数的对应关系。

除了矩阵的点乘操作，机器学习和深度学习会使用到的另一个运算是**元素乘**。元素乘又称元素积、元素对应乘积。元素乘的运算条件更加严格一些，要求参与运算的两个矩阵的规模一样（即，都为 $m \times n$ 的矩阵）。两个 $m \times n$ 的矩阵 $\boldsymbol{A}$ 和 $\boldsymbol{B}$，经过元素乘后其运算结果为 $\boldsymbol{C}$，一般记为 $\boldsymbol{C}=\boldsymbol{A} \odot \boldsymbol{B}$。与点乘相同元素乘运算结果也是一个矩阵，只不过运算规则更加简单，只是对应位置的元素相乘即可。元素乘的公式为 $\boldsymbol{C}_{ij} = \boldsymbol{A}_{ij} \odot \boldsymbol{B}_{ij}$。例如，一个 2×3 规模的元素乘为 $\boldsymbol{C}_{2*3} = \boldsymbol{A}_{2*3} \odot \boldsymbol{B}_{2*3}$，运算过程如下所示：

$$\begin{bmatrix} a_{11} & a_{12} & a_{13} \\ a_{21} & a_{22} & a_{23} \end{bmatrix} \odot \begin{bmatrix} b_{11} & b_{12} & b_{13} \\ b_{21} & b_{22} & b_{23} \end{bmatrix} = \begin{bmatrix} a_{11}b_{11} & a_{12}b_{12} & a_{13}b_{13} \\ a_{21}b_{21} & a_{22}b_{22} & a_{23}b_{23} \end{bmatrix} = \begin{bmatrix} c_{11} & c_{12} & c_{13} \\ c_{21} & c_{22} & c_{23} \end{bmatrix} \quad (1\text{-}6)$$

矩阵的**转置**（transposition）是一个很容易理解的运算。转置就是将原来的行元素变成列元素。假设矩阵 $\boldsymbol{A}$ 是 $m \times n$ 的矩阵，经过转置后的矩阵变为 $n \times m$，记作 $\boldsymbol{A}^{\mathrm{T}}$。从公式的角度看 $(\boldsymbol{A}^{\mathrm{T}})_{ij}=\boldsymbol{A}_{ij}$。下面给出一个具体的例子。

$$\boldsymbol{A}_{2*3} = \begin{bmatrix} a_{11} & a_{12} & a_{13} \\ a_{21} & a_{22} & a_{23} \end{bmatrix} \xrightarrow[\text{转置运算}]{} (\boldsymbol{A}^{\mathrm{T}})_{2*3} = \begin{bmatrix} c_{11} & c_{21} \\ c_{12} & c_{22} \\ c_{13} & c_{23} \end{bmatrix} \quad (1\text{-}7)$$

注意　矩阵的操作将在介绍 numpy 时介绍，详见代码清单 1-4。

除了数学概念上的运算外，计算机深度学习中常常会用到向量化的概念。**向量化**（Vectorization）是指将原本需要高复杂度的计算过程化为低复杂度的向量乘积的过程。深度学习过程常常都面临大量的向量和矩阵运算，如果采用传统的计算方法那么这些运算将消耗大量时间，而向量化可以有效降低其计算耗时。

注意　这一部分将在 numpy 章节直观展现，详见代码清单 1-8。

假设程序员面对一个需求：求两个向量 $\boldsymbol{a}$ 和 $\boldsymbol{b}$ 的点乘。他可以选择的一个操作方法是把向量视为多个元素的有序数组，对 $\boldsymbol{a}$ 和 $\boldsymbol{b}$ 中的每一个分量做一次乘积运算，最后将乘积结果求和即 $\boldsymbol{c} = \sum_{i=0}^{n} \boldsymbol{a}_i \boldsymbol{b}_i$。而他可以选择的另一个操作方法是把向量视作一个整体，直接调用 Python 语言现成的库函数完成两个向量的乘积。从数学角度看两个操作的复杂度是相同的，但是从程序的角度看，Python 库内部对向量操作做了算法甚至硬件级别的优化，会使得计算机运算更加迅速。所以，向量化是深度学习过程可以提速的一大法宝。

5. 向量的范数

在机器学习中衡量一个向量大小的时候会用到**范数**（Norm）的概念。范数可以理解为一个将向量映射到非负实数的函数。通俗来讲范数表示的是向量的“长度”。形式上范数的定义如下：

$$\|x\|_p = \left(\sum_i |x_i|^p\right)^{\frac{1}{p}} \tag{1-8}$$

观察范数的定义很容易发现，范数事实上和 p 的取值是有关系的，所以范数的数学符号是 L_p。

在机器学习和深度学习领域最常用到的两个范数是 L_1 范数和 L_2 范数。对于绝大多数读者来说，最熟悉的就是 p=2 的情况。L_2 **范数**（L_2Norm）也被称为欧几里得范数，它表示从原点出发到向量 x 确定的点的欧几里得距离。向量的 L_2 范数也被称作向量的模。L_2 在机器学习和深度学习中出现十分频繁，为了计算和使用方便，常常会对 L_2 范数做平方运算。平方 L_2 范数对每一个 x 的导数只取决于对应的元素，而 L_2 范数对每个元素的导数却和整个向量相关。但是平方 L_2 范数的一个缺点是它在原点附近增长得十分缓慢。在某些机器学习和深度学习应用中，区分值为零的元素和非零但值很小的元素是很重要的。在这些情况下，转而使用在各个位置斜率相同，同时保持简单的数学形式的函数：L_1 范数。当机器学习和深度学习问题中零和非零元素之间的差异非常重要时，通常会使用 L_1 范数。L_1 范数即为向量中各个元素绝对值的和。每当 x 中某个元素从 0 增加 ϵ，对应的 L_1 范数也会增加 ϵ。

L_p 范数用来度量向量的大小，相应的度量矩阵的大小可以使用 Frobenius 范数（Frobenius Norm）。其类似于 L_2 范数，可以将其理解为 L_2 范数在矩阵上的推广。公式如下：

$$\|\boldsymbol{A}\|_F = \left(\sum_{i,j} |\boldsymbol{A}_{ij}|^2\right)^{\frac{1}{2}} \tag{1-9}$$

1.2.2 微积分基础

机器学习和深度学习除了需要线性代数的基础，还需要一定的微积分基础。在机器学习和深度学习计算过程中，逆向传播算法（第 4 章着重讲述）需要用到偏导数求解的知识，而梯度下降算法（第 3 章着重讲述）需要理解梯度的概念。

1. 导数

首先介绍导数的相关知识。**导数（Derivative）**直观理解是反应瞬时变化率的量。如图 1-1 所示。考虑一个实际问题，纵坐标是车辆位移，横坐标是时间，如何知道 t_1 时刻车辆的瞬时速度呢？

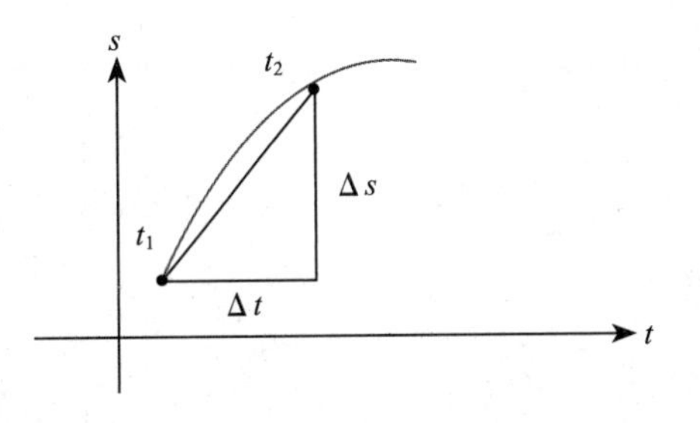

图 1-1　斜率示意图

获得瞬时速度的核心思想是用平均速度去逼近瞬时速度。这里可以考虑 t_1 和 t_2, t_1 在前，t_2 在后，它们之间有一定的时间间隔，这个时间间隔为 Δt。在这段时间间隔内产生的位移为 Δs。那么时间内的平均速度为$\frac{\Delta s}{\Delta t}$。$\Delta t$ 不断缩小，也就是 t_2 不断靠近 t_1，当 t_2 与 t_1 无限接近几乎重合时，便可以视作 t_1 点的瞬时速率（如图 1-1 所示）。

导数是从瞬时速度的概念中类比抽象出来的。将瞬时速率拓展到更一般的情形，在更广的函数范围内，根据这种无限逼近的思路，知道任意变量在一点处的变化率（斜率），函数在这一点处的斜率就是导数。在高等数学中更为严谨的定义为：对于定义域和值域都是实域的函数 $y=f(x)$，若 $f(x)$ 在点 x_0 的某个邻域 Δx 内，极限

$$f'(x_0)=\lim_{\Delta x\to 0}\frac{f(x_0+\Delta x)-f(x_0)}{\Delta x} \tag{1-10}$$

存在，则称函数 $y=f(x)$ 在 x_0 处可导，且导数为 $f'(x_0)$。

来看下面的例子，如图 1-2 所示是函数 y=4a 的曲线，当 a=3 时，y=12，而当 a 在 a 坐标轴向右移动很小的一段距离 0.001 时，a=3.001，y=12.004。

这时，定义 a 发生的变化为 da，da=0.001，定义 y 发生的变化为 dy，dy=0.004，读者便能计算得到这一小段变化形成的图中三角形的斜率（slope）=4，此时的斜率便是 y=4a 在 a=3 处的导数值 $f'(3)$=slope=4。当然，这里的 0.001 只是说明 a 的变化很小而已，实际上 da 是一个无限趋近于 0 的值，远比 0.001 要小。类似的，计算 a=5 时的导数，也能用上述方法，a=5，y=20，a=5.001，y=20.004，从而 dy=0.004，dx=0.001。函数 $y=f(a)$=4a 在 a=5 处的导数为 $f'(5)$=slope=dy/da=4。相似的，其他形状曲线的任意一点

的导数，也能用类似的方法计算得到。此外，读者也许会发现，直线的导数在任意一点都相同，为一个确定的值。

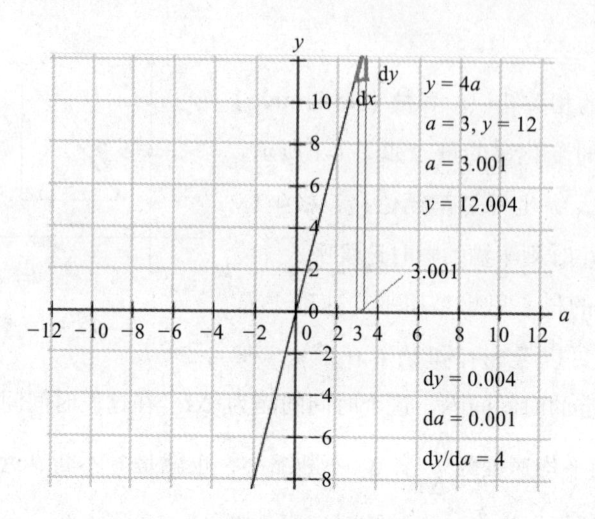

图 1-2　导数推导计算示意图

上面描述的是在某一点的导数概念，接下来将这个概念推广开来。若函数 $f(x)$ 在其定义域内包含的每一个点都可导，那么也可以说函数 $f(x)$ 在这个区间内可导。这样定义函数 $f'(x)$ 为函数 $f(x)$ 的**导函数**，通常也称为**导数**。函数 $f(x)$ 的导数 $f'(x)$ 也可以记作 $\nabla_x f(x)$，$\frac{df(x)}{dx}$ 或 $\frac{d}{dx}f(x)$，以上便是函数与变量的导数的基本知识。

2. 偏导数

一个多变量的函数的**偏导数**（Partial Derivative），就是它关于其中一个变量的导数而保持其他变量恒定（相对于全导数，在全导数中所有变量都允许变化）。简单来说，偏导数就是对多元函数求其中一个未知数的导数，比如在含 x 和 y 的函数中对 x 求导，此时是将另一个未知数 y 看成是常数，相当于未知数只是 x 求导，如公式 1-11、1-12 所示：

$$f(x,y) = ax^2 + by^2 + cxy \tag{1-11}$$

$$\frac{\partial f(x,y)}{\partial x} = 2ax + cy \tag{1-12}$$

此时被称为函数关于 x 的偏导数，同理，函数关于 y 的偏导数为

$$\frac{\partial f(x,y)}{\partial y}=2by+cx \tag{1-13}$$

拓展到更多元的情况，对一个含有多个未知数的函数 f 对于其中任意一个变量 p 求偏导时，只将 p 视为未知量，其余未知数视为常量（注意只是视为），记作 $\frac{\partial f}{\partial p}$。

特别的，当函数 f 中本身只含有一个未知数 x 时，f 关于 x 的导数也就是 f 关于 x 的偏导数，即

$$\frac{\mathrm{d}f(x)}{\mathrm{d}x}=\frac{\partial f(x)}{\partial x} \tag{1-14}$$

读者可以参考图 1-3 所示的例子，J 是一个关于 a 和 b 的函数，$J=f(a, b)=3a+2b$：

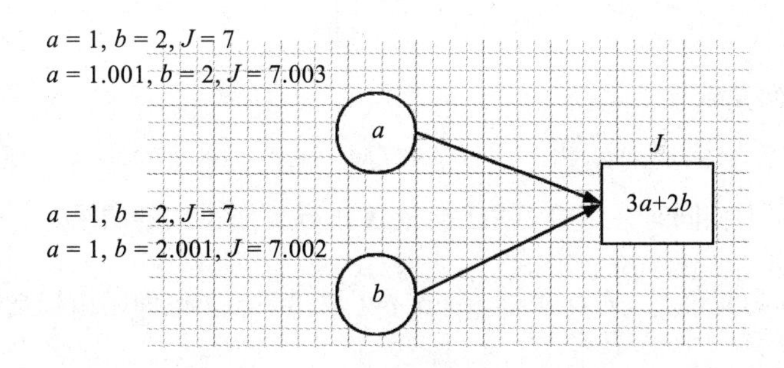

图 1-3　偏导数推导计算示意图

当 a 不变，b 发生变化的时候，假定 b 在 2 发生变化，a=1，b=2，此时 J=7。而当 b 增加 0.001 时，a=1，b=2.001，此时 J=7.002。类比于前一小节推导导数时的方法，偏导数也能用相似的方法推导得到，在点（1,2）处，求 J 关于 b 的偏导数，由于 a 不发生变化，所以 J 对 b 的偏导数。用类似的方法，读者也能求得在点（1,2）处，J 对 a 的偏导数。

3. 向量的导数

之前介绍的函数都是关于一个标量的函数，例如 $f(x)=x$，在这样的函数中，变量本身是一个数。但是在机器学习和深度学习中，有时候还需要对向量求导，下面介绍向量的求导方法。

（1）标量对向量求导

首先介绍维度的概念。对于向量而言，向量的维度是一个向量中分量的个数。对于

函数而言，这样由数值型变量构成的函数也称为标量的函数。现有向量$\boldsymbol{X}$=［$x_1, x_2, x_3,\cdots, x_p$］^{T}，这样函数$f(x)$关于向量$\boldsymbol{X}$的导数仍然是$p$维向量，导数向量中第$i$个元素的值为$\frac{\partial f(x)}{\partial x_i}$ (i=1, 2 ⋯ p)。也即函数对向量求导数，其结果为函数对向量的各个分量求偏导数。更为严谨的数学定义为，对于一个p维向量$x \in \boldsymbol{R}^p$，关于标量的函数$y = f(x) = f(x_1, x_2,\cdots, x_p) \in \boldsymbol{R}$，则$y$关于$x$的导数为

$$\frac{\partial f(x)}{\partial x}=\begin{bmatrix}\frac{\partial f(x)}{\partial x_1}\\ \vdots \\ \frac{\partial f(x)}{\partial x_p}\end{bmatrix}\in \boldsymbol{R}^p \tag{1-15}$$

（2）向量对向量求导

当函数中是关于标量的函数，这样f本身是一个q维度的向量，现有向量$\boldsymbol{X}$=［$x_1, x_2,\cdots, x_p$］^{T},p与q不相同时，函数f对于向量$\boldsymbol{X}$求导，所得到的结果是一个$p\times q$的矩阵，其中第i行第j列的元素为$\frac{\partial f_j}{\partial x_i}$ (i=1, 2, 3⋯p, j=1, 2, 3⋯q)。也即是由标量的函数构成的向量f对于向量$\boldsymbol{X}$求导，其结果为一个矩阵，矩阵的第n行为函数向量f中每一个函数，对x求偏导。更为严谨的数学定义为，对于一个p维向量$x \in \boldsymbol{R}^p$，函数$y = f = (f_1, f_2,\cdots, f_q)$，则$y$关于$x$的导数为：

$$\frac{\partial f(x)}{\partial x}=\begin{bmatrix}\frac{\partial f_1}{\partial x_1} & \cdots & \frac{\partial f_q}{\partial x_1}\\ \vdots & \vdots & \vdots \\ \frac{\partial f_1}{\partial x_p} & \cdots & \frac{\partial f_q}{\partial x_p}\end{bmatrix}\in R^{p\times q} \tag{1-16}$$

4. 导数法则

（1）加减法则（Addition Rule）

两个函数的和（或差）的导数，等于两个函数分别对自变量求导的和（或差）。设$y = f(x)$并且$z = g(x)$，则二者的和的函数对于同一个变量求导的结果，其值将会是两个函数对于

变量分别求导后的结果做求和运算（如公式 1-17 所示）。

$$\frac{\partial(y+z)}{\partial x}=\frac{\partial y}{\partial x}+\frac{\partial z}{\partial x} \tag{1-17}$$

加减法则常常被用于简化求导过程。在一些情形下，往往函数本身是很复杂的，直接求导将会有很高的复杂度，这时利用加减法则，将函数分成两个或者多个独立的简单函数，再分别求导求和，原本复杂的问题就变得简单了。

在深度学习和机器学习中，加减法则常常用于计算两个直接相连的神经元之间的相互影响。例如神经网络后一层节点为 x，它同时受到前一层中的神经元 y 和 z 的影响，影响关系为 $x=y+z$，那么当 y 和 z 同时变化时，若要计算 x 所发生的变化，便可通过公式 1-5 计算得到。

（2）乘法法则（Product Rule）

接触完了导数的加减法则，读者也许会推测乘法法则是否与之类似：即两个函数乘积的导数等于两个函数分别求导的乘积，答案是否定的。这里以矩阵乘法为例，若 $x \in \boldsymbol{R}^p$，$y=f(x) \in \boldsymbol{R}^q$，$z=g(x) \in \boldsymbol{R}^q$，乘积的求导过程将如公式 1-18 所示。

$$\frac{\partial y^{\mathrm{T}} z}{\partial x}=\frac{\partial y}{\partial x} z+\frac{\partial z}{\partial x} y \tag{1-18}$$

乘法法则乍看之下比较抽象，这里用一个实际的例子来说明。如果 y 的转置代表函数中的系数矩阵，z 是自变量矩阵，二者同时对于 x 求偏导数，所得到的结果将会变成两个部分，一个部分是自变量的矩阵，另一个部分是系数的矩阵。机器学习乘法法则也常常用于计算两个直接相连的神经元之间的相互影响，当后一层某一神经元 C 是由前一层神经元 A 和 B 通过乘法关系得到的，则可以利用乘法法则计算 A 和 B 变化时对于 C 的影响。

（3）链式法则（Chain Rule）

链式法则作为在机器学习和深度学习中最为常用的法则，其重要性毋庸置疑，但链式法则本身不好理解，这里我们以一个函数输入输出流为例阐释链式法则。

观察如下一组函数，这组函数的输入值是 $x=(x_1, x_2)$。第一个函数 f_1 是一个求和过程，第二个函数 f_2 是一个求积的过程：

$$F_1 = f_1(x_1, x_2) = x_1 + x_2$$
$$F_2 = f_2(x_1, x_2) = x_1 x_2 \tag{1-19}$$
$$y = g(f_1, f_2) = \ln(f_1) + e^{f_2}$$

把这两个函数值作为输入送给第三个函数 g，函数 g 就是一个关于 x_1, x_2 的复合函数，其最终的输出值用 y 表示。由输入 x 逐步计算得到结果 y 的过程用计算图表示（如图 1-4 所示）。

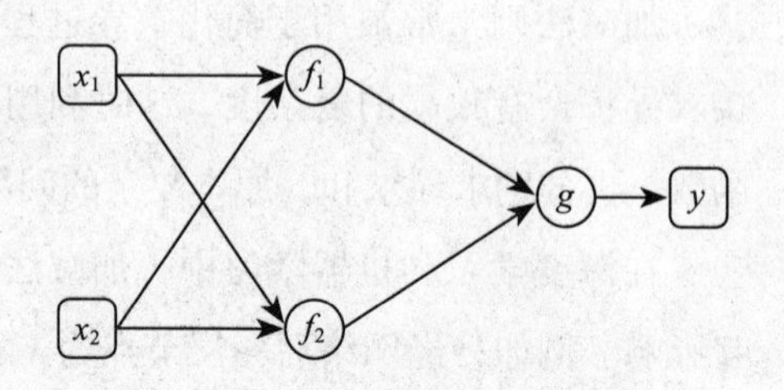

图 1-4　复合函数计算图

如果由变量到函数是一个正向传递的过程，那么求导便是一个反向的过程（如图 1-5 所示）。

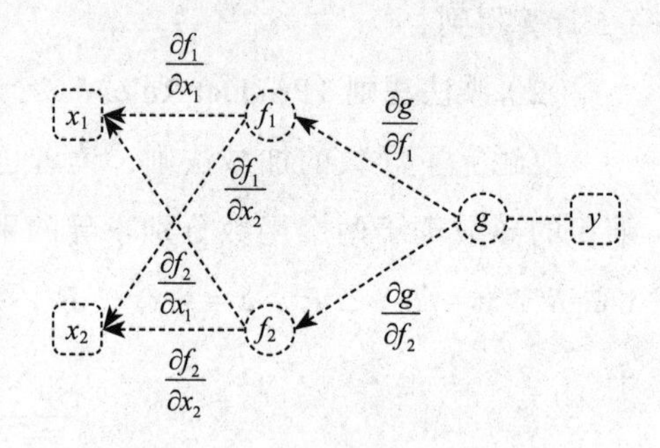

图 1-5　复合函数求导计算图

如果要求得函数 g 对 x_1 的偏导数，观察图 1-5，可以发现其由 g 节点到 x_1 节点共有两条路径，每条路径有两条有向边组成。每条路径可以看作其经过的边的值的乘积，而两条路径求和就恰巧得到了函数 g 对 x_1 的偏导数。当我们把函数 g 看作关于 x_1, x_2 的复合函数时，分别求得 g 对 x_1 和 x_2 的偏导数可以得到如下的公式，这样的求复合函数导数的公式，便是复合函数求导的链式法则。

$$\frac{\partial g}{\partial x_1} = \frac{\partial g}{\partial f_1}\frac{\partial f_1}{\partial x_1} + \frac{\partial g}{\partial f_2}\frac{\partial f_2}{\partial x_1}$$
$$\frac{\partial g}{\partial x_2} = \frac{\partial g}{\partial f_1}\frac{\partial f_1}{\partial x_2} + \frac{\partial g}{\partial f_2}\frac{\partial f_2}{\partial x_2} \tag{1-20}$$

特别的，当 f_1 与 f_2 均为向量函数时，此时链式法则将会发生调整，如公式 1-21 所示：

$$\frac{\partial \overline{g}}{\partial x_1} = J\overline{f_1}\frac{\partial \overline{f_1}}{\partial x_1} + J\overline{f_2}\frac{\partial \overline{f_2}}{\partial x_1} \quad \frac{\partial \overline{g}}{\partial x_2} = J\overline{f_1}\frac{\partial \overline{f_1}}{\partial x_2} + J\overline{f_2}\frac{\partial \overline{f_2}}{\partial x_2} \tag{1-21}$$

向量求导的链式法则与标量函数的链式法则很相似，只不过求导过程变成了求 Jacobi 矩阵，Jacobi 矩阵定义如下：

$$J\overline{f_i}=\begin{bmatrix}\frac{\partial \overline{f_1}}{\partial x_1} & \cdots & \frac{\partial \overline{f_1}}{\partial x_n}\\ \vdots & \ddots & \vdots\\ \frac{\partial \overline{f_m}}{\partial x_1} & \cdots & \frac{\partial \overline{f_m}}{\partial x_n}\end{bmatrix}(i=1,2,\dots m) \tag{1-22}$$

需要注意的是，偏导数链式法则中的乘法所用到的都是 1.2.1 节中第 5 部分所提到的元素乘，符号为⊙。

链式法则作为深度学习中最为常用的一条求导法则，常常用于利用逆向传播算法进行神经网络的训练工作，我们将在后续章节详细学习逆向传播算法。

5. 常见的向量和矩阵的导数

这里提供一些常见的向量及矩阵的导数知识，读者在推导神经网络中的导数计算时会用到这些知识。向量对于其本身的导数为单位向量，这一点与标量的计算相类似。当一个数或者一个向量对其本身求导，所得到的结果将是 1 或者单位向量。反映到深度学习的神经网络中神经元的相互影响上，便可以理解为一个神经元如果受到自身变化的影响，那么其自身变化多少，影响的大小就有多少：

$$\frac{\partial x}{\partial x}=I \tag{1-23}$$

向量 $\boldsymbol{w}$ 和 $\boldsymbol{x}$ 的乘积，设其为 $\boldsymbol{z}$，那么 $\boldsymbol{z}$ 对于 $\boldsymbol{w}$ 求偏导数的结果为 $\boldsymbol{x}$ 的转置：

$$\begin{gathered}z=wx\\ \frac{\partial z}{\partial w}=x^{\mathrm{T}}\end{gathered} \tag{1-24}$$

拓展到矩阵，矩阵 $\boldsymbol{W}$ 和矩阵 $\boldsymbol{X}$ 的乘积设其为矩阵 $\boldsymbol{Z}$，那么 $\boldsymbol{Z}$ 对于 $\boldsymbol{W}$ 求偏导数，其结果为 $\boldsymbol{X}$ 的转置：

$$\begin{gathered}Z=WX\\ \frac{\partial Z}{\partial W}=X^{\mathrm{T}}\end{gathered} \tag{1-25}$$

上述两条规则常常用于通过神经元的结果，依照系数向量（或矩阵）反推输入向量（或矩阵），即倘若在神经网络中我们知道了神经元的输出结果和系数向量（或矩阵），便能反推得到输入，从而进行验证或其他操作。

矩阵 $\boldsymbol{A}$ 与向量 $\boldsymbol{x}$ 的乘积对 $\boldsymbol{x}$ 求偏导数，其结果为矩阵 $\boldsymbol{A}$ 的转置 $\boldsymbol{A}^{\mathrm{T}}$。这个规则常常用于求解具有 $\boldsymbol{Ax}$ 关系的神经元之间的相互连接，也即后一个神经元如果收到前一个神经元 $\boldsymbol{x}$ 的影响是 $\boldsymbol{Ax}$，那么当直接相连的前一个神经元增加（或减少）一个单位时，后一个神经元将相应地增加（或减少）$\boldsymbol{A}^{\mathrm{T}}$ 个单位：

$$\frac{\partial Ax}{\partial x}=A^{\mathrm{T}} \tag{1-26}$$

向量 $\boldsymbol{x}$ 的转置与矩阵 $\boldsymbol{A}$ 的乘积对向量 $\boldsymbol{x}$ 求偏导数，其结果为矩阵 $\boldsymbol{A}$ 本身。这个规则常常用于求解具有 $\boldsymbol{X}^{\mathrm{T}}\boldsymbol{A}$ 关系的神经元之间的相互连接，也即后一个神经元如果收到前一个神经元 $\boldsymbol{x}$ 的影响是 $\boldsymbol{X}^{\mathrm{T}}\boldsymbol{A}$，那么当直接相连的前一个神经元增加（或减少）一个单位时，后一个神经元将相应地增加（或减少）$\boldsymbol{A}$ 个单位：

$$\frac{\partial x^{\mathrm{T}}A}{\partial x}=A \tag{1-27}$$

6. 梯度

之前讨论的导数，基本上是直接考量函数变化率，**梯度**（Gradient）则从另一个角度，考量函数变化最快的方向。在机器学习和深度学习中梯度下降法用以求解损失函数的最小值。梯度的本意是一个向量，该向量表示某一函数在某一点处的方向导数沿着向量方向取得最大值，即函数在该点处沿着该方向（梯度的方向）变化最快，变化率最大（为该梯度的模）。

在机器学习中，考虑二元函数的情形。设函数 $z=f(x, y)$ 在平面区域 D 内具有一阶连续偏导数，则对于每一点 $P(x, y) \in D$，都可以定出一个向量 $\frac{\partial f}{\partial x}i+\frac{\partial f}{\partial x}j$，这个向量称为函数 $z=f(x, y)$ 在点 $P(x, y)$ 的梯度，记作 $\operatorname{grad} f(x, y)$。如图 1-6 所示，红色折线折线方向便是梯度方向。

倘若图 1-6 中的曲面表示的是损失函数，那么梯度方向便是损失函数中损失减少最快的方向。使用梯度就找到了探测最小损失效率最高的方向，设定一个恰当的初始值和探测步长，就能在最快的速度下找到需要的最小的损失值。梯度作为探测损失函数中最小损失的一个“指南针”，避免了寻找一个最低的损失时低效率的枚举的情况发生。在机器学习和深度学习中涉及最优解问题时提供了一个较为方便的初始搜索方向，对于机器

学习和深度学习具有很重要的意义。

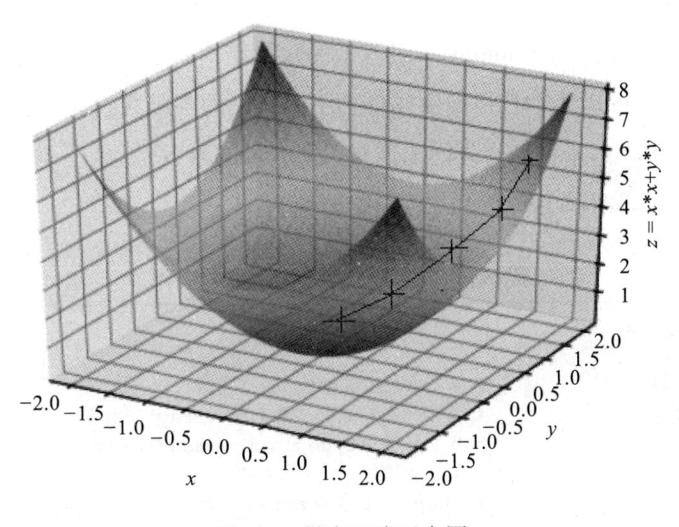

图 1-6　梯度下降示意图

1.3　Python 库的操作

Python 作为机器学习和深度学习最主流的编程语言，在机器学习和深度学习工程具体实现中提供了哪些主要库函数呢？具体代码实现时会用到哪些操作呢？这里介绍两个在深度学习中最为常用的库函数——numpy 和 matplotlib。

注意　由于目前 PaddlePaddle 仅支持 Python 2（推荐 2.7），本书中所用的 Python 语法、函数等均为 Python 2.X 版本。

1.3.1　numpy 操作

numpy（Numerical Python Extension）是一个第三方的 Python 包，用于科学计算。这个库的前身是 1995 年就开始开发的一个用于数组运算的库。经过了长时间的发展，基本上成了绝大部分 Python 科学计算的基础包，当然也包括所有提供 Python 接口的深度学习框架。

1. 基本模块

（1）array 模块

array，也就是数组，是 numpy 中最基础的数据结构。最关键的属性是维度和元素类型，在 numpy 中，可以非常方便地创建各种不同类型的多维数组，并且执行一些基本操作。在深度学习中，如果神经元之间的连接关系涉及的参数是数组，便可利用 array 模块进行设定，来看代码清单 1-1 所示：

代码清单 1-1　array 的基本操作

```
import numpy as np

a = [1, 2, 3, 4]             # a是python中的list类型
b = np.array(a)              # 数组化之后b的类型变为 array
type(b)                      # b的类型 <type 'numpy.ndarray'>

b.shape                      # shape参数表示array的大小，这里是(4,)
b.argmax()                   # 调用max()函数可以求得array中的最大值的索引，这里是3
b.max()                      # 调用max()函数可以求得array中的最大值，这里是4
b.mean()                     # 调用mean()函数可以求得array中的平均值，这里是2.5
```

注意到在导入 numpy 的时候，代码中将 np 作为 numpy 的别名。这是一种习惯性的用法，后面的章节中本书也默认这么使用。例如在机器学习中常用到的矩阵的转置操作，可以通过 matrix 构建矩阵，transpose 函数来实现转置，如代码清单 1-2 所示：

代码清单 1-2　numpy 中实现矩阵转置

```
import numpy as np
x=np.array(np.arange(12).reshape((3,4)))
'''
[[ 0  1  2  3]
 [ 4  5  6  7]
 [ 8  9 10 11]]
'''
t = x.transpose()
'''
[[ 0  4  8]
 [ 1  5  9]
 [ 2  6 10]
 [ 3  7 11]]
'''
```

对于一维的 array，所有 Python 列表（list）支持的下标操作方法 array 也都支持，所以在此没有特别列出。

代码清单 1-3　numpy 基础数学运算

```
import numpy as np

# 绝对值, 1
a = np.abs(-1)

# sin 函数, 1.0
b = np.sin(np.pi/2)

# tanh 逆函数, 0.50000107157840523
c = np.arctanh(0.462118)

# e 为底的指数函数, 20.085536923187668
d = np.exp(3)

# 2 的 3 次方, 8
f = np.power(2, 3)

# 点乘, 1*3+2*4=11
g = np.dot([1, 2], [3, 4])

# 开方, 5
h = np.sqrt(25)

# 求和, 10
l = np.sum([1, 2, 3, 4])

# 平均值, 5.5
m = np.mean([4, 5, 6, 7])

# 标准差, 0.96824583655185426
p = np.std([1, 2, 3, 2, 1, 3, 2, 0])
```

（2）random 模块

numpy 中的随机模块包含了随机数产生和统计分布相关的基本函数。Python 本身也有随机模块 random，不过 numpy 的 random 功能更丰富，随机模块一般会用于深度学习中的一些随机数的生成，seed 的生成以及初始值的设定，具体的用法请看代码清单 1-4：

代码清单 1-4　random 模块相关操作

```
import numpy as np
```

```
# 设置随机数种子
np.random.seed(42)

# 产生一个1x3,[0,1)之间的浮点型随机数
# array([[ 0.37454012,  0.95071431,  0.73199394]])
# 后面的例子就不在注释中给出具体结果了
np.random.rand(1, 3)

# 产生一个[0,1]之间的浮点型随机数
np.random.random()

# 从a中有放回的随机采样7个
a = np.array([1, 2, 3, 4, 5, 6, 7])
np.random.choice(a, 7)

# 从a中无放回的随机采样7个
np.random.choice(a, 7, replace=False)

# 对a进行乱序并返回一个新的array
b = np.random.permutation(a)

# 生成一个长度为9的随机bytes序列并作为str返回
# '\x96\x9d\xd1?\xe6\x18\xbb\x9a\xec'
np.random.bytes(9)
```

随机模块同时可以很方便地做一些快速模拟去验证一些结论，在神经网络中也能够做一些快速的网络构造。比如来考虑一个非常违反直觉的概率题例子：一个选手去参加一个TV秀，有三扇门，其中一扇门后有奖品，这扇门只有主持人知道；选手先随机选一扇门，但并不打开，主持人看到后，会打开其余两扇门中没有奖品的一扇门，然后，主持人问选手，是否要改变一开始的选择？

这个问题的答案是应该改变一开始的选择。在第一次选择的时候，选错的概率是2/3，选对的概率是1/3。第一次选择之后，主持人相当于帮忙剔除了一个错误答案，所以如果一开始选的是错的，这时候换掉就选对了；而如果一开始就选对，则这时候换掉就错了。根据以上，一开始选错的概率就是换掉之后选对的概率（2/3），这个概率大于一开始就选对的概率（1/3），所以应该换。虽然道理上是这样，但还是有些绕，要是通过推理就是搞不明白怎么办，没关系，用随机模拟就可以轻松得到答案。

注意 这一部分请读者作为练习自行完成。

2. 广播机制

对于 array，默认执行对位运算。涉及多个 array 的对位运算需要 array 的维度一致，如果一个 array 的维度和另一个 array 的子维度一致，则在没有对齐的维度上分别执行对位运算，这种机制叫作**广播**（Broadcasting），具体通过代码清单 1-5 理解：

代码清单 1-5　广播机制的理解

```
import numpy as np

a = np.array([
    [1, 2, 3],
    [4, 5, 6]
])

b = np.array([
    [1, 2, 3],
    [1, 2, 3]
])

'''
维度一样的 array，对位计算
array([[2, 4, 6],
       [5, 7, 9]])
'''
a + b

c = np.array([
    [1, 2, 3],
    [4, 5, 6],
    [7, 8, 9],
    [10, 11, 12]
])
d = np.array([2, 2, 2])

'''
广播机制让计算的表达式保持简洁
d 和 c 的每一行分别进行运算
array([[ 3,  4,  5],
       [ 6,  7,  8],
       [ 9, 10, 11],
       [12, 13, 14]])
'''
c + d
```

3. 向量化

读者在数学基础部分（见 1.2.1 节）已经初步了解到，向量化在深度学习中的应用十分广泛，它是提升计算效率的主要手段之一，对于在机器学习中缩短每次训练的时间是很有意义的。当可用工作时间不变的情况下，更短的单次训练时间可以让程序员有更多的测试机会，进而更早更好地调整神经网络结构和参数。接下来通过一个矩阵相乘的例子来呈现向量化对于代码计算速度的提升效果。代码清单 1-6、1-7、1-8 展示了向量化对于计算速度的提升效果。在代码清单 1-6 中首先导入了 numpy 和 time 库，它们分别被用于数学计算和统计运行时间。然后准备数据，这里初始化两个 1000000 维的随机向量 v1 和 v2，v 作为计算结果初始化为零。

代码清单 1-6　导入库和数据初始化

```
import numpy as np
import time
# 初始化两个 1000000 维的随机向量 v1,v2 用于矩阵相乘计算
v1 = np.random.rand(1000000)
v2 = np.random.rand(1000000)
v = 0
```

在代码清单 1-7 中，设置变量 tic 和 toc 分别为计算开始时间和结束时间。在非向量化版本中，两个向量相乘的计算过程使用 for 循环实现。

代码清单 1-7　矩阵相乘（非向量化版本）

```
# 矩阵相乘 - 非向量化版本
tic = time.time()
for i in range(1000000):
    v += v1[i] * v2[i]
toc = time.time()
print(" 非向量化 - 计算时间 :" + str((toc - tic)*1000)+"ms"+"\n")
```

在代码清单 1-8 中，同样使用变量 tic 和 toc 记录计算开始和结束时间。向量化版本使用 numpy 库的 numpy.dot() 计算矩阵相乘。

代码清单 1-8　矩阵相乘（向量化版本）

```
# 矩阵相乘 - 向量化版本
tic = time.time()
v = np.dot(v1, v2)
toc = time.time()
print(" 向量化 - 计算时间 :" + str((toc - tic)*1000)+"ms")
```

为了保证计算结果相同，我们输出了二者的计算结果，确保计算无误。最后的输出结果为："非向量化计算时间 578.0208ms，向量化计算时间 1.1038ms"。可以观察到效率提升效果十分显著。非向量化版本的计算时间约为向量化版本计算时间的 500 倍。可见向量化对于计算速度的提升是很明显的，尤其是在长时间的深度学习训练中，向量化可以帮助开发者节省更多时间。

1.3.2 matplotlib 操作

matplotlib 是 Python 中最常用的可视化工具之一，可以非常方便地创建海量类型 2D 图表和一些基本的 3D 图表。matplotlib 最早是为了可视化癫痫病人的脑皮层电图相关的信号而研发的，因为在函数的设计上参考了 MATLAB，所以叫作 matplotlib。matplotlib 的原作者 John D. Hunter 博士是一名神经生物学家，2012 年不幸因癌症去世，感谢他创建了这样一个伟大的库。matplotlib 首次发表于 2007 年，在开源社区的推动下，在基于 Python 的各个科学计算领域都得到了广泛应用。

注意　安装 Matplotlib 的方式和 numpy 很像，可以直接通过 UNIX/Linux 的软件管理工具，比如 Ubuntu 16.04 LTS 下，输入：

>> sudo apt-get install python-matplotlib

或者通过 pip 安装：

>> pip install matplotlib

Windows 下也可以通过 pip 安装，或是到官网下载（http://matplotlib.org/）。

---

1. 图表展示

matplotlib 非常强大，不过在深度学习中常用的其实只有很基础的一些功能。这里以机器学习中的梯度下降法来展示其图表功能。首先假设现在需要求解目标函数 func(x) = x*x 的极小值，如代码清单 1-9 所示，由于 func 是一个凸函数，因此它唯一的极小值同时也是它的最小值，其一阶导函数为 dfunc(x) = 2*x。

代码清单 1-9　创建目标函数及目标函数求导函数

```
import numpy as np
import matplotlib.pyplot as plt
```

```
# 目标函数 :y=x^2
def func(x):
    return np.square(x)

# 目标函数一阶导数也即是偏导数 :dy/dx=2*x
def dfunc(x):
    return 2 * x
```

接下来编写梯度下降法功能函数GD()，如代码清单1-10所示：

代码清单 1-10　梯度下降法功能函数实现

```
def gradient_descent(x_start, df, epochs, learning_rate):
    """
    梯度下降法。给定起始点与目标函数的一阶导函数，求在 epochs 次迭代中 x 的更新值
    args:
        x_start: x 的起始点
        func_deri: 目标函数的一阶导函数
        epochs: 迭代周期
        learning_rate: 学习率
    return:
        xs 在每次迭代后的位置（包括起始点），长度为 epochs+1
    """
    theta_x = np.zeros(epochs + 1)
    temp_x = x_start
    theta_x[0] = temp_x
    for i in range(epochs):
        deri_x = func_deri(temp_x)
        # v 表示 x 要改变的幅度
        delta = - deri_x * learing_rate
        temp_x = temp_x + delta
        theta_x[i+1] = temp_x
    return theta_x
```

在map_plot()函数中，具体用matplotlib实现了展示梯度下降法搜索最优解的过程，如代码清单1-11所示：

代码清单 1-11　利用 matplotlib 实现图像绘制

```
def mat_plot():
    # 利用 matplotlib 绘制图像
    line_x = np.linspace(-5, 5, 100)
    line_y = func(line_x)

    x_start = -5
    epochs = 5
```

```
    lr = 0.3
    x = gradient_descent(x_start, dfunc, epochs, lr=lr)

    color = 'r'
    # plot 实现绘制的主功能
    plt.plot(line_x, line_y, c='b')
    plt.plot(x, func(x), c=color, label='lr={}'.format(lr))
    plt.scatter(x, func(x), c=color, )
    # legend 函数显示图例
    plt.legend()
    # show 函数显示
    plt.show()
mat_plot()
```

这个例子中展示了如何利用梯度下降法寻找 x^2 的极小值，起始检索点为 $x=-5$，学习率为 0.5，最终绘制的图像如图 1-7 所示，图中红线为检索过程，红点为每次更新的 x 值所在的点。利用 matplotlib 还能完成其他多种多样的图像的绘制，具体实现请参考 matplotlib 官方文档（网址：http://matplotlib.org/）。

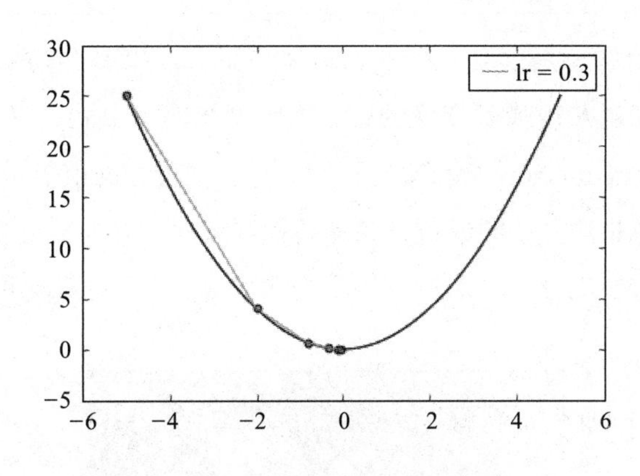

图 1-7　matplotlib 绘制图像

2. 图像显示

matplotlib 也支持图像的存取和显示，并且和 OpenCV 一类的接口比起来，对于一般的二维矩阵的可视化要方便很多，这一点在机器学习中体现得极为方便，如代码清单 1-12 所示：

代码清单 1-12　利用 matlibplot 实现图像的显示

```
import matplotlib.pyplot as plt

# 读取一张小白狗的照片并显示
plt.figure('A Little White Dog')
little_dog_img = plt.imread('little_white_dog.jpg')
plt.imshow(little_dog_img)

# Z 是小白狗的照片，img0 就是 Z，img1 是 Z 做了个简单的变换
Z = plt.imread('little_white_dog.jpg')
Z = rgb2gray(Z)
img0 = Z
img1 = 1 - Z

# cmap 指定为 'gray' 用来显示灰度图
fig = plt.figure('Auto Normalized Visualization')
ax0 = fig.add_subplot(121)
ax0.imshow(img0, cmap='gray')
ax1 = fig.add_subplot(122)
ax1.imshow(img1, cmap='gray')
plt.show()
```

这段代码中第一个例子是读取一个本地图片并显示，如图 1-8 所示，第二个例子将读取的原图灰度化，经过灰度像素变换的图直接绘制了两个形状一样，但是值的范围不一样的图案。显示的时候 imshow 会自动进行归一化，把最亮的值显示为纯白，最暗的值显示为纯黑。这是一种非常方便的设定，尤其是查看深度学习中某个卷积层的响应图时，得到图 1-9 所示。

图 1-8　matplotlib 显示图片

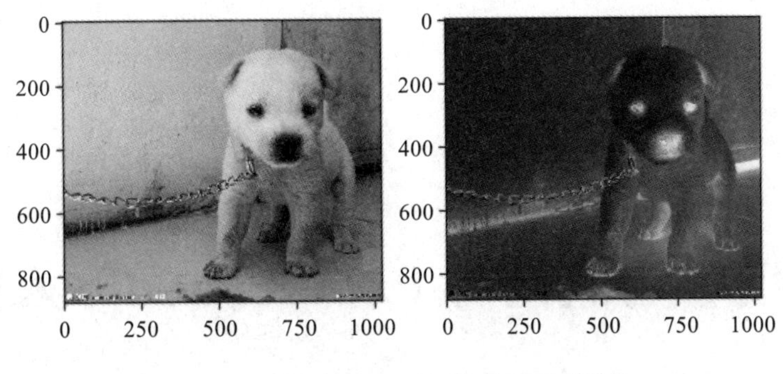

图 1-9　matplotlib 显示图像处理后的结果

注意　这里只讲到了最基本和常用的图表及最简单的例子，更多有趣精美的例子可以在 Matplotlib 的官网找到：Thumbnail gallery - Matplotlib 1.5.3 documentation（http://matplotlib.org/gallery.html）。

本章小结

本章开篇介绍了本书用来进行深度学习的语言——Python，Python 以其简单、方便和支持库多的特点，被本书及多数深度学习开发者作为主要的语言使用。希望读者能够在课余夯实基础，提高对于 Python 的熟练程度。同时，没有规矩，不成方圆，在开发之余，也要牢记 Python 之禅的要求，开发出简单可依赖的漂亮的代码。

在本章的中段，回顾了深度学习中需要的一些基础的数学知识，偏导数、梯度、链式法则等内容尤其需要读者予以重视，这为后续章节的一些细致的数学推导奠定了基础。

本章最后介绍了 Python 中与机器学习和深度学习相关的基础模块 numpy 和 matplotlib。在 numpy 部分重点介绍了 array 和 random 的用法，这在之后的章节初始化参数和计算时会频繁使用到。同时，广播机制作为一个重要的机制，需要读者予以重视。对于 numpy 中向量化的思想，由于其计算速度上的优势，编者希望读者在平时的学习工作中能够尽量利用向量化来处理计算问题。matplotlib 作为计算结果可视化和图像处理的基础，需要读者阅读和多加练习，做到熟练操作。

本章的参考代码在 https://github.com/BaiduOSS/DeepLearningAndPaddleTutorial 下 lesson1 子目录下。

CHAPTER 2

第2章

深度学习概论与 PaddlePaddle 入门

人类在经历了蒸汽革命、电气革命和信息技术革命后，终于迎来了一场空前的智能革命。百度、谷歌、微软、阿里巴巴等国内外大公司纷纷宣布将人工智能作为他们下一步的战略重心。人工智能、机器学习、深度学习这几个关键词一时间占据了媒体报道的大量版块。面对繁杂的概念，初学者们无法短时间内正确区分这其中的关系，本章针对这一问题，向读者介绍深度学习领域的重要知识。本章首先解释了人工智能、机器学习和深度学习的概念与关系，用通俗的语言为读者提供一个系统的概述。其次，以时间为线索，介绍深度学习的发展历程。从深度学习的前身——神经网络开始叙述，了解神经网络领域如何历经三起三落最终迎来了深度学习的蓬勃发展。接着阐述了“深度学习”如何以其强大的能力和灵活性被应用到各种场景中，并介绍了几个常见的模型及其应用的领域。本章还带领读者以线性回归为例进行机器学习知识的回顾，介绍了常见的深度学习框架，并以 PaddlePaddle 框架为例介绍了它的基本使用方法，最后用 PaddlePaddle 框架实现了简单的线性回归模型。

本章希望读者能够掌握的知识点有：

（1）人工智能、机器学习和深度学习的关系。

（2）深度学习崛起的 3 个理由。

（3）常见的深度网络模型：CNN、RNN、FC。

（4）机器学习基本概念：假设函数、损失函数、优化算法。

（5）如何安装和使用 PaddlePaddle。

（6）如何跑完第一个房价预测程序。

2.1 人工智能、机器学习与深度学习

在介绍具体概念之前，先从一张图看起。图 2-1 表示了人工智能、机器学习、深度学习三者可以被简单描述为嵌套关系：人工智能是最早出现的，范围也最广；随后出现的是机器学习；最内侧是深度学习，也是当今人工智能大爆炸的核心驱动。

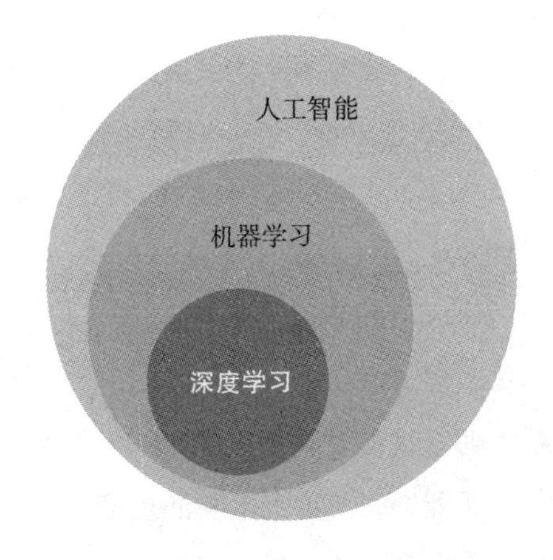

图 2-1　人工智能、机器学习和深度学习的关系

人工智能、机器学习和深度学习的依次出现伴随着问题的反复发生和解决。20 世纪 50 年代人工智能首次被提出，那时初露头角的人工智能令各行各业兴奋不已，人们纷纷认为找到了一条万能的道路，紧接着人工智能开始酝酿其第一次浪潮，人工智能实验室在全球各地扎根。而人们过于乐观的态度以及当时人工智能技术不可避免的局限性使得大众逐渐对这一领域失去了热情。1973 年《莱特希尔报告》推出后，人工智能被普遍认为是没有出路的。经历了 10 年的沉寂，到了 80 年代，以专家系统为代表的机器学习开始兴起，人工智能进入了第二个发展阶段。随后人们意识到人工智能的问题不是硬件的问题，而是软件以及算法层面的挑战没有突破。正在人们遭遇算法瓶颈时，硬件也出现了危机。随着 1987 年基于通用计算的 Lisp 机器在商业上的失败，机器学习也逐渐进入了低迷期。到了 20 世纪 90 年代后期，由于计算机计算能力的不断提高，人工智能再次卷土重来。2006 年研究人员发现了成功训练深层神经网络的方法，并将这一方法定义为深度学习。2012 年深度学习应用到图像识别领域，大大突破了之前的算法，将最好的结果一下子推进到了靠近突破人类最佳表现的边缘。此后，深度学习凭借其出色表现，在各大领域掀起浪潮，引起了整个科研界和工业界的狂热。

简单来说，机器学习是实现人工智能的方法；深度学习，是实现机器学习的技术之一。也可以说，机器学习是人工智能的子集，而深度学习是机器学习的子集。接下来我们不禁要问这三者具体包含了什么？它们区别与联系是什么？这就需要进行更深入的比较。

2.1.1 人工智能

1956年，在美国的达特茅斯学院，John McCarthy（图灵奖得主）、Marvin Minsky（人工智能与认知学专家、图灵奖得主）、Claude Shannon（信息论之父）、Allen Newell（计算机科学家）、Herbert Simon（诺贝尔经济学奖得主）等科学家聚在一起，正式提出了人工智能（Artificial Intelligence）的概念。

如今，经过不断地修订与讨论，可以认为：人工智能，是计算机科学的一个分支，是一门研究机器智能的学科，即用人工的方法和技术来研制智能机器或智能系统，以此来模仿、延伸和扩展人的智能。人工智能的主要任务是建立智能信息处理理论，使计算机系统拥有近似于人类的智能行为。它是当前科学技术中正在迅速发展，且新思想、新观点、新理论、新技术不断涌现的一个学科，也是一门涉及数学、计算机科学、控制论、信息论、心理学、哲学等学科的交叉学科和边缘学科，是计算机科学的一个重要分支和计算机应用的一个广阔的新领域。

2.1.2 机器学习

卡内基梅隆大学的Tom Michael Mitchell教授在1997年出版的书籍《Machine Learning》中对机器学习做了非常专业的定义，这个定义在学术界被多次引用："如果一个程序可以在任务T上，随着经验E的增加，效果P也可以随之增加，则称这个程序可以从经验中学习。"以下棋为例：设计出的程序可以随着对弈盘数的增加，不断修正自己下棋的策略，胜率不断地提高，就认为这个程序可以在经验中学习。

总体来说，机器学习是一种"训练"算法的方式，目的是使机器能够向算法传送大量的数据，并允许算法进行自我调整和改进，而不是利用具有特定指令的编码软件例程来完成指定的任务。它要在大数据中寻找一些"模式"，然后在没有过多的人为参与的情况下，用这些模式来预测结果，而这些模式在普通的统计分析中是看不到的。机器学习的传统算法包括决策树学习、推导逻辑规划、聚类、分类、回归、贝叶斯网络和神经网络等。

传统机器学习最关键的问题是必须依赖给定数据的表示，而实际上，在大部分任务中我们很难知道应该提取哪些特征。例如我们想要在一堆动物的图片中辨认出猫，通常会试图通过判断胡须、耳朵、尾巴等元素存在与否来辨认，但如果照片中存在很多遮挡物或是猫的姿势改变等，都会影响机器识别特征。找不到一个合理的方法提取数据，这就使问题变得棘手。

直到深度学习的出现，通过其他较简单的表示来表达复杂的表示，解决了机器学习的核心问题。

2.1.3 深度学习

深度学习作为目前机器学习领域最火的分支，是用于实现人工智能的关键技术。相比于传统的机器学习，深度学习不再需要人工的方式进行特征提取，而是自动从简单特征中提取、组合更复杂的特征，从数据里学习到复杂的特征表达形式并使用这些组合特征解决问题。

早期的深度学习受到了神经科学的启发，深度学习可以理解为传统神经网络（神经网络的相关介绍在 2.2 节中展开）的拓展，如图 2-2 所示。二者的相同之处在于，深度学习采用了与神经网络相似的分层结构：系统是一个包括输入层、隐层、输出层的多层网络。

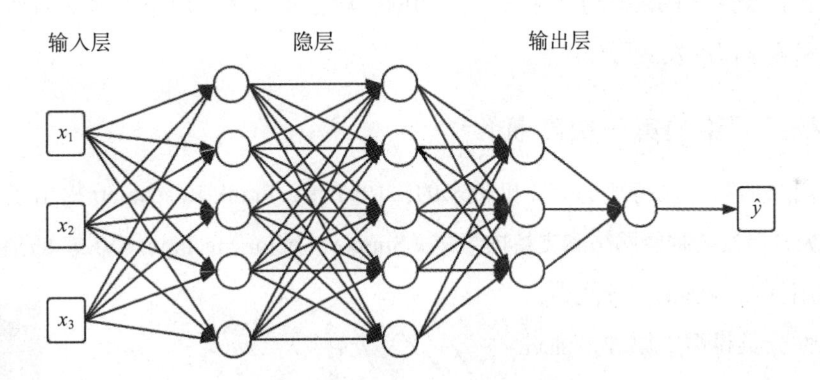

图 2-2　深层神经网络

通过以上描述可以简单理解为，深度学习是基于多层神经网络的，以海量数据为输入的，规则自学习的方法。然而为什么一定是深度？深层神经网络比浅层好在哪里？

一方面，深度学习在重复利用中间层计算单元的情况下，大大减少了参数的设定。在过去的神经网络中，人们对经验的利用，靠人类自己完成。在深度学习中，经验以数据形式存在。另一方面，深度学习通过学习一种深层非线性网络结构，只需简单的网络结构即可实现复杂函数的逼近，并展现了强大的从大量无标注样本集中学习数据集本质特征的能力。深度学习可以获得更好的方法表示数据的特征，同时由于模型的层次深、表达能力强，因此有能力处理大规模数据。对于图像、语音这种直接特征不明显（需要手工设计且很多没有直观的物理含义）的问题，深度模型能够在大规模训练数据上取得更好的效果。

值得注意的是，深度学习不是万能的，像很多其他方法一样，它需要结合特定领域的先验知识，需要和其他方法结合才能得到最好的结果。此外，类似于神经网络，深度学习的另一局限性是可解释性不强，像个“黑箱子”一样难以解释为什么能取得好的效果，以及不知如何有针对性地去具体改进，而这有可能成为其前进过程中的阻碍。

2.2　深度学习的发展历程

通过历史背景了解深度学习是最为简单的方式，谈到深度学习的历史就不得不追溯到神经网络技术。在深度学习崛起之前，神经网络曾几经波折，经历了两个低谷，这两个低谷也将神经网络的发展分为了三个不同的阶段。本节将由历史长河中的神经网络引入，介绍深度学习的发展历程。

2.2.1　神经网络的第一次高潮

神经网络的第一次高潮是感知机带来的。1957年，Frank Rosenblatt提出了感知机的概念，成为日后发展神经网络和支持向量机（Support Vector Machine, SVM）的基础。感知机是一种用算法构造的“分类器”，是一种线性分类模型，原理是通过不断试错以期寻找一个合适的超平面把数据分开。1958年，Rosenblatt在《New York Times》上发表文章《Electronic ‘Brain’ Teaches Itself.》，正式把算法取名为“感知器”，如图2-3所示。

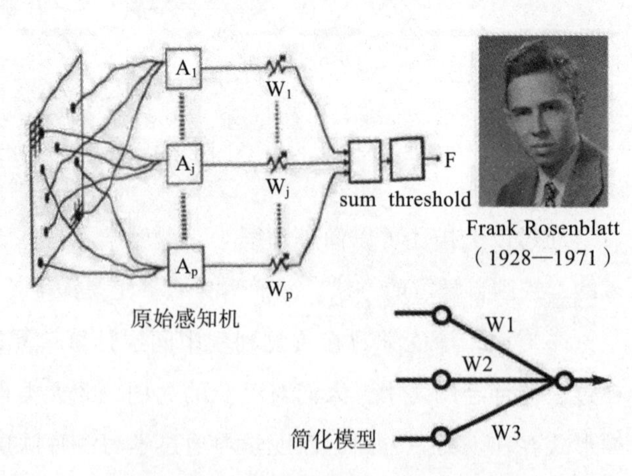

图2-3　Frank Rosenblatt和感知机模型

在提出感知机之后，Rosenblatt对其非常有自信。他乐观地预测，感知机最终可以“学习、做决定、翻译语言”。各大投资机构也纷纷为他注资，美国海军曾出资支持他并期待感知机可以“自己走、说话、看、读、自我复制，甚至拥有自我意识”。这可以认为是神经网络研究的起源与第一次高潮。

2.2.2 神经网络的第一次寒冬

虽然单层感知机简单且优雅，但它显然能力有限，仅能分类线性问题，对于异或问题束手无策。什么是线性问题呢？简单来说，就是用一条直线将图形分割成两类。比如逻辑“或”和逻辑“与”问题，我们可以用一条直线来分割“0”“1”，如图 2-4 所示。

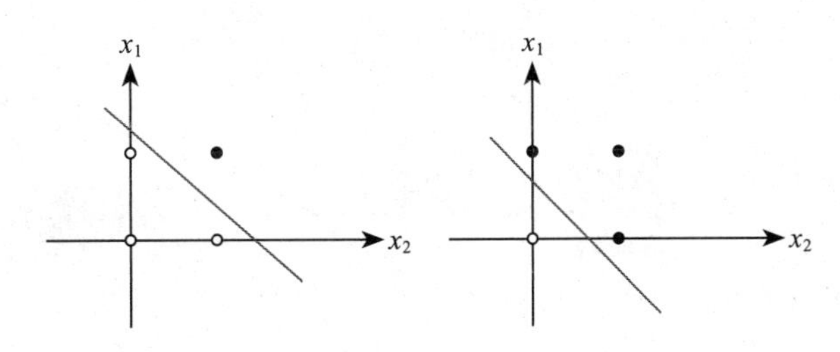

图 2-4　逻辑“与”和逻辑“或”的二维样本分类图

1969 年，Marvin Minsky 在《Perceptrons》书中，仔细分析了以感知机为代表的单层神经网络系统的功能及局限，证明感知机不能解决简单的异或（见图 2-5）等线性不可分问题，并直接地指出“大部分关于感知机的研究都是没有科学价值的”。此时距离感知机大热已过去十年，而人们过高的期待与感知机的能力并不相符，单层感知机在这次打击中彻底失去了人们的追捧。

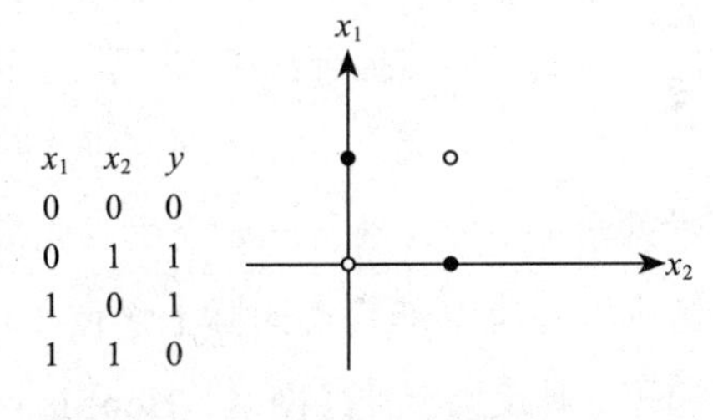

图 2-5　逻辑“异或”的非线性不可分

既然明确了单层感知机的问题在于无法解决非线性问题，人们试图通过增加隐含层创造多层感知机，多层感知机结构如图 2-6 所示，可以看出多层感知机的结构图与神经网络非常相似，它就是最简单的前馈神经网络。

对于多层感知机的研究表明，随着隐藏层的层数增多，区域可以形成任意的形状，因此可以解决任何复杂的分类问题。实际上，前苏联数学家 Kolmogorov 指出：双隐层感知器就足以解决任何复杂的分类问题。虽然多层感知机确实是非常理想的分类器，但是问题也随之而来：隐藏层的权值怎么训练？对于各隐层的节点来说，它们并不存在期望输出，所以也无法通过感知机的学习规则来训练多层感知机，人们一直没能找到可靠的学习算法来解决这一问题。Marvin Minsky 对感知机的大肆批评和感知机无法突破的瓶颈，使人工神经网络的发展进入了第一个低谷。

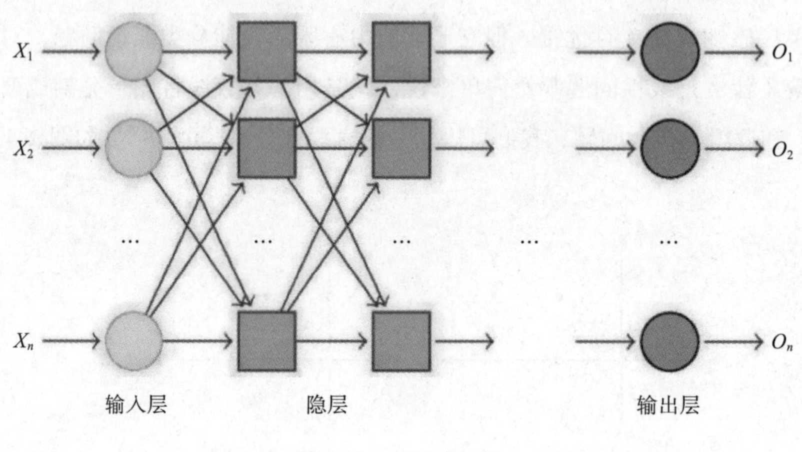

图 2-6　多层感知机

2.2.3　神经网络的第二次高潮

直到反向传播算法（BP 算法）被提出，才真正解决了感知机的局限性，再一次将神经网络带向高潮。当神经网络进入第一次低谷的时候，Geoffrey Hinton 刚刚获得了心理学的学士学位，准备读研究生。凭借着对脑科学的着迷，他将人工智能作为自己的研究方向，并决定继续攻读博士学位。1982 年，加州理工的生物物理学家 John Hopfield 提出了一种反馈型神经网络（Hopfile 网络），这一网络成果解决了一些识别和约束优化的问题，振奋了神经网络领域的研究者。终于，在 1986 年，Hinton 和 David Rumelhart 合作在《自然》杂志上发表了论文《Learning Representations by Back-Propagating Errors》，第一次系统简洁地阐述了反向传播算法（BP 算法）在神经网络模型上的应用。这一算法通过在神经网络里增加一个所谓的隐层（Hidden Layer），解决了感知机无法实现异或分类的难题。使用了反向传播算法的神经网络，在做诸如形状识别之类的简单工作时，效率大大地提高了。加之计算机运行速度的提高，使一层以上的神经网络进入了实用阶段。

T. J. Sejnowski 和 C. R. Rcsenberg 基于 BP 神经网络做了一个英语课文阅读学习机的实验，机器成功学习了 26 个英文字母的发音，并输出连接到语音合成装置，有力地证明了 BP 神经网络具备很强的学习能力，使神经网络的研究重新得到社会的关注。

2.2.4 神经网络的第二次寒冬

神经网络的第二次高潮期持续了很长时间，在这期间研究人员不断寻找 BP 网络的应用场景，深度学习也在这一时期开始萌芽。1989 年，Yann LeCun 发表了论文《反向传播算法在手写邮政编码识别上的应用》。他用美国邮政系统提供的近万个手写数字的样本来培训神经网络系统，培训好的系统在独立的测试样本中，错误率只有 5%。后来，他基于 BP 算法提出了第一个真正意义上的深度学习，也是目前深度学习中应用最广的神经网络结构——卷积神经网络（CNN），开发出了商业软件用于读取银行支票上的手写数字，这个支票识别系统在 20 世纪 90 年代末占据了美国将近 20% 的市场。

虽然 BP 算法将神经网络带入了实用阶段，但当时的神经网络仍存在很多缺陷。首先是浅层的限制问题，人们发现神经网络中越远离输出层的参数越难以被训练，且层数越多问题越明显，称为“梯度爆炸”问题。另外，在当时计算资源不足的情况下，数据集都很小，无法满足训练深层网络的要求。正当神经网络的发展速度逐渐放缓时，传统的机器学习算法取得了突破性的进展。在贝尔实验室里，Yann LeCun 的同事 Vladimir Vapnik 一直致力于研究支持向量机（SVM）算法。这种分类算法除了可以进行基本的线性分类外，在数据样本线性不可分的情况下，可以使用一种“核机制”的非线性映射算法，将线性不可分的样本转化到高位特征空间中，使其样本可分。1998 年，这一算法在手写邮政编码的问题上将错误率降到低于 0.8%，远远超过了同期神经网络算法的表现，迅速成为了研究的主流。较之于 SVM 算法，神经网络的理论基础不清晰等缺点更加凸显，就这样，神经网络进入了第二次寒冬。

2.2.5 深度学习的来临

纵使神经网络又一次进入了寒冬，社会对这一领域也仿佛彻底失去了耐心，投资公司将视线纷纷转移到其他领域，甚至与神经网络相关的文章屡屡被拒，但 Hinton 等人依然没有放弃。直至 2006 年，Hinton 发表了一篇突破性的文章《A Fast Learning

Algorithm for Deep Belif Nets》，在这篇论文里，Hinton 介绍了一种成功训练多层神经网络的办法，他将这种神经网络称为深度信念网络。深度信念网络一推出，立刻在效果上打败了 SVM，这使许多研究者重新将目光转回到神经网络。这篇论文中对深度信念网络的提出以及对模型训练方法的改进打破了 BP 神经网络发展的瓶颈。Hinton 提出了两个观点：①多层人工神经网络模型有很强的特征学习能力，深度学习模型得到的特征数据对原始数据有更本质的代表性，这将大大便于分类和可视化问题；②对于深度神经网络很难训练达到最优的问题，可以采用逐层训练方法解决，将上层训练好的结果作为下层训练过程中的初始化参数。由此，神经网络实现了最新的一次突破——深度学习，从目前的研究成果来看，只要数据足够大、隐藏层足够深，即便不加预处理，深度学习也可以取得较好的成果，反映了大数据与深度学习相辅相成的内在关系。

2.2.6 深度学习崛起的时代背景

深度学习的诞生伴随着更优化的算法、更高性能的计算能力（GPU）和更大数据集的时代背景，使得它一出现就引起了巨大的轰动。首先要提到的就是算法的优化，以 Hinton 在 2006 年提出了深度信念网络成功训练了多层神经网络为起点，后来的研究人员在这一领域不断开拓创新，提出了越来越优秀的模型，并把它应用到了各个场景，具体的应用实例将在 2.3 节展开介绍。深度学习崛起的另一条件是强大计算能力的出现，以前提到高性能计算人们能想到的都是 CPU 集群，现在进行深度学习研究使用的都是 GPU，使用 GPU 集群可以将原来一个月才能训练出的网络，加速到几个小时，时间上的大幅缩短使得研究人员训练了大量的网络。除了硬件飞速发展为其提供了条件外，深度学习还得到了充分的燃料：大数据。相较传统的神经网络，尽管在算法上我们确实简化了深度架构的训练，但最重要的进展是我们有了成功训练这些算法所需的资源。可以说人工智能只有在数据的驱动下，才能实现深度学习，不断迭代模型，变得越来越智能。因此想要持续发展深度学习技术，算法、硬件和大数据缺一不可，切不可顾此失彼。

2.3 深度学习的应用场景

在这一股 AI 热潮下，深度学习极大地促进了机器学习的发展，受到了世界各国相关领域研究人员和高科技公司的重视，图像、语音和自然语言处理是三个深度学习算法应用最广泛的研究领域，在人工智能被提出半个世纪之后，人们终于看到了进入应用阶段的曙光。如今，深度学习在很多领域都有出色的表现，本节我们主要介绍图像、语音、自然语言处理和个性化推荐场景下的应用，但我们应该知道深度学习涉及的领域远不止这些。

2.3.1 图像与视觉

深度学习最早尝试的领域是图像与视觉处理。2.2.4 节中曾经提到，Yann LeCun 和他的同事在 1989 年提出了第一个深度学习模型——卷积神经网络（CNN），在识别手写邮政编码的应用上有出色的表现。然而当时的 CNN 只适用于小尺度的图像，一旦像素数很大就无法取得理想结果。这使 CNN 未能在机器视觉领域得到足够重视。2012 年 10 月，Hinton 教授和他的学生采用了更深层的卷积神经网络，将 ImageNet 图像分类的错误率大幅下降到了 16%。在此之前，传统的机器学习算法在 ImageNet 数据集上最低的 TOP5 错误率为 26%。这主要是因为 Hinton 教授对算法进行了改进，在网络的训练中引入了权重衰减的概念，有效地减小权重幅度，防止网络过拟合。更关键的是计算机计算能力的提升，GPU 加速技术的发展，使得在训练过程中可以产生更多的训练数据，使网络能够更好地拟合训练数据。到了 2013 年，ImageNet 比赛中排名前 20 的算法都使用了深度学习，而 2013 年之后基本就只有深度学习算法参赛了。深度学习终于在图像与视觉领域取得了绝对优势。

近几年国内各大互联网公司均将相关最新技术成功应用到人脸识别和自然图像识别问题，并推出相应的产品。现在的深度学习网络模型已经能够理解和识别一般的自然图像。深度学习模型不仅大幅提高了图像识别的精度，同时也避免了消耗大量时间进行人工特征的提取，使得在线运行效率大大提升。基于深度学习的图像识别技术充斥了我们的生活，安检时的人脸识别、以图搜图技术，以及现在深受关注的无人驾驶等，使我们的生活越来越便利，将来这一技术或许可以被应用到更多领域。在本书的第 6 章也针对图像与视觉领域做了更加细致的介绍。

2.3.2 语音识别

虽然图像识别是深度学习最先尝试的领域，但语音识别却最先取得了成功。2009 年，深度学习的概念被引入了语音识别领域，2011年，微软研究院的邓立、俞栋和Hinton合作的产品发布，使用深度学习技术击败了传统的高斯混合模型（GMM），取得了不错的结果。2012年谷歌的语音识别模型已经全部由GMM模型更换成深度学习模型，并成功将谷歌的语音识别错误率降低了20%，这改变幅度超过了过去很多年的总和。这一巨大突破主要是因为高斯混合模型是一种浅层学习网络模型，其建模数据特征维数较小，特征的状态空间分布和特征之间的相关性不能够被充分描述。采用深度神经网络后，可以自动在数据中提取更复杂且有效的特征，样本数据特征间相关性信息得以充分表示，将连续的特征信息结合构成高维特征，通过高维特征样本对深度神经网络模型进行训练。

自从发现了深度学习在语音识别方面的出色表现，各大公司纷纷开始了新产品的研发。苹果公司Siri系统的语音输入功能，支持包括中文在内的20多种语言。微软公司也基于深度学习开发出了同声传译系统，实现了巨大的技术突破。国内的公司也在不停地做着技术突破，2016年，百度语音识别准确率高达97%，并被美国权威科技杂志《麻省理工评论》列为2016年十大突破技术之一。

2.3.3 自然语言处理

自然语言处理是深度学习在除了语音和图像处理之外的另一个重要的应用领域。起初由于人类语言的复杂度很高，机器很难对语义进行刻画，因此自然语言处理领域取得的成果一直未能与图像和语音识别方向比肩。2016年是深度学习大潮冲击自然语言处理的一年，经过了这一年的努力，深度学习逐渐在自然语言处理领域站稳了脚跟。深度学习在自然语言处理领域的应用主要有：情感分析、文本生成、语言翻译、聊天机器人等。上文曾提到同声传译技术取得了巨大突破，这一成就正是依赖于自然语言处理与语音识别的交互作用。微软甚至还推出了可以自己写诗的程序，通过“阅读”大量的诗集，学会了自己写诗，甚至逐渐形成了自己的文风。在不久的将来，以深度学习为基础的自然语言处理，一定会为我们带来更大的惊喜。

2.3.4 个性化推荐

个性化推荐可以说是大数据和深度学习时代的重要产物。当今时代，互联网规模迅速扩大，海量信息“轰炸”你的大脑；电子商务产业不断发展，千万种商品让你应接不暇。面对日益严重的信息超载问题，获取有价值信息的成本大大增加，人们迫切希望能够获取到自己感兴趣的信息和商品，推荐系统应运而生。

传统的推荐类型有基于内容过滤推荐和协同过滤推荐等，然而它们在不同应用场景下都存在一定的局限性。基于内容推荐主要为用户推荐其感兴趣商品的相似商品，缺少用户评价信息的利用，并且不能有效为新用户推荐。协同过滤推荐计算目标用户与其他用户的相似度，主要预测目标用户对特定商品的喜好程度，可以为用户推荐其未见过的产品，然而对于历史数据稀疏的用户一样难以起到作用。

个性化推荐系统，它是高级的、智能的信息过滤系统，它的应用范围很广，搜索网页精准的 Feed 流推荐，电商平台、音乐网站的推荐都是个性化推荐系统的实际应用案例。推荐系统通过对用户行为和商品属性进行分析、挖掘，发现用户的个性化需求与兴趣特点，将用户可能感兴趣的信息或商品推荐给用户。推荐系统不同于搜索引擎根据用户需求被动返回信息的运行过程，它是根据用户历史行为主动为用户提供精准的推荐信息。

随着深度学习的逐渐成熟，越来越多的人希望把深度学习引入 CTR（Click-Through-Rate，点击通过率）预估领域，通过对 CTR 的预估来衡量推荐效果的好坏。将深度学习技术应用于 CTR 预估，可以为搜索引擎提供更合理的广告排序机制，从而使得收益最大的广告能够获得更高频次的展示，最终使得广告平台利益最大化。关于 CTR 预估的具体细节内容，将在本书的第 9 章展开介绍。

2.4 常见的深度学习网络结构

深度学习可以应用在各大领域中，根据应用情况不同，深度神经网络的形态也各不相同。常见的深度学习模型主要有全连接网络结构（Full Connected，FC）、卷积神经网络（Convolutional Neural Network，CNN）和循环神经网络（Recurrent Neural Network，RNN）。它们均有自身的特点，在不同的场景中发挥着重要作用。本节将为读者介绍三种模型的基本概念以及它们各自适应的场景。

2.4.1 全连接网络结构

全连接网络结构（FC）是最基本的神经网络 / 深度神经网络层，它认为每一层的输入都与上一层的输出有关。全连接层在早期主要用于对提取的特征进行分类，然而由于全连接层所有的输出与输入都是相连的，一般全连接层的参数是最多的，这需要相当数量的存储和计算空间。参数的冗余问题使单纯的FC组成的常规神经网络很少会被应用到较为复杂的场景中。FC大多作为卷积神经网络的“防火墙”，当训练集与测试集有较大差异时，保证较大的模型有良好的迁移能力。常规神经网络一般用于依赖所有特征的简单场景，比如本章后面提到的房价预测模型和在线广告推荐模型使用的都是相对标准的全连接神经网络。FC组成的常规神经网络的具体形式如图2-7所示。

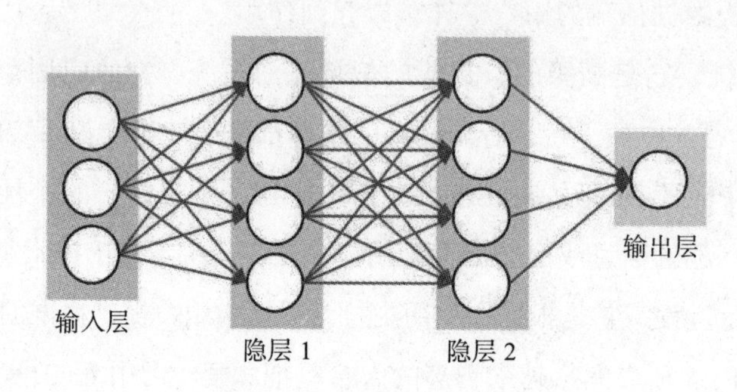

图2-7 常规的神经网络

2.4.2 卷积神经网络

卷积神经网络（CNN）是一种专门用来处理具有类似网格结构的数据的神经网络，例如图像数据（可以看作二维的像素网格）。它与FC不同的地方在于，CNN的上下层神经元并不都能直接连接，而是通过“卷积核”作为中介，通过“核”的共享大大减少了隐含层的参数。简单的CNN是一系列层，并且每个层都通过一个可微函数将一个量转化为另一个量，通常用三个主要类型的层去构建CNN结构，包括卷积层（Convolutional Layer）、池化层（Pooling Layer）和全连接层（FC）。卷积网络在诸多应用领域有很好的应用效果，特别是在大型图像处理的场景表现格外出色。图2-8展示了CNN的结构形式，一个神经元以三维排列组成卷积神经网络（宽度（Width），高度（Height）和深度（Channel）），如其中一个层展示得那样，CNN的每一

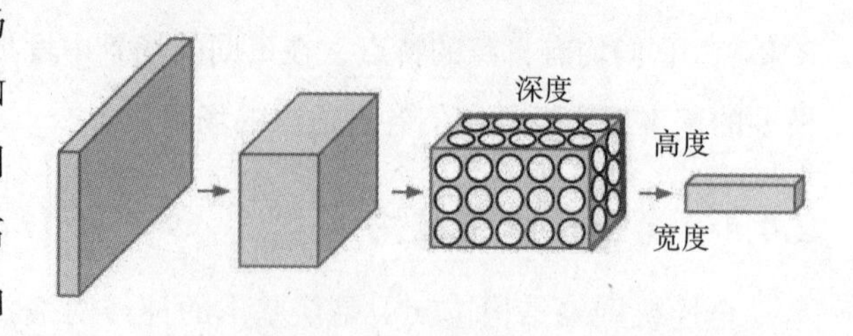

图2-8 CNN网络结构

层都将 3D 的输入量转化成 3D 的输出量。关于卷积神经网络的具体介绍会在本书第 6 章展开。

2.4.3　循环神经网络

循环神经网络（RNN）也是常用的深度学习模型之一（如图 2-9 所示），就像 CNN 是专门用于处理网格化数据（如一个图像）的神经网络一样，RNN 是一种用于处理序列数据的神经网络。例如音频中含有时间成分，因此音频可以被表示为一维时间序列；语言中的单词都是逐个出现的，因此语言的表示方式也是序列数据。RNN 在机器翻译、语音识别等领域中均有非常好的表现。

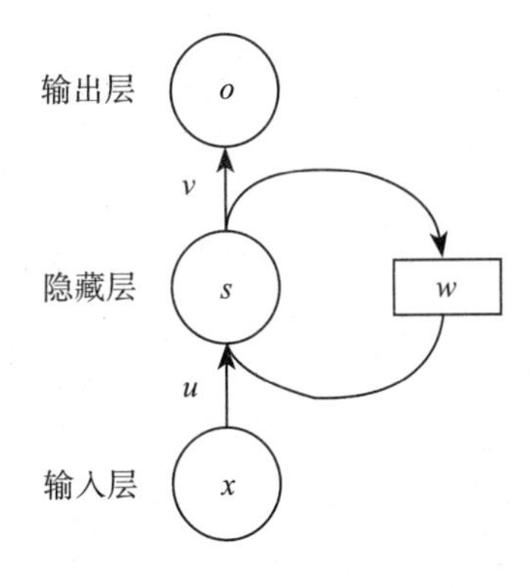

图 2-9　简单的 RNN 网络结构

2.5　机器学习回顾

在了解了深度学习的概念和历史之后，本节期望以机器学习中最简单的线性回归为例，借用 PaddlePaddle 平台实现这一模型，带领读者回顾机器学习中的若干重要概念，这些概念对于深度学习同样适用。同时希望通过本节的编程练习，让读者接触和体验 PaddlePaddle 深度学习框架，便于之后章节的进一步学习。

在 2.1.2 节中曾介绍过机器学习的定义，本节从构造模型的角度将机器学习理解为：从数据中产生模型的过程。在正式介绍具体算法前，首先给出机器学习的典型过程，如图 2-10 所示。

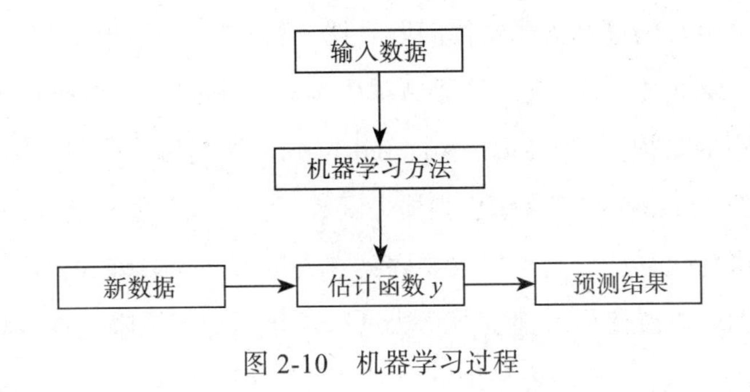

图 2-10　机器学习过程

输入训练数据，利用特定的机器学习方法建立估计函数。得到函数后向这一模型输入测试数据，函数有能力对没有见过的数据进行正确估计，这就是机器学习的过程。

2.5.1 线性回归的基本概念

线性回归是机器学习中最简单也是最重要的模型之一，其模型建立同样遵循图 2-10 所示的流程：获取数据、数据预处理、训练模型、应用模型。回归模型可以理解为：存在一个点集，用一条曲线去拟合它分布的过程。如果拟合曲线是一条直线，则称为线性回归。如果是一条二次曲线，则称为二次回归。线性回归是回归模型中最简单的一种。

在线性回归中有几个基本的概念需要掌握：假设函数（Hypothesis Function）、损失函数（Loss Function）和优化算法（Optimization Algorithm）。

假设函数是指，用数学的方法描述自变量和因变量之间的关系，它们之间可以是一个线性函数或非线性函数。

损失函数是指，用数学的方法衡量假设函数预测结果与真实值之间的误差。这个差距越小预测越准确，而算法的任务就是使这个差距越来越小。对于某个具体样本 $(\boldsymbol{x}^{(i)}, \boldsymbol{y}^{(i)})$，算法通过不断调整参数值 ω 和 b，最终使得预测值和真实值尽可能相似，即 $\hat{\boldsymbol{y}}^{(i)} \approx \boldsymbol{y}^{(i)}$。整个训练的过程可以表述为通过调整参数值 ω 和 b 最小化损失函数。因此，损失函数也是衡量算法优良性的方法。这里涉及两个值：预测值和真实值。预测值是算法给出的值（用来表示概率）。而真实值是训练集中预先包含的，是事先准备好的。形式上，可以表示为：

$$\{(\boldsymbol{x}^{(1)}, \boldsymbol{y}^{(1)}), (\boldsymbol{x}^{(2)}, \boldsymbol{y}^{(2)}), \cdots, (\boldsymbol{x}^{(m)}, \boldsymbol{y}^{(m)})\}$$

其中，$\boldsymbol{x}^{(i)}$ 表示属于第 i 个样本的特征向量，$\boldsymbol{y}^{(i)}$ 表示属于第 i 个样本的分类标签，也就是真实值。损失函数的选择需要具体问题具体分析，在不同问题场景下采用不同的函数。通常情况下，会将损失函数定义为平方损失函数（Quadratic Loss Function）。在本次线性回归中，使用的是均方差（Mean Squared Error）来衡量，当然还有许多其他方法，例如神经网络模型中可以使用交叉熵作为损失函数，在后面的章节会一一提到。

在模型训练中优化算法也是至关重要的，它决定了一个模型的精度和运算速度。本章的线性回归实例中主要使用了梯度下降法进行优化。梯度下降是深度学习中非常重要的概念，值得庆幸的是它也十分容易理解。损失函数 $J(\boldsymbol{w}, \boldsymbol{b})$ 可以理解为变量 $\boldsymbol{w}$ 和 $\boldsymbol{b}$ 的函数。观察图 2-11，垂直轴表示损失函数的值，两个水平轴分别表示变量 $\boldsymbol{w}$ 和 $\boldsymbol{b}$。实际上，$\boldsymbol{w}$ 可能是更高维的向量，但是为了方便说明，在这里假设 $\boldsymbol{w}$ 和 $\boldsymbol{b}$ 都是一个实数向量。算法的最终目标是找到损失函数 $J(\boldsymbol{w}, \boldsymbol{b})$ 的最小值。而这个寻找过程就是不断微调变量 $\boldsymbol{w}$ 和 $\boldsymbol{b}$ 的值，一步一步地试出这个最小值。而试的方法就是沿着梯度方向逐步移动。本例中让图 2-11 中的圆点表示 $J(\boldsymbol{w}, \boldsymbol{b})$ 的某个值，那么梯度下降就是让圆点沿着曲面下降，直到 $J(\boldsymbol{w}, \boldsymbol{b})$ 取到最小值或逼近最小值。

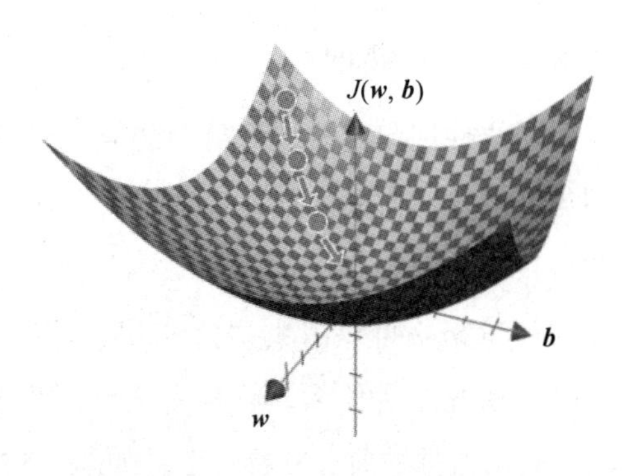

图 2-11　梯度下降示意图

应用梯度下降算法，首先需要初始化参数 $\boldsymbol{w}$ 和 $\boldsymbol{b}$。一般情况下，深度学习模型中的 $\boldsymbol{w}$ 和 $\boldsymbol{b}$ 应该初始化为一个很小的数，逼近 0 但是非 0。因为 $J(\boldsymbol{w}, \boldsymbol{b})$ 是凸函数，所以无论初始化在曲面上的哪一点，最终都会收敛到同一点或者相近的点。

一旦初始化好 $\boldsymbol{w}$ 和 $\boldsymbol{b}$ 之后，就可以开始迭代过程了。所谓迭代过程就是从初始点沿着曲面朝着下降最快的方向一步一步地移动。经过多次迭代，最终收敛到全局最优解或者接近全局最优解。

为了简化说明，将参数 $\boldsymbol{b}$ 暂时去掉，只考虑参数 $\boldsymbol{w}$，这时损失函数变为 $J(\boldsymbol{w})$。整个梯度下降过程可以表示为重复如下步骤：

$$\boldsymbol{w}_i = \boldsymbol{w}_i - \alpha \frac{\partial}{\partial \boldsymbol{w}_i} J(\boldsymbol{w}_i)$$

即重复对参数 $\boldsymbol{w}$ 进行更新操作，其中 α 表示学习率。学习率也是深度学习中的一个重要概念。学习率可以理解为每次迭代时圆点移动的步长，它决定了梯度下降的速率和稳定性。需要注意的是，在编码的过程中，为了方便书写和代码实现时更标准的命名变量，通常使用 d$\boldsymbol{w}$ 来表示 $\frac{\partial}{\partial \boldsymbol{w}_i} J(\boldsymbol{w}_i)$，其意义不变。这样原式就可以表示为：

$$\boldsymbol{w}_i = \boldsymbol{w}_i - \alpha \mathrm{d}(\boldsymbol{w}_i/\boldsymbol{w})$$

通过不断对参数 $\boldsymbol{w}$ 进行迭代更新，最终得到全局最优解或接近全局最优解，使得损失函数 $J(\boldsymbol{w}, \boldsymbol{b})$ 取得最小值。本章学习过线性回归中的梯度下降后，在第 3 章中将讨论在

Logistic 回归中如何使用梯度下降算法。

2.5.2 数据处理

用线性回归模型预测目标的第一步是进行数据处理，本节将以预测房价为背景，介绍这一过程。当收集到真实数据后，往往不能直接使用。例如本次数据集使用了某地区的房价分布，为了简化模型数据只有两维，分别是房屋面积与房屋价格。可以看到房价与房屋面积之间存在一种关系，这种关系究竟是什么，就是本次预测想要得到的结论。可以首先输出数据的前五行看一下，如图 2-12 所示。

	房屋面积	房价
0	98.87	599.0
1	68.74	450.0
2	89.24	440.0
3	129.19	780.0
4	61.64	450.0

图 2-12　房价数据

一般拿到一组数据后，第一个要处理的是数据类型不同的问题。如果各维属性中有离散值和连续值，就必须对离散值进行处理。

离散值虽然也常使用类似 0、1、2 这样的数字表示，但是其含义与连续值是不同的，因为这里的差值没有实际意义。例如，我们用 0、1、2 来分别表示红色、绿色和蓝色的话，我们并不能因此说“蓝色和红色”比“绿色和红色”的距离更远。通常对有 d 个可能取值的离散属性，我们会将它们转为 d 个取值为 0 或 1 的二值属性或者将每个可能取值映射为一个多维向量。不过就这里而言，数据中没有离散值，就不用考虑这个问题了。

接下来就是要对数据进行归一化。一般而言，如果样本有多个属性，那么各维属性的取值范围差异会很大，这就要用到一个常见的操作——归一化（Mormalization）了。归一化的目标是把各维属性的取值范围放缩到差不多的区间，例如 [−0.5, 0.5]。这里我们使用一种很常见的操作方法：减掉均值，然后除以原取值范围。

虽然本次房价预测模型中，输入属性只有房屋面积，不存在取值范围差异问题，但由于归一化的各种优点，我们仍选择对其进行归一化操作。

基本上所有的数据在拿到后都必须进行归一化，至少有以下 3 条原因：

1）过大或过小的数值范围会导致计算时的浮点上溢或下溢。

2）不同的数值范围会导致不同属性对模型的重要性不同（至少在训练的初始阶段如此），而这个隐含的假设常常是不合理的。这会对优化的过程造成困难，使训练时间大大加长。

3）很多机器学习技巧 / 模型（例如 L1，L2 正则项，向量空间模型 -Vector Space Model）都基于这样的假设：所有的属性取值都差不多是以 0 为均值且取值范围是相近的。

将原始数据处理为可用数据后，为了评估模型的好坏，我们将数据分成两份：训练集和测试集。训练集数据用于调整模型的参数，即进行模型的训练，模型在这份数据集上的误差被称为训练误差；测试集数据用于测试，模型在这份数据集上的误差被称为测试误差。我们训练模型的目的是为了通过从训练数据中找到规律来预测未知的新数据，所以测试误差是更能反映模型表现的指标。分割数据的比例要考虑到两个因素：更多的训练数据会降低参数估计的方差，从而得到更可信的模型；而更多的测试数据会降低测试误差的方差，从而得到更可信的测试误差。我们这个例子中设置的分割比例为 8:2。

在更复杂的模型训练过程中，我们往往还会多使用一种数据集：验证集。因为复杂的模型中常常还有一些超参数（Hyperparameter）需要调节，所以我们会尝试多种超参数的组合来分别训练多个模型，然后对比它们在验证集上的表现，选择相对最好的一组超参数，最后才使用这组参数下训练的模型在测试集上评估测试误差。由于本节训练的模型比较简单，我们暂且忽略掉这个过程。

2.5.3　模型概览

处理好数据后，就可以开始为模型设计假设函数和损失函数了。2.4.1 节中已经为大家介绍了假设函数、损失函数和优化算法的基本概念。下面将在房价预测的例子中进一步学习其设置规则，在房价数据集中，和房屋相关的值共有两个，第一个用来描述房屋面积，即模型中的 $\boldsymbol{x}_i$；最后一个值为我们要预测的该类房屋价格的中位数，即模型中的 $\boldsymbol{y}_i$。因此，我们模型的假设函数如公式 2-1 所示：

$$\hat{Y} = \boldsymbol{a}\boldsymbol{X}_1 + \boldsymbol{b} \qquad (2\text{-}1)$$

其中 $\hat{Y}$ 表示模型的预测结果，用来和真实值 Y 区分。模型要学习的参数即：$\boldsymbol{a}, \boldsymbol{b}$。

建立模型后，我们需要给模型一个优化目标，使得学到的参数能够让预测值 $\hat{Y}$ 尽可能地接近真实值 Y。输入任意一个数据样本的目标值 $\boldsymbol{y}_i$ 和模型给出的预测值 $\hat{\boldsymbol{y}}_i$，损失函数输出一个非负的实值。这个实值通常用来反映模型误差的大小。

对于线性回归模型来讲，最常见的损失函数就是均方误差（Mean Squared Error, MSE），如公式 2-2 所示：

$$\mathrm{MSE}=\frac{1}{n}\sum_{i=1}^{n}\left(\hat{Y}_i-Y_i\right)^2 \tag{2-2}$$

即对于一个大小为 n 的测试集，MSE 是 n 个数据预测结果误差平方的均值。

定义好模型结构之后，我们要通过以下几个步骤进行模型训练：

1）初始化参数，其中包括权重 $\boldsymbol{a}$ 和偏置 $\boldsymbol{b}$，对其进行初始化（如 0 均值，1 方差）。

2）从当前值开始计算模型输出值和损失函数。

3）利用梯度下降的方法处理损失函数，在寻找损失函数极小值的过程中依次更新模型中的参数。

4）重复 2 ～ 3 步骤，直至网络训练误差达到规定的程度或训练轮次达到设定值。

注意　对于（3），若将损失函数定义为 $J(\boldsymbol{w}_i)$，则梯度下降的函数表达式为 $\boldsymbol{w}_i=\boldsymbol{w}_i-\alpha\frac{\partial}{\partial \boldsymbol{w}_i}J(\boldsymbol{w}_i)$，“=”是赋值符号，$\boldsymbol{\alpha}$ 是每次迭代的学习率，通过设置学习率可以更改每次下降的步长，使结果收敛。

2.5.4　效果展示

下面我们基于某市某地区的房价数据进行模型的训练和预测。图 2-13 所示的散点图展示了使用模型对部分房屋价格进行的预测。其中，每个点的横坐标表示同一类房屋真实价格的中位数，纵坐标表示线性回归模型根据特征预测的结果，当二者值完全相等的时候就会落在直线上。所以模型预测得越准确，则点离直线越近。可以看出预测结果还是比较不错的，散点基本落在了直线周围。

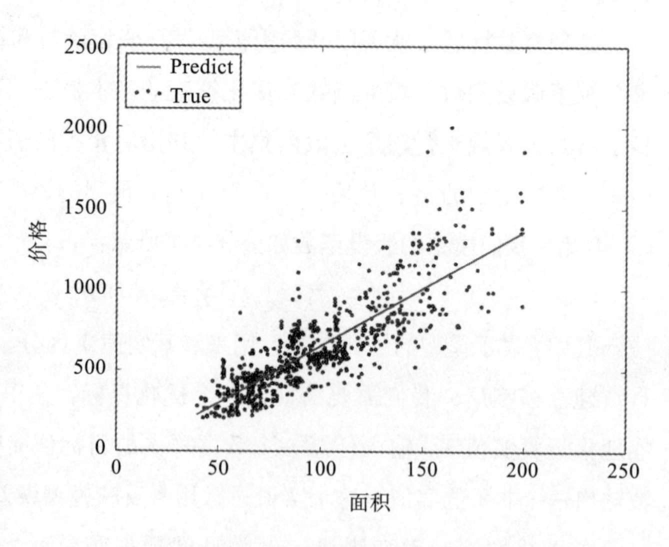

图 2-13　预测值 vs 真实值

2.6 深度学习框架简介

2.6.1 深度学习框架的作用

深度学习凭借着强大的功能和出色的表现吸引了大量程序员前来学习，对于学习者来说除了硬件（GPU）的基础环境外，与开发相关的软件资源也尤为重要。在这一浪潮下各大公司和高校纷纷开源了自己的深度学习框架，这些深度学习框架被应用于计算机视觉、语音识别、自然语言处理等领域，并获得了极好的效果。本节将首先为大家介绍深度学习框架的主要优势。

1. 简化计算图的搭建

计算图（computational graph）可以看作是一种描述函数的语言。图中的结点代表函数的输入，边代表这个函数的操作。计算图本质上是一个有向无环图，它可以被用于大部分基础表达式建模。

在深度学习框架中包含许多张量和基于张量的各种操作，随着操作种类的增多，多个操作中间的执行关系变得十分复杂。计算图可以更加精确地描述网络中的参数传播过程，自己编写代码搭建计算图需要程序员学习大量的知识，并且会耗费很多时间，而深度学习框架可以帮你很容易地搭建计算图。这是人们使用深度学习框架进行开发的一个重要原因。

2. 简化偏导计算

深度学习框架的另一个好处是让求导计算变得更加简便。在深度学习的模型搭建过程中，不可避免地要计算损失函数，这就需要不停地做微分计算。有了深度学习框架，程序员不再需要自己反复编写微分计算的复杂代码。神经网络可以视为由许多非线性过程组成的复杂函数体，而计算图则以模块化的方式完整表达了这一函数体的内部逻辑关系，因此对这一复杂函数体求模型梯度就变成了在计算图中简单地从输入到输出进行一次完整遍历的过程。相比与传统的微分计算，这一方法大大简化了计算过程。自 2012 年后，绝大多数的深度学习框架都选择了基于计算图的声明式求解。用计算图做微分求解过程如图 2-14 所示。

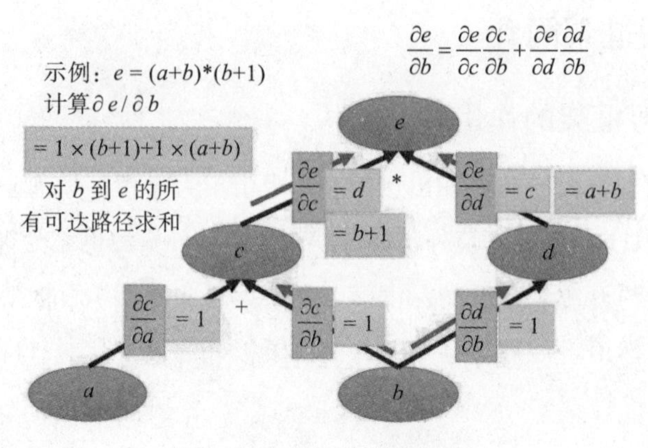

图 2-14 用计算图求偏导

3. 高效运行

深度学习框架的另一个重要的优势是它具有灵活的移植性，可以将同一份代码几乎不经过修改地部署到 GPU 或 CPU 上，程序员不必将精力消耗在处理内存转移等问题上。目前对于大规模的深度学习来说，巨大的数据量使得单机很难在有限的时间内完成训练。这就需要使用集群分布式并行计算或使用多卡 GPU 计算，因此使用具有分布式性能的深度学习框架可以使模型训练更加高效。

2.6.2 常见的深度学习框架

目前开源的深度框架有许多，各种框架的侧重点也不尽相同，使用者可以根据自己的需求以及使用习惯进行选择。常见的深度学习框架主要有：PaddlePaddle、TensorFlow、Caffe2、PyTorch、MXNet、CNDK 等，各框架的名称及开发公司如表 2-1 所示。

表 2-1 常见的深度学习框架表

CNTK	CNTK (Microsoft)	PaddlePaddle	PaddlePaddle (Baidu)
Caffe2	Caffe2 (Facebook)	TensorFlow	TensorFlow (Google)
PYTORCH	PyTorch (Facebook)	mxnet	MXNet (Amazon)

2.6.3 PaddlePaddle 简介

PaddlePaddle 是百度开源的、易学易用的分布式深度学习平台。

PaddlePaddle 为用户提供了直观灵活的数据接口和模型配置接口，使得使用更加方便。同时他支持 CNN、RNN 等多种神经网络结构和优化算法，简单书写配置文件即可实现复杂模型，具备相当高的灵活性。在计算、存储、通信、架构等方面都做了高效优化，可以充分返回各种资源的性能。此外还有很好的扩展性，全面支持多核、多 GPU、多机环境，可以轻松应对大规模训练的需求。

PaddlePaddle 的官网在 http://paddlepaddle.org，代码在 https://github.com/PaddlePaddle/Paddle，欢迎同学们 fork 和 star，并贡献 issue 和 patch。

2.6.4 PaddlePaddle 使用

PaddlePaddle 目前支持两种形式的安装，分别是 docker 安装和 pip 安装，读者可以根据自己计算机的配置情况以及使用习惯任选一种方式。下面以运行 PaddlePaddle 中的房价模型为例，介绍这两种安装方式。

1. docker 安装

首先需要读者在自己的计算机上安装 Docker，安装好后，在一个新的目录下创建一个 housing.py，如代码清单 2-1 所示。

代码清单 2-1　创建 housing.py

```
mkdir ~/workspace
cd ~/workspace; touch housing.py
```

下载房价模型且放在 ~/workspace 目录下，使用你喜欢的编辑器粘贴此 Python 代码到 housing.py，如代码清单 2-2 所示。

代码清单 2-2　运行房价训练模型

```
import paddle.v2 as paddle

# Initialize PaddlePaddle.
paddle.init(use_gpu=False, trainer_count=1)

# Configure the neural network.
```

```
x = paddle.layer.data(name='x', type=paddle.data_type.dense_vector(13))
y_predict = paddle.layer.fc(input=x, size=1, act=paddle.activation.Linear())

with open('/workspace/fit_a_line.tar', 'r') as f:
    parameters = paddle.parameters.Parameters.from_tar(f)

# Infer using provided test data.
probs = paddle.infer(
    output_layer=y_predict, parameters=parameters,
    input=[item for item in paddle.dataset.uci_housing.test()()])

for i in xrange(len(probs)):
    print 'Predicted price: ${:,.2f}'.format(probs[i][0] * 1000)
```

在一个新的 PaddlePaddle Docker 容器运行这个代码，如代码清单 2-3 所示。

代码清单 2-3　运行代码

```
docker run --rm -v ~/workspace:/workspace paddlepaddle/paddle:latest python
/workspace/housing.py
```

它应该打印出预测住房数据的清单。

注意　本章中用到的房价模型，请读者从以下链接下载：https://raw.githubusercontent.com/PaddlePaddle/book/develop/01.fit_a_line/fit_a_line.tar。

2. pip 安装

与 docker 安装类似，读者需要先安装 Python2.7.x。下载房价模型（链接见 docker 安装），在计算机上安装 PaddlePaddle，如代码清单 2-4 所示。

代码清单 2-4　安装 PaddlePaddle

```
pip install paddlepaddle
```

创建一个 housing.py 并粘贴此 Python 代码（请确保 fit_a_line.tar 是在正确的路径上），如代码清单 2-5 所示。

代码清单 2-5　运行房价训练模型

```
import paddle.v2 as paddle
# Initialize PaddlePaddle.
```

```
paddle.init(use_gpu=False, trainer_count=1)

# Configure the neural network.
x = paddle.layer.data(name='x', type=paddle.data_type.dense_vector(13))
y_predict = paddle.layer.fc(input=x, size=1, act=paddle.activation.Linear())
with open('fit_a_line.tar', 'r') as f:
parameters = paddle.parameters.Parameters.from_tar(f)

# Infer using provided test data.
probs = paddle.infer(
    output_layer=y_predict, parameters=parameters,
    input=[item for item in paddle.dataset.uci_housing.test()()])

for i in xrange(len(probs)):
    print 'Predicted price: ${:,.2f}'.format(probs[i][0] * 1000)
```

执行 python housing.py，它应该打印出预测住房数据的清单。

2.7 PaddlePaddle 实现

通过上文的学习，相信读者已经了解了线性回归模型的原理，以及 PaddlePaddle 的安装方法，本节将用 PaddlePaddle 实现简化版的房价预测模型，代码实现过程如下。

1. 加载包

在进行网络配置之前，首先需要加载相应的 Python 库，并进行初始化操作，如代码清单 2-6 所示。

代码清单 2-6 加载包

```
import matplotlib
matplotlib.use('Agg')

import matplotlib.pyplot as plt
import numpy as np
import paddle.v2 as paddle
```

2. 数据处理

本次数据集使用的是 2016 年 12 月份某市某地区的房价分布。为了简化模型，假设影响房价的因素只有房屋面积，因此数据集只有两列。代码清单 2-7 和 2-8 展示了数据处理的全部过程，包括数据装载和归一化。

代码清单 2-7　dataset 初始化

```
TRAIN_DATA = None
X_RAW = None
TEST_DATA = None
```

代码清单 2-8　载入数据

```
def load_data(filename, feature_num=2, ratio=0.8):
    """
    载入数据并进行数据预处理
    Args:
        Filename: 数据存储文件，从该文件读取数据
        feature_num: 数据特征数量
        ratio: 训练集占总数据集比例
    Return:
    """
    global TRAIN_DATA, TEST_DATA, X_RAW
    #data = np.loadtxt() 表示将数据载入后以矩阵或向量的形式存储在 data 中
    #delimiter=',' 表示以 ',' 为分隔符
    data = np.loadtxt(filename, delimiter=',')
    X_RAW = data.T[0].copy()

    #axis=0 表示按列计算
    #data.shape[0] 表示 data 中一共多少列
    maximums, minimums, avgs = data.max(axis=0), data.min(axis=0), data.sum(
        axis=0) / data.shape[0]

    # 归一化，data[:, i] 表示第 i 列的元素
    for i in xrange(feature_num - 1):
        data[:, i] = (data[:, i] - avgs[i]) / (maximums[i] - minimums[i])

    #offset 用于划分训练数据集和测试数据集，例如 0.8 表示训练集占 80%
    offset = int(data.shape[0] * ratio)
    TRAIN_DATA = data[:offset].copy()
    TEST_DATA = data[offset:].copy()
```

完成数据集的加载和分割后，PaddlePaddle 中通过 reader 来加载数据。reader 返回的数据可以包括多列，利用 reader 可以使训练组合特征变得更容易。本次的数据只有两维，reader 优点不明显，当数据多起来时就会发现利用 reader 训练模型会比传统方法方便许多。代码清单 2-9 是利用 reader 读取训练数据或测试数据，服务于 train() 和 test()，代码清单 2-10 和 2-11 是分别获取代码清单 2-9 中生成的训练数据集和测试数据集。

代码清单 2-9 读取训练数据或测试数据

```
def read_data(data_set):
    """
    读取训练数据或测试数据，服务于train()和test()
    Args:
        data_set: 要获取的数据集
    Return:
        reader: 用于获取训练数据集及其标签的生成器generator
    """
    def reader():
        """
        一个reader
        Args:
        Return:
            data[:-1], data[-1:] -- 使用yield返回生成器(generator),
                data[:-1]表示前n-1个元素，也就是训练数据，data[-1:]表示最后一个元素，
也就是对应的标签
        """
        for data in data_set:
            yield data[:-1], data[-1:]
    return reader
```

代码清单 2-10 获取训练数据集

```
def train():
    """
    定义一个reader来获取训练数据集及其标签
    Args:
    Return:
        read_data -- 用于获取训练数据集及其标签的reader
    """
    global TRAIN_DATA
    load_data('data.txt')
    return read_data(TRAIN_DATA)
```

代码清单 2-11 获取测试数据集

```
def test():
    """
    定义一个reader来获取测试数据集及其标签
    Args:
    Return:
        read_data -- 用于获取测试数据集及其标签的reader
    """
    global TEST_DATA
    load_data('data.txt')
    return read_data(TEST_DATA)
```

3. 搭建神经网络

线性回归的模型其实就是一个采用线性激活函数（Linear Activation）的全连接层（Fully-Connected Layer，fc_layer）（如图 2-15 所示），因此在 PaddlePaddle 中利用全连接层模型构造线性回归，这样一个全连接层就可以看作是一个简单的神经网络。本次的模型由于只有一个影响参数，因此输入只含一个 $\boldsymbol{X}_0$。

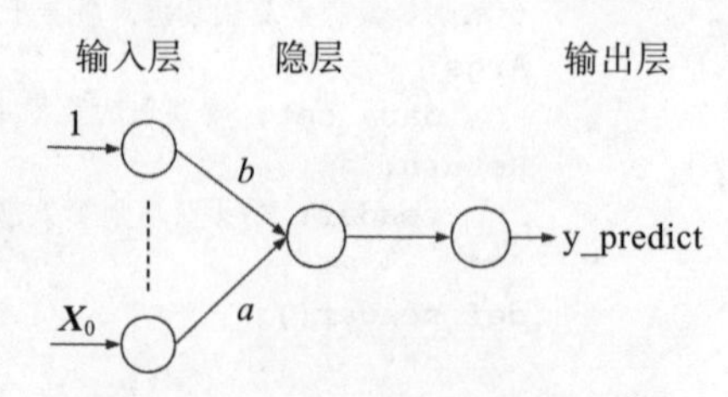

图 2-15　神经网络模型表示线性回归

搭建神经网络就像使用积木搭建宝塔一样。在 PaddlePaddle 中，网络层（layer）是我们的积木，而神经网络是我们要搭建的宝塔。我们使用不同的 layer 进行组合，来搭建神经网络。宝塔的底端需要坚实的基座来支撑，同样，神经网络也需要一些特定的 layer 作为输入接口，来完成网络的训练。

代码清单 2-12 中定义了一个 layer 组合，其中，***x*** 与 ***y*** 为之前描述的输入层；y_predict 接收 ***x*** 作为输入，接上一个全连接层；cost 接收 y_predict 与 ***y*** 作为输入，接上均方误差层。最后一层 cost 中记录了神经网络的所有拓扑结构，通过组合不同的 layer，我们即可完成神经网络的搭建。其中 *x* 表示输入数据是一个维度为 1 的稠密向量，***y*** 表示输入数据是一个维度为 1 的稠密向量。

代码清单 2-12　配置网络结构

```
def network_config():
    """
    配置网络结构
    Args:
    Return:
        cost: 损失函数
        parameters: 模型参数
        optimizer: 优化器
        feeding: 数据映射，python 字典
    """
    # 输入层，paddle.layer.data 表示数据层，name='x': 名称为 x_input,
    # type=paddle.data_type.dense_vector(1): 数据类型为 1 维稠密向量
    x_input = paddle.layer.data(name='x',
                               type=paddle.data_type.dense_vector(1))
```

```
# 输出层，paddle.layer.fc 表示全连接层，input=x_input 表示该层输入数据层
# size=1：神经元个数，act=paddle.activation.Linear()：激活函数为 Linear()
y_predict = paddle.layer.fc(input=x_input, size=1,
                            act=paddle.activation.Linear())

# 标签数据，paddle.layer.data 表示数据层，name='y'：名称为 y
# type=paddle.data_type.dense_vector(1)：数据类型为 1 维稠密向量
y_label = paddle.layer.data(name='y',
                            type=paddle.data_type.dense_vector(1))

# 定义成本函数为均方差损失函数 square_error_cost
cost = paddle.layer.square_error_cost(input=y_predict, label=y_label)

# 利用 cost 创建 parameters
parameters = paddle.parameters.create(cost)

# 创建 optimizer，并初始化 momentum，momentum=0 为普通 SGD 优化算法
optimizer = paddle.optimizer.Momentum(momentum=0)

# 数据层和数组索引映射，用于 trainer 训练时喂数据
feeding = {'x': 0, 'y': 1}

result = [cost, parameters, optimizer, feeding]

return result
```

4. 初始化 PaddlePaddle

使用 PaddlePaddle 框架的第一步是初始化，使用 init 函数就是显示的初始化。

代码清单 2-13　初始化，use_gpu=False 表示不使用 GPU

```
def main():
    # init
    paddle.init(use_gpu=False, trainer_count=1)
```

5. 训练模型

在完成神经网络结构搭建之后，首先需要根据神经网络结构来创建所需要优化的参数集合（Parameters），并创建优化器（Optimizer）。接下来可以创建训练器（trainer）来对网络进行训练。其中，trainer 接收三个参数，即 cost、parameters、update_equation，它们分别表示成本函数、参数和更新公式。具体实现如代码清单 2-14、2-15、2-16 所示。

代码清单 2-14 配置网络结构和设置参数

```
cost, parameters, optimizer, feeding = network_config()
```

代码清单 2-15 记录成本

```
# 记录成本 cost
costs = []
```

代码清单 2-16 创建 trainer

```
# create trainer
trainer = paddle.trainer.SGD(
    cost=cost, parameters=parameters, update_equation=optimizer)
```

在搭建神经网络结构的过程中，仅仅对神经网络的输入进行了描述。而 trainer 需要读取训练数据进行训练，PaddlePaddle 中通过 reader 来加载数据。reader 返回的数据可以包括多列，一个 Python dict 可以把列序号映射到网络里的数据层。此外，PaddlePaddle 还提供事件管理机制 event handler，可以用来打印训练的进度及对模型训练效果进行监控，如代码清单 2-17 所示。

代码清单 2-17 定义事件处理器，打印训练进度

```
# event_handler to print training and testing info
def event_handler(event):
    """
    事件处理器，可以根据训练过程的信息作相应操作
    Args:
        Event: 事件对象，包含 event.pass_id, event.batch_id, event.cost 等信息
    Return:
    """
    if isinstance(event, paddle.event.EndIteration):
        if event.pass_id % 100 == 0:
            print "Pass %d, Batch %d, Cost %f" % (
                event.pass_id, event.batch_id, event.cost)
            costs.append(event.cost)

    if isinstance(event, paddle.event.EndPass):
        result = trainer.test(
            reader=paddle.batch(test(), batch_size=2),
            feeding=feeding)
        print "Test %d, Cost %f" % (event.pass_id, result.cost)
```

接下来可以调用 trainer 的 train 方法启动训练，具体过程如代码清单 2-18、2-19、2-20 所示。

代码清单 2-18　模型训练

```
# training
trainer.train(
    reader=paddle.batch(
        paddle.reader.shuffle(train(), buf_size=500),
        batch_size=256),
    feeding=feeding,
    event_handler=event_handler,
    num_passes=300)
```

代码清单 2-19　打印参数结果

```
print_parameters(parameters)
```

代码清单 2-20　展示学习曲线

```
plot_costs(costs)
```

6. 预测房价

训练结束后输出回归模型的系数 ***a***、***b*** 和成本函数变化情况，如代码清单 2-21、2-22 所示。

代码清单 2-21　参数打印

```
def print_parameters(parameters):
    """
        打印训练结果的参数以及测试结果
        Args:
            Parameters: 训练结果的参数
        Return:
    """
    print "Result Parameters as below:"
    theta_a = parameters.get('___fc_layer_0__.w0')[0]
    theta_b = parameters.get('___fc_layer_0__.wbias')[0]

    x_0 = X_RAW[0]
    y_0 = theta_a * TRAIN_DATA[0][0] + theta_b

    x_1 = X_RAW[1]
    y_1 = theta_a * TRAIN_DATA[1][0] + theta_b

    param_a = (y_0 - y_1) / (x_0 - x_1)
    param_b = (y_1 - param_a * x_1)
```

```
    print 'a = ', param_a
    print 'b = ', param_b
```

代码清单 2-22　展示模型训练曲线

```
def plot_costs(costs):
    """
    利用 costs 展示模型的训练曲线
    Args:
        Costs: 记录了训练过程的 cost 变化的 list，每一百次迭代记录一次
    Return:
    """
    costs = np.squeeze(costs)
    plt.plot(costs)
    plt.ylabel('cost')
    plt.xlabel('iterations (per hundreds)')
    plt.title("House Price Distributions ")
    plt.show()
    plt.savefig('costs.png')
```

模型训练完毕，输出成本函数，如代码清单 2-23 所示，观察变化，结果如图 2-16 所示。

代码清单 2-23　开始预测

```
if __name__ == '__main__':
  main()
```

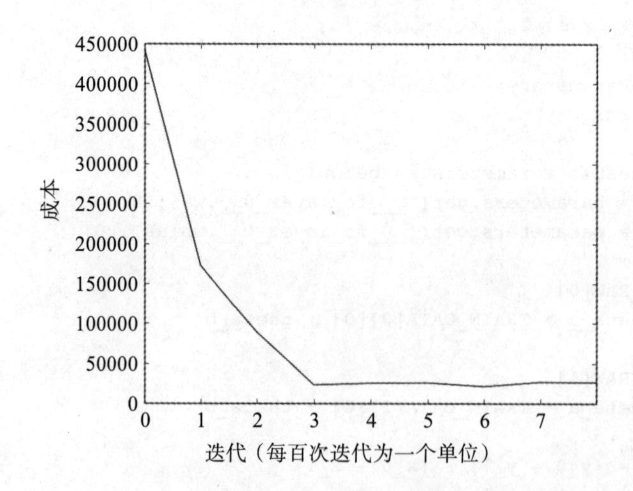

图 2-16　成本函数变化情况

运行代码，得到预测结果：a=7.1，b=−62.1（注：计算结果可能不完全一致），因此本次模型得到的房屋面积与房价之间的拟合函数为 $y = 7.1x - 62.1$。其中 y 为预测的房屋价格，x 为房屋面积，根据这个公式可以推断：如果有 500 万的预算，想在该地区购房，房屋面积大概为 $\frac{500-(-62.1)}{7.1} = 79$（平方米）。

7. 数据可视化

通过训练，本次线性回归模型输出了一条拟合的直线，想要直观地判断模型好坏可将拟合直线与数据的图像绘制出来。代码清单 2-24 描述了这一绘制过程。

代码清单 2-24　绘图

```
import numpy as np
import matplotlib.pyplot as plt

def plot_data(data,a,b):
    x = data[:,0]
    y = data[:,1]
    y_predict = x*a + b;
    plt.scatter(x,y,marker='.',c='r',label='True')
    plt.title('House Price Distributions')
    plt.xlabel('House Area ')
    plt.ylabel('House Price ')
    plt.xlim(0,250)
    plt.ylim(0,2500)
    predict = plt.plot(x,y_predict,label='Predict')
    plt.legend(loc='upper left')
    plt.savefig('result.png')
    plt.show()

data = np.loadtxt('data.txt', delimiter=',')
X_RAW = data.T[0].copy()
plot_data(data,7.1,-62.1)
```

输出结果如图 2-17 所示，预测数据落在蓝色的直线上，通过观察可以清楚地看到真实数据大部分散布在预测数据周围，说明预测结果是比较可靠的。

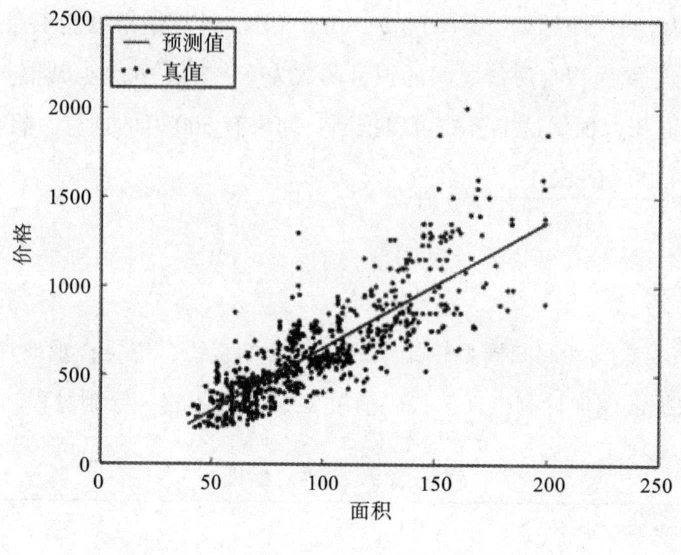

图 2-17　拟合图形

本章小结

本章作为深度学习和 PaddlePaddle 的入门内容，在回顾机器学习相关知识的基础上，对深度学习概况进行了梳理，介绍了深度学习中较为重要的概念，以及 PaddlePaddle 的基本使用说明，为后面的章节做了铺垫。

本章通过引入人工智能、机器学习和深度学习三者的关系，梳理了人工智能的分支框架。顺由时间脉络对深度学习的发展历程以及主要应用场景展开了具体的介绍。紧接着介绍了常见的深度学习网络模型，分别有 CNN、RNN 和 FC，不同的网络结构有自己的适应场景。

本章以机器学习中最简单的线性回归为例，借用 PaddlePaddle 平台实现这一模型，带领读者回顾机器学习中有关模型搭建的重要概念。读者安装好 PaddlePaddle 后，利用书中的代码可以完成一个简单的房价预测模型搭建及训练实例。通过完成预测过程，帮助读者初步认识 PaddlePaddle，快速入门，开启下一步的深度学习之门。

本章的参考代码在 https://github.com/BaiduOSS/DeepLearningAndPaddleTutorial 下 lesson2 子目录下。

CHAPTER 3

第3章

深度学习的单层网络

上一章中介绍了深度学习的基本概念和PaddlePaddle框架的入门知识，本章将为读者介绍深度学习的最简单形式——单层神经网络。全书将以识别猫的问题作为开始，带领读者一步步地学习，从使用简单的单层网络到复杂的深层网络，从实现基本结构到添加各类优化，由浅至深，循序渐进。Logistic回归模型是简单的单层网络，是进一步学习深度学习的垫脚石。本章就对Logistic回归模型进行学习，并利用Logistic回归模型解决识别猫的问题。

本章是本书知识结构的基础，其中涉及了大量深度学习中的关键概念和技巧，重要的知识点包括Logistic回归模型概述、损失函数、梯度下降算法、向量化以及如何使用Numpy和PaddlePaddle框架实现Logistic回归模型。这些概念和知识是在之后几个部分的学习中需要经常使用到的，是读者进一步学习深度学习内容的基本工具，希望读者可以牢牢掌握本章内容。

学完本章，希望读者能够掌握以下知识点：

（1）掌握Logistic回归模型，对神经网络的结构有基本的理解。

（2）掌握损失函数、梯度下降算法、向量化在Logistic回归中的应用。

（3）使用Numpy实现Logistic回归模型。

（4）使用PaddlePaddle实现Logistic回归模型。

3.1 Logistic 回归模型

3.1.1 Logistic 回归概述

Logistic 回归模型常被用于处理二分类问题。它是一种用于分析各个影响因素 (x_1, x_2,⋯, x_n) 与分类结果 y 之间关系的有监督学习方法。它的应用十分广泛，例如在医学领域中，若要研究某种疾病的影响因素，并根据影响因素来判断一个人患有这种疾病的概率，则需要使用到 Logistic 回归模型。

为了更好地理解 Logistic 回归模型的实际意义，这里以肺癌分类问题为例展开讨论。假设肺癌的分类结果为 y={ 感染肺癌，未感染肺癌 }，影响因素为 $\boldsymbol{x}$={ 年龄，性别，是否吸烟 }，影响因素值可以是离散值，也可以是连续值。通过 Logistic 回归分析可以知道哪些影响因素对感染肺癌更为关键，也就是确定各个影响因素的权值，从而构建 Logistic 回归模型。借助计算得到的 Logistic 回归模型，可以实现预测。所谓预测就是输入一组影响因素特征向量，输出某个人患有肺癌的可能性。

实际上，从结构上来看（如图 3-1 所示），完全可以将 Logistic 回归模型看作是仅含有一个神经元的单层的神经网络。

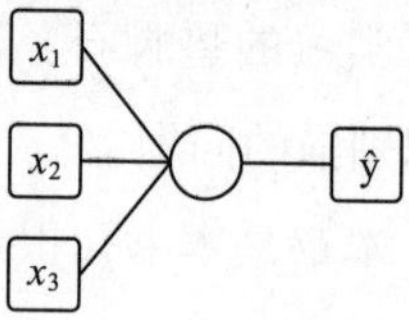

图 3-1　Logistic 回归模型图

上述结构可以描述为，给出一组特征向量 $\boldsymbol{x}=\{x_1, x_2,\cdots, x_m\}$，希望得到一个预测结果 $\hat{y}$ 。即：

$$\hat{y}=P\{y=1|\boldsymbol{x}\} \tag{3-1}$$

其中 $\hat{y}$ 表示当特征向量 $\boldsymbol{x}$ 满足条件时，y=1 的概率。应用在之前提到的肺癌的预测问题中，那么向量 $\boldsymbol{x}$ 表示给出一个人的年龄、性别、是否吸烟等数据值所构成的特征向量，$\hat{y}$ 则表示这个人患有肺癌的概率。

典型的深度学习的计算过程包含 3 个过程，前向传播（Forward Propagation）过程、后向传播（Backward Propagation）和梯度下降（Gradient Descent）过程。这一个算法中的 3 个过程较为复杂，而理解这 3 个过程是理解深度学习的基础。前向传播过程可以暂时理解为一个前向的计算过程；后向传播过程可以简单理解为层层求偏导数的过程；梯度下降过程可以理解为参数沿着当前梯度相反的方向进行迭代搜索直到最小值的过程。为了帮助读者更好地理解这 3 个概念，本书的第 3 章、第 4 章和第 5 章将层层深入地呈现出这 3 个过程。本章描述的一层 Logistic 回归作为最简单的深度学习入门案例也存在这 3 个过程。

层数为 1 的 Logistic 回归的前向传播过程是最简单的前向传播过程。这个过程可以想象为从图 3-1 左侧的向量 $\boldsymbol{x}$ 开始向右计算的过程。而这个计算过程内部由具有先后次序的两部分组成：第一部分是线性变换，第二部分是非线性变换。值得注意的是，这两个变换过程可以视作一个整体单元，缺一不可，后面的更加复杂的计算就是多次反复使用这样的单元。

第一部分的线性变换可以视为做了一次线性回归。回忆一下，做一个简单的线性回归，其实只需要将输入的特征向量进行线性组合即可。假设输入的特征向量为 $\boldsymbol{x} \in R^2$（二维向量），则线性组合的结果表示为：

$$z=w_1x_1+w_2x_2+b$$

其中，w_1、w_2 表示权重，b 表示偏置，z 表示线性组合的结果。在做线性回归的时候，最终想要找到的解就是最优的 w_1、w_2 和 b。上式也常常用向量的形式表示为

$$z=\boldsymbol{w}^{\mathrm{T}}\boldsymbol{x}+b$$

第二部分的非线性变换是在第一部分线性变换的基础上进行的。预测一个人是否得肺癌依靠的是算法输出的得病的概率，概率值越高那么其患病的风险也就越大。Logistic 回归输出的结果理应是一个概率 $\hat{y}=P\{y=1|\boldsymbol{x}\}$，而概率值介于 0 到 1 之间，也就是，$0 \leqslant \hat{y} \leqslant 1$。而观察第一部分的输出是一个线性变换后得到的实数值，必须把这个值转化为一个概率值，也就是使其介于 0 到 1 之间。而这个转化过程就是第二部分非线性变换的工作。这个非线性变换需要使用一个非线性函数来做到，即需要找到一个函数 $g(z)$ 使得 $\hat{y}=g(z)=g(\boldsymbol{w}^{\mathrm{T}}\boldsymbol{x}+b)$。在深度学习范围内非线性函数 $g(z)$ 被称作激活函数（Activation Function）。激活函数可以有很多具体的实例，常用的激活函数有 5 种，在不同的应用场景不同的目的下可选取不同的激活函数。而在本 Logistic 回归中激活函数具体使用 Sigmoid() 函数。

Sigmoid() 函数的主要作用就是把某实数映射到区间（0,1）内，其公式为 $\sigma(z)=\dfrac{1}{1+e^{-z}}$，其函数图像如图 3-2 所示。观察图像会发现 Sigmoid() 函数可以很好地完成这个工作，当值较大时，$\sigma(z)$ 趋近于 1，当值较小时，$\sigma(z)$ 趋近于 0。

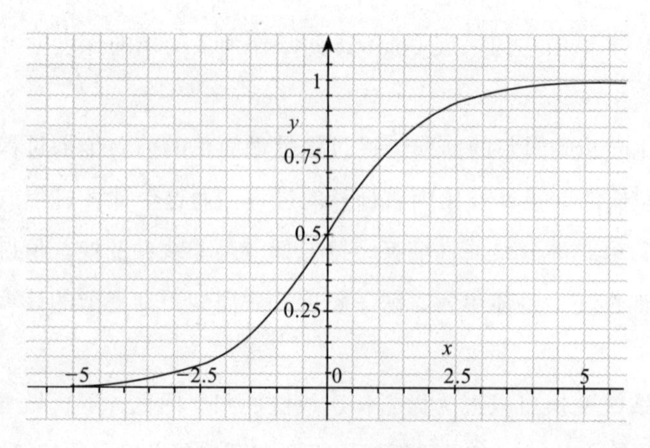

图 3-2 Sigmoid 函数图

Logistic 回归模型的工作重点与所有深度学习模型的工作重点一样，在于训练一组最优参数值 $\boldsymbol{w}$ 和 b。这组最合适的 $\boldsymbol{w}$ 和 b 使得预测结果 $\hat{y}$ 更加精确。那么怎样才能找到这样的参数呢？这就需要定义一个损失函数，通过对这个损失函数的不断优化来最终训练出最优的 $\boldsymbol{w}$ 和 b。

3.1.2 损失函数

1. 损失函数

在 Logistic 回归模型中，模型需要定义一个损失函数（Loss Function or Error Function）用于对参数 $\boldsymbol{w}$ 和 b 进行优化，而损失函数的选择需要具体问题具体分析，在不同问题场景下采用不同的函数。通常情况下，会将损失函数定义为平方损失函数：

$$L(\hat{y},y)=\frac{1}{2}(\hat{y}-y)^2 \tag{3-2}$$

但是在 Logistic 回归模型中，通常不使用这种形式的损失函数，原因是它会导致参数的优化问题变成非凸的。凸优化问题是指求取最小值的目标函数为凸函数的一类优化问题。以最简单的函数形式为例，我们知道该函数只有一个极小值和一个最小值，并且它们相等，都在原点位置被找到。所以它的局部最优解就是全局最优解。而非凸优化问题则与此相反，由于它具有多个局部最优解，所以无法确定全局最优解。

在 Logistic 回归模型中通常使用对数损失函数（Logarithmic Loss Function）作为损失函数。对数损失函数又称作对数似然损失函数（Log-likelihood Loss Function）。其公式如下：

$$L(\hat{y}, y)=-(y\log\hat{y}+(1-y)\log(1-\hat{y})) \tag{3-3}$$

对数损失函数也起到测量与之间差异性的作用。函数值越小，则表示模型越好，也就是参数 $\boldsymbol{w}$ 和 b 越好。相比于普通的平方损失函数，它的优势在于能够让参数的优化变成凸优化问题，更适合寻找全局最优解。

证明对数损失函数可以作为 Logistic 回归模型的损失函数并不难。首先将其拆分成如下形式：

$$L(\hat{y},y)=\begin{cases}-\log\hat{y} & y=1\\ -\log(1-\hat{y}) & y=0\end{cases} \tag{3-4}$$

可以看到，损失函数根据值不同，存在两种情况：

1）假设对于一个样本，当时 $y^{(i)}=1$，此时 $L(\hat{y}^{(i)}, y^{(i)})=-\log\hat{y}^{(i)}$，如果想让损失函数越小，则需要让 $\hat{y}^{(i)}$ 越大，但由于 $0\leqslant\hat{y}^{(i)}\leqslant 1$，所以损失函数会使得 $\hat{y}^{(i)}$ 趋近于 1，如果此时 $\hat{y}^{(i)}=1$，那么 $L(\hat{y}^{(i)}, y^{(i)})=-\log\hat{y}^{(i)}=-\log 1=0$。此时的损失函数等于零，则模型对于这个样本的预测完全准确。

2）同理：假设对于一个样本，当 $y^{(i)}=0$ 时，此时 $L(\hat{y}^{(i)}, y^{(i)})=-\log(1-\hat{y}^{(i)})$，如果想让损失函数越小，则需要让 $\hat{y}^{(i)}$ 越小，但由于 $0\leqslant\hat{y}^{(i)}\leqslant 1$，所以损失函数会使得 $\hat{y}^{(i)}$ 趋近于 0，如果此时 $\hat{y}^{(i)}=0$，那么 $L(\hat{y}^{(i)}, y^{(i)})=-\log(1-\hat{y}^{(i)})=-\log(1-0)=0$。此时的损失函数等于零，所以模型对于这个样本的预测也完全准确。

综上所述，让损失函数 $L(\hat{y}^{(i)}, y^{(i)})\rightarrow 0$，等价于让预测结果 $\hat{y}^{(i)}\rightarrow y^{(i)}$，在最小化损失函数的过程，也是让预测结果更精确的过程，再加上其凸优化的性质，故对数损失函数比较适合作为 Logistic 回归模型的损失函数。

2. 成本函数

损失函数（Loss function）是用于衡量模型在单个训练样本上的表现情况的，而成本函数（cost function）则用于针对全部训练样本的模型训练过程中，它的定义如下：

$$J(\boldsymbol{w},b)=\frac{1}{m}\sum L\left(\hat{y}^{(i)},y^{(i)}\right)=-\frac{1}{m}\sum\left[y^{(i)}\log y^{(i)}+\left(1-y^{(i)}\right)\log\left(1-\hat{y}^{(i)}\right)\right] \tag{3-5}$$

成本函数是基于所有样本的总成本。训练 Logistic 回归模型最终目的就是希望训练出一组适合的参数 $\boldsymbol{w}$ 和 b，使得成本函数最小化，从而达到较高的预测准确率的目标。

在了解了损失函数和成本函数之后，具体该如何使用它们来对参数 $\boldsymbol{w}$ 和 b 进行优化呢？这就需要使用梯度下降方法对参数 $\boldsymbol{w}$ 和 b 进行逐步迭代优化。

注意　由于业界并没有明确地区分损失函数和成本函数，在通常情况下这两个名词使用较混乱，在本书中规定损失函数是针对单个样本的定义的，而成本函数是针对全体训练样本定义的，它指的是平均成本。

3.1.3　Logistic 回归的梯度下降

在开始具体讨论之前，首先介绍一个重要概念，那就是计算图（computation graph）。前文图 3-1 是单层的 Logistic 回归的基本示意图。将其中的更多细节展示出来绘制成新图就可以得到图 3-3。可以观察到系统的输入值由两部分组成，样本的特征向量和算法参数。样本的特征向量为 $\boldsymbol{x}=(x_1, x_2)$，参数包含权重向量 $\boldsymbol{w}=(w_1, w_2)$ 和偏置 b。将这些数据进行两步运算，线性变换和非线性变换。首先是线性变换生成中间值 z，然后经过 $\sigma(z)$ 非线性变换得到预测值 $\hat{y}$。为了和 y 作区分，下文用 a 代替 $\hat{y}$ 表示预测值。最后将预测值 a 和真实值传给函数损失函数 L，求得二者的差值。这个表明了整个算法计算过程的图就是计算图。

计算图有两点注意事项需要特别说明。首先计算图中每一个矩形或者圆圈都称作一个节点，节点代表的是一个运算的结果，而箭头表示数据的流动方向同时也表示一个计算过程。其次，计算图只关心数据的流动和计算结果，不关心计算的复杂度。事实上图 3-1 也是一个计算图。

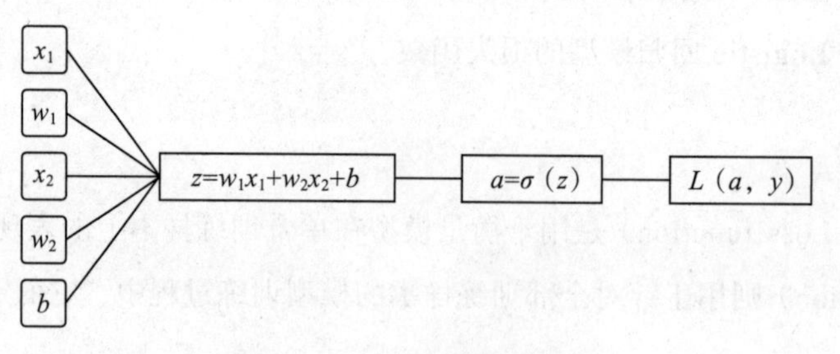

图 3-3　Logistic 回归计算图

1. 单个训练样本的梯度下降计算过程

通过求解偏导数的方式来执行梯度下降过程。单个样本的梯度下降是比较容易理解的。回忆梯度下降中 $\boldsymbol{w}$ 迭代更新的算法公式：

$$\boldsymbol{w}=\boldsymbol{w}-\alpha\frac{\mathrm{d}L(\boldsymbol{w})}{\mathrm{d}\boldsymbol{w}} \tag{3-6}$$

观察上式，其中包含表示成本函数对 $\boldsymbol{w}$ 的偏导数。上式可以简写作 $\boldsymbol{w}=\boldsymbol{w}-\alpha\mathrm{d}\boldsymbol{w}$。为了更清楚地说明其过程，这里以 w_1 为例。首先求出 $\mathrm{d}w_1$，然后根据公式 $\boldsymbol{w}=\boldsymbol{w}-\alpha\mathrm{d}\boldsymbol{w}$ 来更新参数 w_1。根据链式法则，可以得到梯度 $\mathrm{d}w_1$ 的计算公式：

$$\mathrm{d}w_1=\frac{\mathrm{d}L(a,y)}{\mathrm{d}w_1}=\frac{\mathrm{d}L(a,y)}{\mathrm{d}a}\cdot\frac{\mathrm{d}a}{\mathrm{d}z}\cdot\frac{\mathrm{d}z}{\mathrm{d}w_1} \tag{3-7}$$

式中，将 $\frac{\mathrm{d}L(a,y)}{\mathrm{d}w_1}$ 的计算分解为三个步骤，顺序求解 $\mathrm{d}a$，$\mathrm{d}z$ 和 $\mathrm{d}w_1$。经过计算可知：

$$\mathrm{d}a=\frac{\mathrm{d}L(a,y)}{\mathrm{d}a}=\frac{-y}{a}+\frac{1-y}{1-a} \tag{3-8}$$

$$\mathrm{d}z=\frac{\mathrm{d}L(a,y)}{\mathrm{d}z}=\frac{\mathrm{d}L}{\mathrm{d}a}\cdot\frac{\mathrm{d}a}{\mathrm{d}z}=a(1-a)\mathrm{d}a=a-y \tag{3-9}$$

注意，$\mathrm{d}z=a-y$ 这个计算结果十分有用，记住它可以让许多梯度计算步骤变得简单。继续求 $\mathrm{d}w_1$，最终得到：

$$\mathrm{d}w_1=\frac{\mathrm{d}L(a,y)}{\mathrm{d}w_1}=\frac{\mathrm{d}L(a,y)}{\mathrm{d}a}\cdot\frac{\mathrm{d}a}{\mathrm{d}z}\cdot\frac{\mathrm{d}z}{\mathrm{d}w_1}=x_1\mathrm{d}z=x_1(a-y) \tag{3-10}$$

求解 $\mathrm{d}w_1$ 后，再更新参数 $w_1=w_1-\alpha\mathrm{d}w_1$。这样就利用梯度下降完成了参数 w_1 的一次更新。同理，也可以求得：

$$\mathrm{d}w_2=x_2\mathrm{d}z,\ w_2=w_2-\alpha\mathrm{d}w_2 \tag{3-11}$$

$$\mathrm{d}b=\mathrm{d}z,\ b=b-\alpha\mathrm{d}b \tag{3-12}$$

上述步骤完成了一次针对单个样本的更新步骤，但在实际问题中，往往有数量庞大的样本。下一小节将介绍如何在含有多个训练样本的样本集中使用梯度下降方法。

2. 多个训练样本的梯度下降计算过程

对于多个训练样本的梯度下降其实是对单个样本情况的扩展，仍旧以参数 w_1 为例，求解梯度值 $\mathrm{d}w_1$，则：

$$\mathrm{d}w_1=\frac{\mathrm{d}J(\boldsymbol{w},b)}{\mathrm{d}w_1}=\frac{1}{m}\sum\frac{\mathrm{d}L\left(a^{(i)},y^{(i)}\right)}{\mathrm{d}w_1} \tag{3-13}$$

需要注意的是，此时的 dw_1 不同于上一小节中单个训练样本的梯度值，而是表示的是全局梯度值，它等于每个训练样本的 w_1 梯度值的求和平均。计算出 dw_1 之后，同样使用公式 $w_1=w_1-\alpha dw_1$，对参数 w_1 进行迭代更新即可。同理，我们可以求出全局梯度值 dw_2 和 db，并对它们进行更新：

$$dw_2=\frac{dJ(\boldsymbol{w},b)}{dw_2}=\frac{1}{m}\sum\frac{dL\left(a^{(i)},y^{(i)}\right)}{dw_2}, w_2=w_2-\alpha dw_2 \tag{3-14}$$

$$db=\frac{dJ(\boldsymbol{w},b)}{db}=\frac{1}{m}\sum\frac{dL\left(a^{(i)},y^{(i)}\right)}{db}, b=b-\alpha db \tag{3-15}$$

概括起来，多个训练样本的梯度下降其实就是计算各个参数针对成本函数 J 的全局梯度值，并以此来更新参数，基本思想与单个训练样本的梯度下降一致，不同之处在于，多个训练样本的梯度下降的计算是将各个样本的参数梯度值做求和平均，相当于考虑了成本对于多个训练样本的整体情况，用通俗的话来说，可以理解为多个训练样本的梯度下降“考虑”得更多。在多次迭代更新后，各个参数将逐渐逼近全局最优解或者得到全局最优解。

上述内容描述了多个训练样本的梯度下降的计算过程，但事实上仍有相当大的优化空间。不难发现，在实现多个训练样本的梯度下降过程中会嵌套两个循环，第一个循环用于遍历所有训练样本，需要计算每个训练样本的梯度值之后才可以做求和平均来计算全局梯度值，而第二个循环用于遍历所有待训练的参数，逐一计算它们的梯度值，这两个循环是先后嵌套的关系。

在实际应用中，深度学习算法需要的训练数据集往往是十分庞大的，并且通常会有大量的特征，意味着会有大量的待训练参数。在大数据量的计算中，使用循环会明显降低算法效率，庆幸的是可以利用向量化（Vectorization）来消除或替代它们，从而提高工作效率。在下一小节我们将使用向量化的方式，优化上述计算过程。

3. Logistic 回归的向量化

向量化在深度学习中的应用十分广泛，它是提升计算效率的主要手段之一，在 1.3.1 节中也已经简单证明了向量化对于代码效率的提升作用，通过矩阵相乘来代替循环遍历的逐个相乘可以极大缩短计算时间。而缩短每次训练的时间是十分有意义的，当可用工作时间不变的情况下，更短的单次训练时间可以让程序员有更多地测试机会，进而更早更好地调整神经网络结构和参数。

回顾上一小节中提到的在多个训练样本的梯度下降中的两个循环。第一个循环用于遍历所有训练样本，而第二个循环用于遍历所有参数。这两个循环是耗时大户，那么如何使用向量化技术提升代码效率呢？

首先，可以通过向量化的方式来消除遍历所有参数时使用的循环。原先，要计算各个参数的全局梯度值则需要循环累加各个参数的梯度值 $\mathrm{d}w_1, \mathrm{d}w_2,\cdots, \mathrm{d}w_n$。而向量化的方法则引入向量 $\mathrm{d}\boldsymbol{w}$ 来表示所有的梯度值 $\mathrm{d}w_1, \mathrm{d}w_2,\cdots, \mathrm{d}w_n$，其中 $\mathrm{d}\boldsymbol{w}$ 为 $n_x\times 1$ 维向量，n_x 表示的是样本的特征维度，也就是除去参数 b 之外的参数个数。现在，可以直接使用向量操作 $\mathrm{d}w\mathrel{+}=x^{(i)}\mathrm{d}z^{(i)}$ 来代替前述的逐个求和的繁琐计算。这样一来，利用向量化替代了原先的循环，不用显式地遍历所有样本特征，并且从硬件的角度来看，矩阵运算充分发挥了 GPU 的并行计算能力，充分提升了代码运算效率。

然后，集中精力使用向量化技术消除另一个循环，即用来遍历所有训练样本的循环。

第一步，将线性变换过程改写为向量化。对于每一个样本有 $z^{(i)}=\boldsymbol{w}^{\mathrm{T}}x^{(i)}+b$，其中 z 表示线性组合的结果（计算过程中的中间值）$\boldsymbol{w}^{\mathrm{T}}$ 表示一个权重向量，$\boldsymbol{x}$ 表示一个输入样本的特征向量，b 表示偏置。当把视角放到所有样本的时候，就可以把公式改写为：$\boldsymbol{Z}=\boldsymbol{w}^{\mathrm{T}}\boldsymbol{X}+b$，其中，$\boldsymbol{Z}=(z^{(1)},z^{(2)}\cdots,z^{(i)},\cdots,z^{(n)})$ 是一个向量，其中的每个分量是一个样本线性组合后的结果（计算过程中的中间值），$\boldsymbol{X}=(\boldsymbol{x}^{(1)},\boldsymbol{x}^{(2)}\cdots,\boldsymbol{x}^{(i)},\cdots,\boldsymbol{x}^{(n)})$ 是一个矩阵，其中的每个向量是一个输入样本特征向量，所以可以将 $\boldsymbol{Z}$ 表示为 $\boldsymbol{Z}=(\boldsymbol{w}^{\mathrm{T}}\boldsymbol{x}^{(1)}+b,\boldsymbol{w}^{\mathrm{T}}\boldsymbol{x}^{(2)}+b,\cdots,\boldsymbol{w}^{\mathrm{T}}\boldsymbol{x}^{(i)}+b,\cdots,\boldsymbol{w}^{\mathrm{T}}\boldsymbol{x}^{(n)}+b)=\boldsymbol{w}^{\mathrm{T}}\boldsymbol{X}+b$。

第二步，将激活过程改写为向量化。在完成了线性变换后，进行非线性变换。对于每一个样本有 $a^{(i)}=\mathrm{sigmoid}(z^{(i)})$，其中 $a^{(i)}$ 表示该样本的预测值。当把视角放到所有样本的时候，就可以把公式改写为 $\boldsymbol{A}=\mathrm{sigmoid}(\boldsymbol{Z})$，其中 $\boldsymbol{A}=(a^{(1)},a^{(2)}\cdots,a^{(i)},\cdots a^{(n)})$ 表示一个向量其中的每一个分量是一个输入值对应的预测值。这样通过一行代码就能实现所有样本的激活过程。

第三步，做偏导数的向量化。回顾之前的内容，如果只考虑一个样本，那么公式 $\mathrm{d}z^{(i)}=a^{(i)}-y^{(i)}$ 成立。当需要同时考虑所有样本时，可以将多个 $\mathrm{d}z$ 向量组成一个矩阵 $\mathrm{d}\boldsymbol{Z}=(\mathrm{d}z^{(1)},\mathrm{d}z^{(2)}\cdots,\mathrm{d}z^{(i)},\cdots \mathrm{d}z^{(n)})$。同样的道理，将每个样本的真实值组成一个向量 $\boldsymbol{Y}=(y^{(1)},y^{(2)}\cdots$

$,y^{(i)},\cdots y^{(n)})$。那么 d$\boldsymbol{Z}$ 就可以用 $\boldsymbol{A}$ 和 $\boldsymbol{Y}$ 来表示了，$\mathrm{d}\boldsymbol{Z}=\boldsymbol{A}-\boldsymbol{Y}=(a^{(1)}-y^{(1)},a^{(2)}-y^{(2)},\cdots,a^{(i)}-y^{(i)},\cdots a^{(n)}-y^{(n)})$。这也就是说，完全可以通过向量 $\boldsymbol{A}$ 和向量 $\boldsymbol{Y}$ 来计算 d$\boldsymbol{Z}$。在代码实现的层面来看，只要构造出 $\boldsymbol{A}$ 和 $\boldsymbol{Y}$ 这两个向量，就可以通过一行代码直接计算出 d$\boldsymbol{Z}$，而不需要通过 for 循环逐个计算。

第四步，求出梯度中权值 $\boldsymbol{w}$ 的向量化表示。再回顾之前关于梯度 dw 和 db 的计算，它们的实际计算过程分别如下：

$$
\begin{aligned}
&\mathrm{d}\boldsymbol{w}=0 && \mathrm{d}b=0\\
&\mathrm{d}\boldsymbol{w}+=\boldsymbol{x}^{(1)}\mathrm{d}z^{(1)} && \mathrm{d}b+=\mathrm{d}z^{(1)}\\
&\mathrm{d}\boldsymbol{w}+=\boldsymbol{x}^{(2)}\mathrm{d}z^{(2)} && \mathrm{d}b+=\mathrm{d}z^{(2)}\\
&\cdots && \cdots\\
&\mathrm{d}\boldsymbol{w}+=\boldsymbol{x}^{(m)}\mathrm{d}z^{(m)} && \mathrm{d}b+=\mathrm{d}z^{(m)}\\
&\mathrm{d}\boldsymbol{w}/=m && \mathrm{d}b/=m
\end{aligned}
$$

通过观察可知道，上述的计算过程完全可以使用向量操作替代。d$\boldsymbol{w}$ 的计算过程其实就是样本矩阵 $\boldsymbol{X}$ 与梯度矩阵 d$\boldsymbol{Z}$ 的转置矩阵相乘，将计算结果除以训练样本数 m 得到平均值，这样就得到了全局梯度值 dw，所以将计算过程表示如下：

$$
\begin{aligned}
\mathrm{d}\boldsymbol{w}&=\frac{1}{m}\boldsymbol{X}\mathrm{d}\boldsymbol{Z}^{\mathrm{T}}\\
&=\frac{1}{m}\left[x^{(1)},x^{(2)},\cdots,x^{(m)}\right]\times\left[\mathrm{d}z^{(1)},\mathrm{d}z^{(2)},\cdots,\mathrm{d}z^{(m)}\right]^{\mathrm{T}}\\
&=\frac{1}{m}\left[x^{(1)}\mathrm{d}z^{(1)},x^{(2)}\mathrm{d}z^{(2)},\cdots,x^{(m)}\mathrm{d}z^{(m)}\right]
\end{aligned}
\tag{3-16}
$$

第五步，求出梯度中偏置 $\boldsymbol{b}$ 的向量化表示。再观察 d$\boldsymbol{b}$ 的计算过程，其实更为简单，将每个训练样本的 dz 相加后，再除以 m，即可得到全局梯度值 d$\boldsymbol{b}$。在 Python 代码中，只需要使用 Numpy lib 库提供的 numpy.sum()，一行简单代码就可以完成 d$\boldsymbol{b}$ 的计算：

$$
\begin{aligned}
\mathrm{d}\boldsymbol{b}&=\frac{1}{m}\sum\mathrm{d}z^{(i)}\\
&=\frac{1}{m}\mathrm{numpy.sum}(\mathrm{d}\boldsymbol{Z})
\end{aligned}
\tag{3-17}
$$

第六步，对梯度 d$\boldsymbol{w}$ 和 d$\boldsymbol{b}$ 做平均，在 Python 中将向量 dw 和向量 db 分别除以 m 即可，即 d$\boldsymbol{w}$/=m 和 d$\boldsymbol{b}$/m，Python 会自动使用广播机制，令向量 d$\boldsymbol{w}$ 中的值统一除以 m。

第七步，根据全局梯度 d$\boldsymbol{w}$ 和 d$\boldsymbol{b}$ 来更新参数 $\boldsymbol{w}$ 和 $\boldsymbol{b}$，同样，在 Python 中可以直接方

便地使用向量化操作 ***w***=***w***−*u*d***w*** 以及 ***b***=***b***−*u*d***b*** 来更新参数，其中 *u* 代表学习率。

以上七个步骤便是 Logistic 回归梯度下降算法的向量化实现，通过向量化的方式不仅提升了效率，还从直观上看起来简洁易懂了许多。

准备好了 Logistic 回归模型的理论知识，接下来进入实战部分，利用 Logistic 回归实现对猫的识别。

3.2 实现 Logistic 回归模型

在这一节中，将从理论学习转入编程实战部分，分别使用 Python 的 Numpy lib 库和 PaddlePaddle 实现 Logistic 回归模型来解决识别猫的问题，读者可以一步步跟随内容完成训练，加深对上述理论内容的理解并串联各个知识点，收获对神经网络和深度学习概念的整体把握。

首先，由于识别猫问题涉及图片处理知识，这里对计算机如何保存图片做一个简单的介绍。在计算机中，图片的存储涉及通道的知识，RGB 分别代表红、绿、蓝三个颜色通道，假设图片是 64×64 像素的，则图片由 3 个 64×64 的矩阵表示，定义一个特征向量 ***X***，忽略图片的结构信息，所有的数值输入特征向量 ***X*** 当中，则 ***X*** 的维度为 3×64×64=12288 维。这样一个 12288 维矩阵就是 Logistic 回归模型的一个训练数据，如图 3-4 所示。

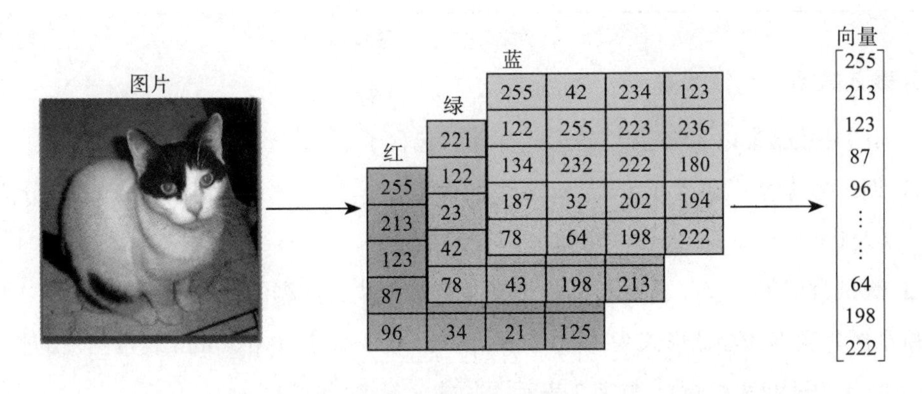

图 3-4 图片处理

了解了基本的图片处理概念，接下来开始进入代码讲解部分。

3.2.1 Python版本

这一小节介绍如何使用Python的Numpy lib库实现Logistic回归模型来识别猫。在实现过程中，读者将会学习到神经网络基本结构的配置，其中的关键知识点包括初始化参数、计算成本、计算梯度、优化参数。需要注意的是，在具体的编码实现中会大量用到Numpy lib库的基本操作，不熟悉Numpy操作的读者可以回顾本书第1章基础部分的Numpy操作内容，方便后续的学习。下面就进入编程实战部分。

1. 库文件

首先，载入几个需要用到的库，它们分别是：

- numpy：一个python的基本库，用于科学计算；
- matplotlib.pyplot：用于生成图，在验证模型准确率和展示成本变化趋势时会使用；
- utils：定义了load_data_sets()方法用于载入数据。

引入库文件的代码如代码清单3-1所示。

代码清单3-1 引用库文件

```
import matplotlib.pyplot as plt
import numpy as np

import utils
```

2. 载入数据

猫的图片数据集以hdf5文件的形式存储，包含了如下内容：

- 训练数据集：包含了train_num个图片的数据集，数据的标签（Label）分为cat（y=1）和non-cat（y=0）两类。
- 测试数据集：包含了test_num个图片的数据集，数据的标签（Label）同（1）。

单个图片数据的存储形式为（px_num, px_num, 3），其中px_num表示图片的长或宽（数据集图片的长和宽相同），数字3表示图片的三通道（RGB）。

在代码清单3-2中使用一行代码来读取数据，读者暂不需要了解数据的读取过程，只需调用 utils.load_data_sets() 方法，并存储 5 个返回值，以便后续的使用。

代码清单 3-2 读取数据

```
# 读取数据 (cat/non-cat)
X_train, Y_train, X_test, Y_test, classes = utils.load_data_sets()
```

上述数据共包含 5 个部分，分别是训练和测试数据集 X_train、X_test 以及对应的标签集 Y_train，Y_test，还有一个分类列表 classes。以训练数据集 X_train 为例，其中每一行都是一个表示图像的三维数组。

3. 数据预处理

获取数据后的下一步工作是获得数据的相关信息，如训练样本个数 train_num、测试样本个数 test_num 和图片的长度或宽度 px_num，如代码清单 3-3 所示是使用 numpy.array.shape 来获取数据的相关信息。

代码清单 3-3 获取数据相关信息

```
# 获取数据相关信息
train_num = X_train.shape[0]
test_num = X_test.shape[0]
# 本例中 num_px=64
px_num = X_train.shape[1]
```

接下来需要进一步处理数据，为了便于训练，可以忽略图片的结构信息，将包含图像长、宽和通道数信息的三维数组压缩成一维数组，图片数据的形状将由 (64, 64, 3) 转化为 (64 × 64 × 3, 1)，代码清单 3-4 给出了转换数据形状的方式。

代码清单 3-4 转换数据形状

```
# 转换数据形状
data_dim = px_num * px_num * 3
X_train = X_train.reshape(train_num, data_dim).T
X_test = X_test.reshape(test_num, data_dim).T
```

在开始训练之前，还需要对数据进行归一化处理。图片采用红、绿、蓝三通道的方式来表示颜色，每个通道的单个像素点都存储着一个 0 ～ 255 的像素值，所以图片的归一化处理十分简单，只需要将数据集中的每个值除以 255 即可，但需要注意的是结果值应为 float 类型，直接除以 255 会导致结果错误，在 Python 中除以 255. 即可将结果转化为 float 类型，代码清单 3-5 给出了数据归一化过程。

代码清单 3-5　数据归一化

```
X_train = X_train / 255.
X_test = X_test / 255.
```

4. 模型结构

完成了数据处理工作，下面开始进入模型训练过程。其中有 5 个关键步骤分别为：

- 初始化模型参数
- 前向传播和后向传播
- 利用梯度下降更新参数
- 利用模型进行预测
- 分析预测结果

首先，实现 Sigmoid() 激活函数如代码清单 3-6 所示，较为简单，注意，没有使用 match.exp 函数来实现是因为 math.exp() 函数不支持向量计算，而这里需要用到向量计算。

代码清单 3-6　Sigmoid 激活函数

```
def sigmoid(x):
    return 1 / (1 + np.exp(-x))
```

接下来开始初始化模型参数，定义函数 initialize_parameters() 如代码清单 3-7 所示，首先使用 numpy.zeros() 将 $\boldsymbol{w}$ 初始化为 (data_dim, 1) 形状的零向量，其中 data_dim 表示 $\boldsymbol{w}$ 参数的个数，它的值等于训练数据的特征数，即每张图片的像素点个数。然后再将 b 初始化为 0 即可。

代码清单 3-7　初始化模型参数

```
def initialize_parameters(data_dim):
    # 将W初始化为 (data_dim, 1) 形状的零向量，其中data_dim表示W参数个数
    # 将b初始化为零
    W = np.zeros((data_dim, 1), dtype = np.float)
    b = 0

    return W, b
```

初始化模型参数后，接下来定义前向传播和后向传播过程，这两个过程包含在forward_and_backward_propagate() 函数中。

函数 forward_and_backward_propagate() 的关键内容是计算成本函数（cost）和梯度（gradient），具体的实现如代码清单 3-8 所示，其中 m=X.shape[1] 表示样本数，A 表示预测结果，cost 表示成本函数，dW 和 db 分别表示对应的梯度，这几个值的计算步骤已经在向量化小节中做了详细说明，这里不再赘述。

代码清单 3-8　前向传播

```
def forward_and_backward_propagate(W, b, X, Y):
    """
    计算成本 cost 和梯度 grads

    Args:
        W: 权重，(num_px * num_px * 3, 1) 维的 numpy 数组
        b: 偏置 bias，标量
        X: 数据，形状为 (num_px * num_px * 3, number of examples)
        Y: 数据的真实标签 (包含值 0 if non-cat, 1 if cat)，形状为 (1, number of
examples)

    Return:
        cost: 逻辑回归的损失函数
        dW: cost 对参数 W 的梯度，形状与参数 W 一致
        db: cost 对参数 b 的梯度，形状与参数 b 一致
    """

    # m 为数据个数
    m = X.shape[1]

    # 前向传播，计算成本函数
    Z = np.dot(W.T,X) + b
    A = sigmoid(Z)
    dZ = A - Y

    cost = np.sum(-(Y * np.log(A) + (1 - Y) * np.log(1 - A))) / m

    # 后向传播，计算梯度
    dW = np.dot(X, dZ.T) / m
    db = np.sum(dZ) / m
    cost = np.squeeze(cost)

    grads = {
        "dW":dW,
        "db":db
```

```
    }
    return grads, cost
```

定义了成本函数和梯度的计算过程后，定义一个参数更新函数 update_parameters() 来利用梯度 dW 和 db 进行参数的一次更新，关键内容为调用 forward_and_backward_propgate() 函数获取梯度值 dW、db 和 cost，并根据梯度值来更新参数 W 和 b。以 W 为例，具体更新过程为 W = W – learning_rate * dW，具体实现如代码清单 3-9 所示：

代码清单 3-9　一次参数更新

```
def update_parameters(X, Y, W, b, learning_rate):

    grads, cost = forward_and_backward_propagate(X, Y, W, b)

    W = W - learning_rate * grads['dW']
    b = b - learning_rate * grads['db']


    return W, b, cost
```

接下来定义优化函数 train()，根据迭代次数 iteration_nums 调用 update_parameters() 函数对参数进行迭代更新，具体实现如代码清单 3-10 所示。注意，在参数更新过程中维护一个成本数组 costs，每一百次迭代记录一次成本，便于之后绘图分析成本变化趋势。

代码清单 3-10　梯度下降更新参数

```
# 使用梯度下降更新参数 W,b
def train(W, b, X, Y, iteration_nums , learning_rate):
    """
    使用梯度下降算法优化参数 W 和 b

    Args:
        W: 权重，(num_px * num_px * 3, 1) 维的 numpy 数组
        b: 偏置 bias，标量
        X: 数据，形状为 (num_px * num_px * 3, number of examples)
        Y: 数据的真实标签 (包含值 0 if non-cat, 1 if cat)，形状为 (1, number of
examples)
        iteration_nums: 优化的迭代次数
        learning_rate: 梯度下降的学习率，可控制收敛速度和效果

    Returns:
        params: 包含参数 W 和 b 的 python 字典
        costs: 保存了优化过程 cost 的 list，可以用于输出 cost 变化曲线
    """
```

```
    costs = []
    for i in range(iteration_nums):
        W, b, cost = update_parameters(X, Y, W, b, learning_rate)
        # 每一百次迭代，打印一次 cost
        if i % 100 == 0:
            costs.append(cost)
            print("Iteration %d, cost %f" % (i, cost))

    params = {
        "W": W,
        "b": b
    }
    return params, costs
```

5. 模型检验

以上内容完成了模型的训练过程，得到了最终的参数 W 和 b，接下来实现 predict_image() 函数，使用训练完成的模型进行预测，具体实现如代码清单 3-11 所示，输入参数 W 和 b 以及测试数据集 X，预测结果 A，并将连续值 A 转化为二分类结果 0 或 1，存储在 predictions 中。

代码清单 3-11　使用模型预测结果

```
# 使用模型进行预测
def predict_image(W, b, X):
    """
    用学习到的逻辑回归模型来预测图片是否为猫（1 cat or 0 non-cat）

    Args:
        W: 权重，(px_num * px_num * 3, 1) 维的 numpy 数组
        b: 偏置 bias，标量
        X: 数据，形状为 (px_num * px_num * 3, number of examples)

    Returns:
        predictions: 包含了对 X 数据集的所有预测结果，是一个 numpy 数组或向量

    """
    data_dim = X.shape[0]
    # m 为数据个数
    m = X.shape[1]

    predictions = []
    W = W.reshape(data_dim, 1)
    # 预测结果 A
    A = sigmoid(np.dot(W.T, X) + b)
```

```
    # 将连续值A转化为二分类结果0或1
    for i in range(m):
        if A[0, i] > 0.5:
            predictions.append(1)
        elif A[0, i] < 0.5:
            predictions.append(0)

    return predictions
```

至此，上述内容完成了 Logistic 回归模型的训练和预测过程，实现了几个关键函数：

- sigmoid()：激活函数。
- initialize_parameters()：初始化参数 w 和 b。
- forward_and_backward_propagate()：计算成本 cost 和梯度值 dw、db。
- update_parameters()：利用梯度下降进行一次参数更新。
- train()：利用 update_parameters() 函数迭代更新参数。
- predict_image()：使用模型预测结果。
- calc_accuracy()：计算模型预测准确度。
- plot_costs()：绘制学习曲线。

6. 训练

上述内容完成了数据点载入和预处理、配置模型结构以及实现模型检验所需的相关函数，现在只需按序调用这些函数即可完成模型的训练过程，具体实现如代码清单 3-12 所示：

代码清单 3-12　训练

```
X_train, Y_train, X_test, Y_test, classes, px_num = load_data()
    # 迭代次数
iteration_nums = 2000
    # 学习率
learning_rate = 0.005
    # 特征维度
data_dim = X_train.shape[0]
    # 初始化参数
W, b = initialize_parameters(data_dim)

params, costs = train(X_train, Y_train, W, b, iteration_nums, learning_rate)

predictions_train = predict_image(X_train, params['W'], params['b'])
predictions_test = predict_image(X_test, params['W'], params['b'])
```

```
    print("Accuracy on train set: {} %".format(calc_accuracy(predictions_train, Y_
train)))

    print("Accuracy on test set: {} %".format(calc_accuracy(predictions_test, Y_
test)))
```

训练结果如代码清单 3-13 所示，输出成本 cost 的变化并输出训练准确率和测试准确率。

代码清单 3-13 训练结果

```
Iteration 0, cost 0.709947
Iteration 100, cost 0.583778
......
Iteration 1800, cost 0.146477
Iteration 1900, cost 0.140810
Accuracy on train set: 99.043062201 %
Accuracy on test set: 70.0 %
```

训练结果显示训练准确率达到 99%，说明训练的模型可以准确地拟合训练数据，而测试准确率为 70%，由于训练数据集较小并且 Logistic 回归是一个线性回归分类器，所以 70% 的准确率已经是一个不错的结果。

7. 预测

获得预测结果后，读者可以查看模型对某张图片的预测是否准确，通过代码清单 3-14 输出图片及其预测的分类结果。

代码清单 3-14 单个图片预测

```
# 分类正确的示例
index = 1   # index(1) is cat, index(14) is not a cat
cat_img = X_test[:, index].reshape((px_num, px_num, 3))
plt.imshow(cat_img)
plt.axis('off')
plt.show()
print ("you predict that it's a " + classes[
    int(predictions_test[index])].decode("utf-8") +" picture. Congrats!")
```

输出结果如代码清单 3-15 所示，可以看到模型对这张图片的分类正确，将猫图片分类为 cat，如图 3-5 所示。

代码清单 3-15 预测结果

```
you predict that it's a cat picture. Congrats!
```

图 3-5　示例图片

8. 学习曲线

现在，根据之前保存的 costs 输出成本的变化情况，也就是学习曲线，具体实现如代码清单 3-16 所示。

代码清单 3-16　学习曲线

```
# 绘制学习曲线
plot_costs(costs, learning_rate)
```

输出的结果如图 3-6 所示。

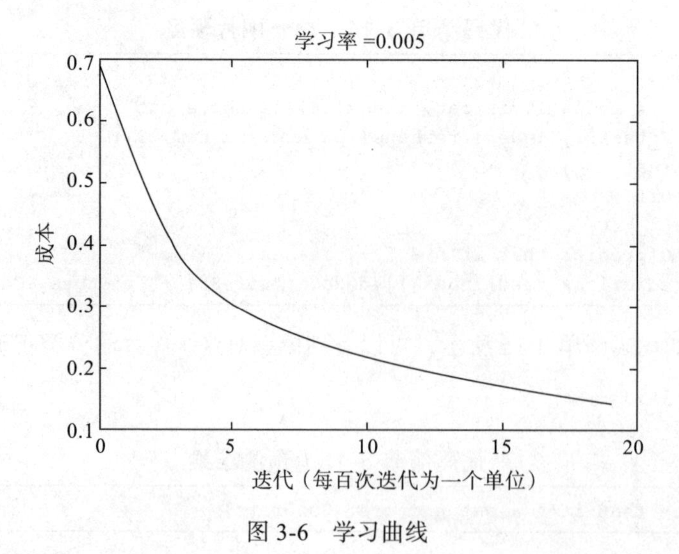

图 3-6　学习曲线

可以看到，图中的成本随着迭代次数的增加而减小，这说明了参数 W 和 b 不断被学习和优化。

至此，Logistic 回归模型的 Python 代码实现已经介绍完毕，相信读者对 Logistic 回归有了更深刻的理解和把握，在下一小节中，将介绍如何使用 PaddlePaddle 来实现 Logistic 回归模型，了解深度学习框架的优势。

3.2.2 PaddlePaddle 版本

上一节中用 Python 及其 Numpy lib 库实现了逻辑回归模型并完成了对猫的识别，本节将介绍如何使用 PaddlePaddle 实现。

PaddlePaddle 作为一款深度学习框架，从使用的便利性上看，它降低了深度学习的入门门槛，提供了许多基本组件，这些组件如同积木，使用者无须考虑神经网络的具体细节，只需根据具体任务来搭建学习模型；从性能方面来看，PaddlePaddle 的底层实现支持多种加速设备，如 GPU，缩短了模型训练时间。

读者可以根据本节内容进行实验，充分体会使用深度学习框架带来的便利。

1. 库文件

首先，载入需要使用的库，除了需要额外引入 paddle.v2 库来使用 PaddlePaddle 框架之外，其他库与 Python 版本相同，这里不再赘述，具体如代码清单 3-17 所示。

代码清单 3-17 引用库文件

```
import matplotlib
matplotlib.use('Agg')

import matplotlib.pyplot as plt
import numpy as np
import paddle.v2 as paddle

import utils
```

2. 载入数据和数据预处理

在这里需要定义全局变量 TRAINING_SET、TEST_SET、DATA_DIM 和 CLASSES 分别表示最终的训练数据集、测试数据集、数据特征数和分类列表，便于后续使用，实现函数 load_data()。代码逻辑跟使用 Numpy 的版本类似，不再赘述。

3. 定义 reader

定义 train() 和 test() 函数来分别读取训练数据集 TRAINING_SET 和测试数据集 TEST_SET，需要注意的是，yield 关键字的作用与 return 关键字类似，但不同之处在于 yield 关键字让 reader() 变成一个生成器（generator），生成器不会创建完整的数据集列表，而是在每次循环时计算下一个值，这样不仅节省内存空间，而且符合 reader 的定义，即一个真正的读取器。

4. 初始化

利用之前定义的 load_data() 函数用于获取并预处理数据，然后进行最基本的初始化操作，paddle.init(use_gpu=False, trainer_count=1) 表示不使用 GPU 进行训练并且仅使用一个线程进行训练，具体实现如代码清单 3-18 所示：

代码清单 3-18　初始化

```
# 获取数据并预处理
load_data()

# 初始化
paddle.init(use_gpu=False, trainer_count=1)
```

5. 配置网络结构和设置参数

开始配置网络结构和设置参数。本章介绍过 Logistic 回归模型结构相当于一个只含一个神经元的神经网络，所以在配置网络结构时只需配置输入层 image、输出层 y_predict 和标签数据层 y_label 即可。实现 network_config() 函数来配置网络结构并设置参数，具体实现如代码清单 3-19 所示。

代码清单 3-19　配置网络结构

```
# 配置网络结构和设置参数
def network_config():
    ……
    image = paddle.layer.data(
        name='image', type=paddle.data_type.dense_vector(DATADIM))

    y_predict = paddle.layer.fc(
        input=image, size=1, act=paddle.activation.Sigmoid())
```

```
    y_label = paddle.layer.data(
        name='label', type=paddle.data_type.dense_vector(1))

    # 定义成本函数
    cost = paddle.layer.multi_binary_label_cross_entropy_cost(input=y_predict,
label=y_label)

    # 利用 cost 创建 parameters
    parameters = paddle.parameters.create(cost)

    # 创建 optimizer，并初始化 momentum 和 learning_rate
    optimizer = paddle.optimizer.Momentum(momentum=0, learning_rate=0.00002)

    # 数据层和数组索引映射，用于 trainer 训练时喂数据
    feeding = {
        'image': 0,
        'label': 1}

    ……
```

输入层 image=paddle.layer.data(name=“image”, type=paddle.data_type.dense_vector(DATADIM)) 表示创建一个数据层，名称为“image”，数据类型为 DATADIM 维向量；

输出层 y_predict=paddle.layer.fc(input=image, size=1, act=paddle.activation.Sigmoid()) 表示生成一个全连接层，输入数据为 image，神经元个数为 1，激活函数为 Sigmoid()；

标签数据层 label=paddle.layer.data(name=“label”, type=paddle.data_type.dense_vector(1)) 表示生成一个数据层，名称为“label”，数据类型为 1 维向量。

network_config() 除了实现配置网络结构功能外，还实现了定义成本函数、创建和初始化参数、定义优化器等功能。定义成本函数，在这里使用 PaddlePaddle 提供的交叉熵损失函数，cost = paddle.layer.multi_binary_label_cross_entropy_cost(input=y_predict, label=y_label) 定义了成本函数，并使用 y_predict 与 label 计算成本。定义了成本函数之后，使用 PaddlePaddle 提供的接口 parameters=paddle.parameters.create(cost) 来创建和初始化参数。

参数创建完成后，定义参数优化器 optimizer=paddle.optimizer.Momentum(momentum=0, learning_rate=0.00002)，使用 Momentum 作为优化器，并设置动量 momentum 为零，学习率为 0.00002。注意，读者暂时无须了解 Momentum 的含义，在之后的模型优化章节中将会提及这部分内容，现在只需要学会使用即可。

feeding={ ‘image’:0, ‘label’:1} 是数据层名称和数组索引的映射，用于在训练时输入数据。

6. 模型训练

上述内容完成了网络结构的配置和初始化，接下来利用上述配置进行模型训练。

首先使用paddle.trainner.SGD()定义一个随机梯度下降trainer，配置三个参数cost、parameters、update_equation，它们分别表示成本cost、参数parameters和优化器optimizer。再利用trainer.train()即可开始真正的模型训练。paddle.reader.shuffle(train(), buf_size=5000) 表示trainer从train()这个reader中读取了buf_size=5000大小的数据并打乱顺序，paddle.batch(reader(), batch_size=256)表示从打乱的数据中再取出batch_size=256大小的数据进行一次迭代训练。参数feeding用到了之前定义的feeding索引，将数据层image和标签label输入trainer，也就是训练数据的来源。参数event_handler是事件管理机制，读者可以自定义event_handler，根据事件信息进行相应的操作，参数num_passes=5000表示迭代训练5000次后停止训练。具体实现如代码清单3-20所示：

代码清单3-20　模型训练

```
# 构造trainer
trainer = paddle.trainer.SGD(
    cost=cost, parameters=parameters, update_equation=optimizer)
# 模型训练
trainer.train(
    reader=paddle.batch(
        paddle.reader.shuffle(train(), buf_size=5000),
        batch_size=256),
    feeding=feeding,
    event_handler=event_handler,
    num_passes=5000)
```

7. 模型检验

模型训练完成后，接下来对模型进行检验，实现几个工具函数来帮助实现模型检验，它们分别是get_data()、calc_accuracy()和infer()函数，分别用于获取数据、计算模型预测准确率以及预测。首先我们定义get_data()函数，用来获取测试数据，具体实现如代码清单3-21所示：

代码清单 3-21 获取数据

```
# 获取 data
def get_data(data_creator):
    """
    使用参数 data_creator 来获取测试数据

    Args:
        data_creator -- 数据来源，可以是 train() 或者 test()
    Return:
        result -- 包含测试数据 (image) 和标签 (label) 的 python 字典
    """
    data_creator = data_creator
    data_image = []
    data_label = []

    for item in data_creator():
        data_image.append((item[0],))
        data_label.append(item[1])

    result = {
        "image": data_image,
        "label": data_label
    }

    return result
```

接下来定义 calc_accuracy 来根据预测结果计算准确度 accuracy，将原本连续的结果转化为二分类结果，并将结果存储在 binary_result 中，具体实现如代码清单 3-22 所示：

代码清单 3-22 计算准确度

```
# 计算准确度
def calc_accuracy(probs, data):
    """
    根据数据集来计算准确度 accuracy

    Args:
        probs -- 数据集的预测结果，调用 paddle.infer() 来获取
        data -- 数据集

    Return:
        calc_accuracy -- 训练准确度
    """
    global BINARY_RESULT
    right = 0
    total = len(data['label'])
```

```
    BINARY_RESULT = []

        # 将结果转化为二分类结果并计算预测正确的结果数量
        for i in range(len(probs)):
            if float(probs[i][0]) > 0.5:
                BINARY_RESULT.append(1)
                    if data['label'][i] == 1:
                    right += 1
            elif float(probs[i][0]) < 0.5:
                BINARY_RESULT.append(0)
                if data['label'][i] == 0:
                    right += 1

        accuracy = (float(right) / float(total)) * 100
        return accuracy
```

最后定义 infer() 函数，用于预测并输出模型准确率，其中的关键步骤分为三步，首先，利用刚刚定义的 get_data() 函数来获取训练数据集和测试数据集；其次，利用 PaddlePaddle 提供的 paddle.infer() 函数来获取预测结果；最后，使用刚刚定义的 calc_accuracy() 函数来将结果转化为二分类结果并输出模型准确率 train_accuracy 和 test_accuracy，具体实现如代码清单 3-23 所示：

代码清单 3-23　预测并输出模型准确率

```
    # 预测并输出模型准确率
    def infer(y_predict, parameters):
        """
        预测并输出模型准确率

        Args:
            y_predict -- 输出层，DATADIM维稠密向量
            parameters -- 训练完成的模型参数

        Return:
        """
        # 获取测试数据和训练数据，用来验证模型准确度
        train_data = get_data(train())
        test_data = get_data(test())

        # 根据train_data和test_data预测结果，output_layer表示输出层，parameters表示模
型参数，input表示输入的测试数据
        probs_train = paddle.infer(
                output_layer=y_predict, parameters=parameters, input=train_
data['image']
        )
```

```
        probs_test = paddle.infer(
                output_layer=y_predict, parameters=parameters, input=test_
data['image']
        )

        # 计算train_accuracy和test_accuracy
          print("train_accuracy: {} %".format(calc_accuracy(probs_train, train_
data)))
        print("test_accuracy: {} %".format(calc_accuracy(probs_test, test_data)))
```

至此，以上内容阐述了Logistic回归的训练过程，并定义了所有需要用到的函数，现在，只需在main()函数中按需调用它们即可。需要注意的是，代码中的costs数组用于存储cost值，记录成本变化情况。函数event_handler(event)用于事件处理，事件event中包含batch_id、pass_id、cost等信息，读者可以打印这些信息或进行其他操作。浏览main()函数，读者可对PaddlePaddle的训练过程有更清晰的理解，具体实现如代码清单3-24所示：

代码清单3-24　main函数

```
    def main():
        """
        定义神经网络结构，训练、预测、检验准确率并打印学习曲线
        Args:
        Return:
        """
        global DATADIM

        # 载入数据
        load_data()

        # 初始化，设置是否使用gpu,trainer数量
        paddle.init(use_gpu=False, trainer_count=1)

        # 配置网络结构和设置参数
          image, y_predict, y_label, cost, parameters, optimizer, feeding =
netconfig()

        # 记录成本cost
        costs = []

        # 处理事件
        def event_handler(event):
            """
            事件处理器，可以根据训练过程的信息作相应操作
```

```
        Args:
            event -- 事件对象，包含 event.pass_id, event.batch_id, event.cost 等信息
        Return:
        """
        if isinstance(event, paddle.event.EndIteration):
            if event.pass_id % 100 == 0:
                print("Pass %d, Batch %d, Cost %f" % (event.pass_id, event.
batch_id, event.cost))
                costs.append(event.cost)
                with open('params_pass_%d.tar' % event.pass_id, 'w') as f:
                    parameters.to_tar(f)
    # 构造 trainer，配置三个参数 cost、parameters、update_equation，它们分别表示成本函
数、参数和更新公式。
    trainer = paddle.trainer.SGD(
        cost=cost, parameters=parameters, update_equation=optimizer)

    trainer.train(
        reader=paddle.batch(
            paddle.reader.shuffle(train(), buf_size=5000),
            batch_size=256),
        feeding=feeding,
        event_handler=event_handler,
        num_passes=2000)

    # 预测
    infer(y_predict, parameters)
```

Logistic 回归模型的训练工作完成，运行程序可以得到如代码清单 3-25 所示结果，预测结果准确率与 Python 版本相似，同样达到了 70%，所以 PaddlePaddle 可以得到与 Python 预测准确率相似的结果，并且不用考虑参数的初始化、成本函数、激活函数、梯度下降、参数更新和预测等具体细节，只需要简单地配置网络结构和 trainer 即可，简化了模型训练过程，同时可以使用 PaddlePaddle 提供的许多接口来改变学习率、成本函数、批次大小等许多参数来改变模型的学习效果，更加灵活，方便测试。

代码清单 3-25　训练结果

```
Pass 0, Batch 0, Cost 0.718985
Pass 100, Batch 0, Cost 0.497979
Pass 200, Batch 0, Cost 0.431610
Pass 300, Batch 0, Cost 0.386631
......
Pass 1600, Batch 0, Cost 0.178331
Pass 1700, Batch 0, Cost 0.171367
Pass 1800, Batch 0, Cost 0.164913
```

```
Pass 1900, Batch 0, Cost 0.158914
train_accuracy: 98.5645933014 %
test_accuracy: 70.0 %
```

8. 预测

读者还可使用模型对单个图片进行预测，利用calc_accuracy()函数中计算的BINARY_RESULT判断图片是否为猫，具体实现如代码清单3-26所示：

代码清单 3-26 单个图片预测

```
index = 12
test_data = get_data(test())
plt.imshow((np.array(test_data['image'][index])).reshape((64, 64, 3)))
plt.imshow(cat_img)
plt.axis('off')
plt.show()
print (you predict that it's a \"" + CLASSES[BINARY_RESULT[index]].
decode("utf-8") +  " picture. Congrats!")
```

输出结果如代码清单3-27所示，可以看到使用PaddlePaddle实现的Logistic回归模型对这张图片的分类也正确，将猫图片分类为cat，如图3-7所示。

代码清单 3-27 单个图片预测

```
you predict that it's a cat picture. Congrats!
```

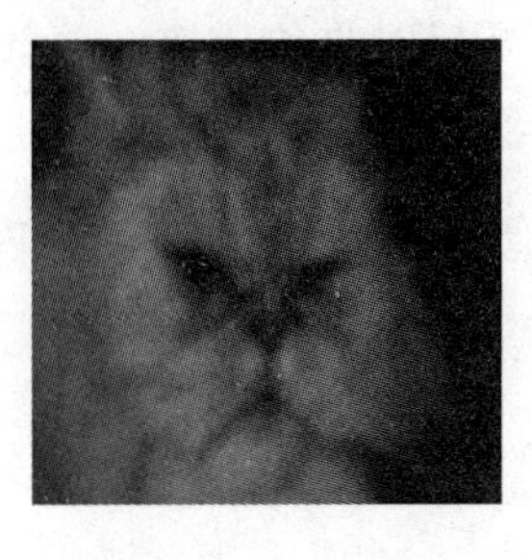

图 3-7 示例图片

9. 学习曲线

最后，读者可以输出成本的变化情况，也就是学习曲线，对模型进行分析，具体实现如代码清单3-28所示：

代码清单 3-28　成本变化

```
costs = np.squeeze(costs)
plt.plot(costs)
plt.ylabel('cost')
plt.xlabel('iterations (per hundreds)')
plt.title("Learning rate = 0.00002")
plt.show()
```

结果显示如图 3-8 所示。

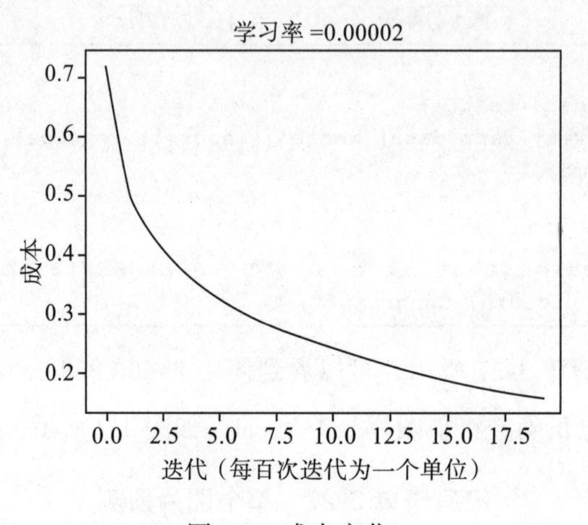

图 3-8　成本变化

读者可以看到图中成本在刚开始时收敛较快，随着迭代次数变多，收敛速度变慢，最终收敛到一个较小值。

在本小节中介绍了 Logistic 回归的 Python 版本和 PaddlePaddle 版本实现，实际上，读者可以通过调整学习率、迭代次数等参数来改变模型的学习效果，这些内容将在后续的模型优化部分提及。

本章小结

本章是对前两章内容的巩固和实践扩展，通过构造简单的单层神经网络，即 Logistic 回归模型，将理论知识转化为实际应用，以此帮助读者形成对深度学习的整体认识，让读者熟悉深度学习的核心过程，从而在之后的章节中更容易地学习复杂的神经网络模型和深度学习概念。

本章阐述了几个关键知识点，首先概述了 Logistic 回归模型的概念和应用场景，了解了 Logistic 回归模型的结构相当于只有一个神经元的简单神经网络，它被广泛用于二分类问题中，例如肺癌分类问题。之后讲解了 Logistic 回归模型应该采用对数损失函数作为损失函数，原因在于它能产生凸优化问题，便于梯度下降的计算。结合 Logistic 回归，分别讲解了对单个训练样本的梯度下降和对 m 个训练样本的梯度下降，它们的思想在于逐步更新参数，让损失函数往减小的方向移动，最终取得参数最优值。之后阐述了向量化可引入矩阵运算并且能够充分利用机器性能的优势，从而对计算过程做加速优化。最后，本章还带领读者分别用 Numpy 和 PaddlePaddle 解决了 Logistic 回归模型对猫的图片识别问题，两者的主要过程都可概括为四步：数据准备与预处理、配置网络、训练和预测。对比两者的训练过程和结果，读者会发现 PaddlePaddle 框架在训练过程中具有简单、高效、灵活的优势。下一章将进一步深入了解深度学习，研究深度学习的浅层网络。

本章的参考代码在 https://github.com/BaiduOSS/DeepLearningAndPaddleTutorial 下 lesson3 子目录下。

CHAPTER 4

第 4 章 浅层神经网络

神经网络是深度学习重要的知识点，也是深度学习区分于传统机器学习的重要标志。上一章学习了 Logistic 回归和损失函数等相关概念，有了这些基础，这一章将正式介绍神经网络。

本章将介绍神经网络的结构、计算，BP 算法及其实践。在神经网络的向量化计算中会用到矩阵运算的相关知识，BP 算法则还需要导数的相关知识，同时涉及大量数学推导。神经网络是深度学习的底层技术，希望读者能牢牢掌握。

学完本章，希望读者能够掌握以下知识点：

（1）神经网络的结构和前向传播。

（2）BP 算法（即后向传播）。

（3）使用 Numpy 实现浅层神经网络。

（4）使用 PaddlePaddle 框架实现浅层神经网络。

4.1 神经网络

4.1.1 神经网络的定义及其结构

1. 定义

我们知道人脑中存在大量神经元，它们并非孤立存在，每个神经元都与其他大量的神经元相连，神经元接受外界刺激后产生反应，将信息传递给与之连接的神经元；人工神经网络简称神经网络，是一种模仿动物神经结构的数学模型，这种模型依靠模仿神经元之间大量的连接结构来处理数据。神经网络目前在多媒体（语音识别、图像识别和自然语言处理等）、军事、医疗、智能制造等领域都有重要应用。

我们以儿童自闭症的诊断为例来理解神经网络结构，根据以往的诊断经验总结出儿童自闭症的三大典型症状——社交障碍、语言障碍、刻板行为，通过收集儿童的相关信息，计算三大症状的严重程度，从而对儿童自闭症进行诊断；即整个过程分为三步：儿童信息输入——症状诊断——自闭症诊断，其中“症状诊断”不必对患者展示，这是医疗人员自行处理的步骤，患者仅仅想知道最后的结果。

我们用示意图描述刚才的诊断过程（当然，实际诊断会比示意图复杂），如图 4-1 所示就是一个简单的神经网络结构，包括：输入，中间处理，输出。

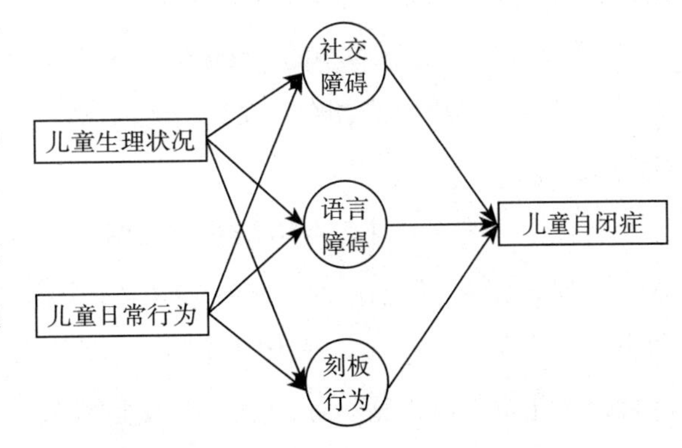

图 4-1 儿童自闭症诊断

由图 4-1 可见神经网络是一个“层层递进”的结构，获取输入信息后，中间可以有无数个处理步骤，每个步骤都是上个步骤的“进一步归纳”，具体“递进”多少层完全取决于相应的问题。

2. 结构

一个完整的神经网络结构有输入层、隐藏层和输出层，我们将上面的图进行分割，如图 4-2 所示。

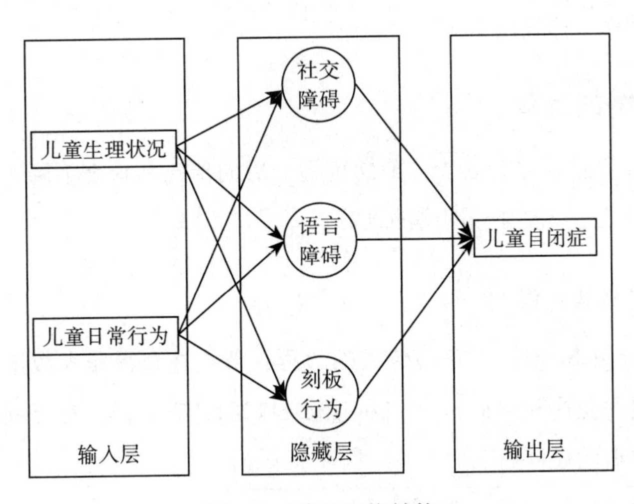

图 4-2 神经网络结构

各层功能如下：

- 输入层：样本信息输入；
- 隐藏层：所有在输出层之后并且在输出层之前的层都是隐藏层，隐藏层用于处理中间步骤，这些步骤通常不对用户展示，因此称为隐藏层；
- 输出层：输出神经网络的计算结果。

在计算神经网络的层数时，输入层不计入在内，因此图 4-2 所示的是一个双层神经网络，该网络中隐藏层是第一层，输出层是第二层。比两层网络更加简单的是一层网络（仅包含输出层），第 3 章中的 Logistic 回归就是单层的神经网络。神经网络可以包含多个隐藏层，在第 5 章中读者将看到深层的网络。本章仅讨论包含单个隐藏层的双层神经网络结构。

将图 4-1 抽象成神经网络结构，如图 4-3 所示，可以看到输入层包含 2 个输入值 (x_1, x_2)，输出层包含 1 个输出值 (y)，隐藏层包含 3 个节点 (a_1, a_2, a_3)。该图中节点的意义与图 4-1 相对应，如 x_1 代表“儿童生理状况”，a_1 代表“社交障碍”。

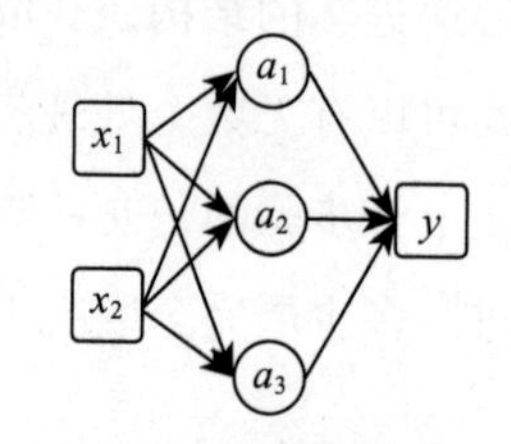

图 4-3　抽象神经网络

此处还要介绍一个常用概念——全连接。观察图 4-3，输入层的 2 个节点与隐藏层的 3 个节点均有连接，隐藏层的 3 个节点也都与输出层的每个节点连接，像这样每一层的每一个节点都有线连向下一层的全部节点的神经网络，就称作全连接网络（简称全连接）。

4.1.2　神经网络的计算

神经网络的计算过程分为 3 步：前向传播、后向传播和梯度下降。本节将结合儿童自闭症诊断的示例描述双层神经网络的计算。

1. 正向传播的计算过程

回顾第 3 章 Logistic 回归中正向传播的过程：节点在获得输入数据后需要经过有次序的两步计算（线性变换和激活）。与 Logistic 回归的计算一样，神经网络的每一个节点计算都需要经过类似的过程。

第一步是线性变换。以社交障碍节点 a_1 为例，它的两个输入值是儿童生理状况和儿童日常行为，其线性变换的过程是：

$z_1^{[1]}$=(权重系数$_1$× 儿童生理状况 + 偏移量$_1$)+(权重系数$_2$× 儿童日常行为 + 偏量$_2$)

其中，上角标方括号用于区分不同的层，在本章计算中 [1] 代表第一层，即隐藏层，[2] 代表第二层，即输出层；$z_1^{[1]}$ 表示第一层的第一个中间结果。权重系数和偏置量分别用字母 w 和 b 表示，w 用于表示影响程度，b 用于结果的修正。将其带入可得：

$$z_1^{[1]}=(w_{11}^{[1]}\cdot x_1+b)+(w_{12}^{[1]}\cdot x_2+b')=w_{11}^{[1]}\cdot x_1+w_{12}^{[1]}\cdot x_2+b_1^{[1]} \tag{4-1}$$

其中，$w_{1i}^{[1]}$ 表示第一层第一个节点的权重向量的第 i 个分量，$b_1^{[1]}$ 表示第一层的第一个节点的偏移量。上式可以进一步简化，令 $\boldsymbol{w}_1^{[1]}=(w_{11}^{[1]}, w_{12}^{[1]})^{\mathrm{T}}$，$\boldsymbol{x}=(x_1, x_2)^{\mathrm{T}}$，注意到 $\boldsymbol{w}_1^{[1]}$ 和 $\boldsymbol{x}$ 都是维度为 2×1 的向量，因此可以使用向量相乘的形式来简写，注意向量相乘时的转置：

$$z_1^{[1]}=\boldsymbol{w}_1^{[1]\mathrm{T}}\boldsymbol{x}+b_1^{[1]} \tag{4-2}$$

至此完成了线性变换的过程，计算 $a_1^{[1]}$ 还需一步激活。本例中，隐藏层的激活函数使用的是 tanH() 函数（见本小节第三部分），记作 t()，于是有

$$a_1^{[1]}=\mathrm{t}(z_1^{[1]})$$

其中，$a_1^{[1]}$ 表示第一层中第一个节点激活后的值，计算完毕后会被当作下一步的输入沿着网络传递下去。

隐藏层中其他节点的计算过程同 $a_1^{[1]}$，但是它们具体的值各不相同。对于隐藏层节点（三大典型症状），每个节点受 x_1 和 x_2 的影响程度不同，因此权值 w 和偏移量 b 也不同，隐藏层的每个节点 $a_i^{[1]}$ 都有自己的 $w_i^{[1]}$ 和 $b_i^{[1]}$。为了更加方便地表示这些数据，可以把这些数据组织为向量或矩阵形式，$\boldsymbol{W}^{[1]}=(\boldsymbol{w}_1^{[1]}, \boldsymbol{w}_2^{[1]}, \boldsymbol{w}_3^{[1]})^{\mathrm{T}}$ 表示权重组成的矩阵（其维度是 3 行 2 列），$\boldsymbol{b}^{[1]}=(b_1^{[1]}, b_2^{[1]}, b_3^{[1]})^{\mathrm{T}}$ 表示偏置的向量（维度是 3 行 1 列），$z^{[1]}=(z_1^{[1]}, z_2^{[1]}, z_3^{[1]})^{\mathrm{T}}$ 表示中间值的向量（维度是 3 行 1 列），$\boldsymbol{a}^{[1]}=(a_1^{[1]}, a_2^{[1]}, a_3^{[1]})^{\mathrm{T}}$ 表示本节点计算后的值（维度是 3 行 1 列）。$\boldsymbol{z}$ 为中间值，是线性组合的结果 $\boldsymbol{z}^{[1]}=\boldsymbol{W}^{[1]}\boldsymbol{x}+\boldsymbol{b}^{[1]}$，$\boldsymbol{a}^{[1]}$ 是中间值激活后的结果。$\boldsymbol{z}^{[1]}$ 和 $\boldsymbol{a}^{[1]}$ 的计算过程如公式 4-3 和公式 4-4 所示。

$$\boldsymbol{z}^{[1]}=\begin{bmatrix} z_1^{[1]} \\ z_2^{[1]} \\ z_3^{[1]} \end{bmatrix}=\begin{bmatrix} \boldsymbol{w}_1^{[1]T}\cdot\boldsymbol{x}+b_1^{[1]} \\ \boldsymbol{w}_2^{[1]T}\cdot\boldsymbol{x}+b_2^{[1]} \\ \boldsymbol{w}_3^{[1]T}\cdot\boldsymbol{x}+b_3^{[1]} \end{bmatrix}=\begin{bmatrix} \boldsymbol{w}_1^{[1]T}\cdot\boldsymbol{x} \\ \boldsymbol{w}_2^{[1]T}\cdot\boldsymbol{x} \\ \boldsymbol{w}_3^{[1]T}\cdot\boldsymbol{x} \end{bmatrix}+\boldsymbol{b}^{[1]}=\boldsymbol{W}^{[1]}\boldsymbol{x}+\boldsymbol{b}^{[1]} \tag{4-3}$$

$$\boldsymbol{a}^{[1]}=\begin{bmatrix}a_1^{[1]}\\a_2^{[1]}\\a_3^{[1]}\end{bmatrix}=\begin{bmatrix}\mathrm{t}\left(z_1^{[1]}\right)\\\mathrm{t}\left(z_2^{[1]}\right)\\\mathrm{t}\left(z_3^{[1]}\right)\end{bmatrix}=\mathrm{t}\begin{bmatrix}z_1^{[1]}\\z_2^{[1]}\\z_3^{[1]}\end{bmatrix}=\mathrm{t}\left(\boldsymbol{z}^{[1]}\right) \tag{4-4}$$

上面描述的是隐藏层正向传播的具体细节，下面来描述输出层正向传播的相关细节。对于输出层的计算，儿童自闭症的诊断受到三个典型症状的影响，程度各有不同，因此同样有“线性变换”和“激活”两步。线性变换也可以理解为加权、修正，如下所示：

$$\begin{aligned}\mathrm{z}_1^{[2]}=&(\text{系数}_1\times\text{社交障碍}+\text{偏移量}_1)\\&+(\text{系数}_2\times\text{语言障碍}+\text{偏移量}_2)\\&+(\text{系数}_3\times\text{刻板行为}+\text{偏移量}_3)\end{aligned}$$

带入相应字母并且将 b 合并为向量：

$$\begin{aligned}z_1^{[2]}&=(w_{11}^{[2]}\cdot a_1^{[1]}+b')+(w_{12}^{[2]}\cdot a_2^{[1]}+b'')+(w_{13}^{[2]}\cdot a_3^{[1]}+b''')\\&=w_{11}^{[2]}\cdot a_1^{[1]}+w_{12}^{[2]}\cdot a_2^{[1]}+w_{13}^{[2]}\cdot a_3^{[1]}+b_1^{[2]}\end{aligned} \tag{4-5}$$

由于输出层只有一个节点，因此有 $\boldsymbol{W}^{[2]}=(\boldsymbol{w}_1^{[2]})^{\mathrm{T}}$，$\boldsymbol{b}^{[2]}=(b_1^{[2]})^{\mathrm{T}}$，$\boldsymbol{z}^{[2]}=(z_1^{[2]})^{\mathrm{T}}$，$\hat{\boldsymbol{y}}=(\hat{y}_1)^{\mathrm{T}}$，将上式中的权重改写为向量形式，令 $\boldsymbol{w}_1^{[2]}=(w_{11}^{[2]}, w_{12}^{[2]}, w_{13}^{[2]})^{\mathrm{T}}$，将上式向量化可得：

$$\begin{aligned}\boldsymbol{z}^{[2]}&=\left(z_1^{[2]}\right)^{\mathrm{T}}\\&=w_{11}^{[2]}\cdot a_1^{[1]}+w_{12}^{[2]}\cdot a_2^{[1]}+w_{13}^{[2]}\cdot a_3^{[1]}+b_1^{[2]}\\&=\left(w_{11}^{[2]},w_{12}^{[2]},w_{13}^{[2]}\right)\begin{bmatrix}a_1^{[1]}\\a_2^{[1]}\\a_3^{[1]}\end{bmatrix}+b_1^{[2]}\\&=\boldsymbol{w}_1^{[2]T}\boldsymbol{a}^{[1]}+\boldsymbol{b}^{[2]}\\&=\boldsymbol{W}^{[2]}\boldsymbol{a}^{[1]}+\boldsymbol{b}^{[2]}\end{aligned} \tag{4-6}$$

在完成了“线性变换”和向量化后，就可以开始激活步骤。激活过程就是带入公式：患病概率 $=\sigma$（中间值），本例中，输出层的激活函数使用的是 Sigmoid 函数，记作 $\sigma()$。具体数学表示如公式 4-7 所示，其中，$\hat{\boldsymbol{y}}$ 表示最终的计算结果。

$$\hat{\boldsymbol{y}}=(\hat{y}_1)^{\mathrm{T}}=\sigma(\boldsymbol{z}^{[2]}) \tag{4-7}$$

完成了输出层的激活之后，就算完成了一个神经网络的计算，在此做个小结。对于一个双层的神经网络结构，它的计算过程如下：

$$\text{输入} \xrightarrow{\text{加权，激活}} \text{隐藏层} \xrightarrow{\text{加权，激活}} \text{输出层}$$

$$\boldsymbol{x} \xrightarrow{\boldsymbol{W}^{[1]},\, \boldsymbol{b}^{[1]}} \begin{bmatrix} \boldsymbol{z}^{[1]} = \boldsymbol{W}^{[1]}\boldsymbol{x} + \boldsymbol{b}^{[1]} \\ \boldsymbol{a}^{[1]} = t\left(\boldsymbol{z}^{[1]}\right) \end{bmatrix} \xrightarrow{\boldsymbol{W}^{[2]},\, \boldsymbol{b}^{[2]}} \begin{bmatrix} \boldsymbol{z}^{[2]} = \boldsymbol{W}^{[2]}\boldsymbol{a}^{[1]} + \boldsymbol{b}^{[2]} \\ \hat{\boldsymbol{y}} = \sigma\left(\boldsymbol{z}^{[2]}\right) \end{bmatrix}$$

特别需要注意的是维度问题，这是非常容易出错的地方。$\boldsymbol{W}^{[1]}$ 是 3×2 的矩阵，$\boldsymbol{x}$ 是 2×1 的列向量，$\boldsymbol{b}^{[1]}$ 是 3×1 的列向量，因此 $\boldsymbol{z}^{[1]}$ 和 $\boldsymbol{a}^{[1]}$ 均为 3×1 的列向量；而 $\boldsymbol{W}^{[2]}$ 为 1×3 的行向量，由于第二层（即输出层）只包含一个节点，因此 $\boldsymbol{b}^{[2]}$ 只包含 $b_1^{[2]}$，看作维度是 1×1 的列向量，同理 $\boldsymbol{z}^{[2]}$ 和 $\hat{\boldsymbol{y}}$ 看作长度为 1 的列向量。

2. 神经网络的向量化计算

上一节描述的是单个样本在神经网络中的计算过程。对于某个特定的患者，只要获得了患者信息（儿童生理状况和儿童日常行为）和参数 $(\boldsymbol{w}, \boldsymbol{b})$，神经网络就可以计算出其患病的可能性 $(\hat{\boldsymbol{y}})$。

上一节只考虑了针对一个患者的处理步骤，但是在医生的实际工作中往往会有成百上千个患者需要被诊断。如果我们采用遍历的方法一个一个去诊断，那么系统的整体计算效率就会很低。向量化方法可以有效改进计算过程。具体而言，就是将所有的患者信息组成一个矩阵，直接对该矩阵进行处理，最后将每个患者输出的 y 也组织为向量形式一并输出。

全体患者信息被组织为一个矩阵，本书使用右上角圆括号的形式来区分每一个患者信息。假设全体患者信息为 $\boldsymbol{X} = (\boldsymbol{x}^{(1)}, \ldots, \boldsymbol{x}^{(n)})$，其中，$n$ 表示患者的数量。$x^{(i)}$ 表示第 i 位患者的具体信息 $\boldsymbol{x}^{(i)} = (x_1^{(i)}, x_2^{(i)})^{\mathrm{T}}$，例如 $\boldsymbol{x}^{(5)}$ 表示第 5 位患者的信息。这里要说明一下，全体患者信息 $\boldsymbol{x}$ 可以直接视为一个矩阵，矩阵的规模为 2 行 n 列，每一列表示一位患者的信息。

除了患者的信息，参数 $(\boldsymbol{w}, \boldsymbol{b})$ 也可以视作算法的输入。患者信息作为算法的输入十分容易理解，但是直观感受上参数 $(\boldsymbol{w}, \boldsymbol{b})$ 应该是算法的一部分，可是为什么也被看作输入了呢？事实上在算法开始运行前，开发者并不知道参数 $(\boldsymbol{w}, \boldsymbol{b})$ 具体是什么值，开发者只需要将其初始化为逼近 0 的数字就可以了（注意不要全部初始化为 0）。算法运行迭代过程中会不断地修改参数 $(\boldsymbol{w}, \boldsymbol{b})$，直到达到最优。

此外，权值 $\boldsymbol{w}$ 和偏移量 $\boldsymbol{b}$ 与具体某个样本是无关的，也不会随着样本的变化而变化。结合实例解释，隐藏层的第一个节点“社交障碍”是一个抽象出来的症状，受“儿童生理状况”和“儿童日常行为”影响。受影响的程度是一个“通用值”，对于所有儿童都适用。换言之，第一位患者的三个典型症状受“儿童生理状况”和“儿童日常行为”的影响与第二位患者的受其影响的程度是一样的。权值 $\boldsymbol{w}$ 和偏移量 $\boldsymbol{b}$ 不会随样本改变，也就不会有圆括号的右上角标。

同时诊断全体患者的过程就是向量化处理的过程。首先计算隐藏层，为了多视角呈现算法运算过程，这次从结果出发。令 $\boldsymbol{Z}^{[1]}=(\boldsymbol{z}^{[1](1)},\ldots,\boldsymbol{z}^{[1](n)})$，$\boldsymbol{A}^{[1]}=(\boldsymbol{a}^{[1](1)},\ldots,\boldsymbol{a}^{[1](n)})$，其中 $\boldsymbol{z}^{[1](i)}$ 表示第 i 个患者的第一层的中间值，$\boldsymbol{a}^{[1](i)}$ 表示第 i 个患者的第一层激活后的输出值。考量 $\boldsymbol{Z}^{[1]}\rightarrow\boldsymbol{A}^{[1]}$ 的过程：

$$\begin{aligned}\boldsymbol{A}^{[1]}&=(\boldsymbol{a}^{[1](1)},\ldots,\boldsymbol{a}^{[1](n)})\\&=(\mathrm{t}(\boldsymbol{z}^{[1](1)}),\ldots,\mathrm{t}(\boldsymbol{z}^{[1](n)}))\\&=\mathrm{t}(\boldsymbol{z}^{[1](1)},\ldots,\boldsymbol{z}^{[1](n)})\\&=\mathrm{t}(\boldsymbol{z}^{[1]})\end{aligned}$$

那么如何计算 $\boldsymbol{Z}^{[1]}$ 呢？$\boldsymbol{Z}^{[1]}$ 是经由输入值 $\boldsymbol{X}$ 加权和偏移得到的结果，用公式表达：

$$\boldsymbol{Z}^{[1]}=\text{权值向量}\times\text{患者信息矩阵}+\text{偏移量}$$

其中，$\boldsymbol{Z}^{[1]}$ 表示第一层的中间值向量。如前文所述患者信息向量为 $\boldsymbol{X}=(\boldsymbol{x}^{(1)},\ldots,\boldsymbol{x}^{(n)})$，其中 $\boldsymbol{x}^{(i)}=(x_1^{(i)},x_2^{(i)})^{\mathrm{T}}$（$\boldsymbol{X}$ 矩阵的规模是 2 行 n 列）。权值矩阵 $\boldsymbol{W}^{[1]}=(\boldsymbol{w}_1^{[1]},\boldsymbol{x}_2^{[1]},\boldsymbol{w}_3^{[1]})^{\mathrm{T}}$ 的规模为 3×2，偏移向量为 $\boldsymbol{b}^{[1]}=(b_1^{[1]},b_2^{[1]},b_3^{[1]})^{\mathrm{T}}$（注：$\boldsymbol{b}^{[1]}$ 的规模虽然为 3×1，但是在计算过程中 $\boldsymbol{W}^{[1]}\boldsymbol{X}$ 结果的每一列都需要加上 $\boldsymbol{b}^{[1]}$），带入相关字母：

$$\begin{aligned}\boldsymbol{Z}^{[1]}&=(\boldsymbol{z}^{[1](1)},\ldots,\boldsymbol{z}^{[1](n)})\\&=(\boldsymbol{W}^{[1]}\cdot\boldsymbol{x}^{(1)}+\boldsymbol{b}^{[1]},\ldots,\boldsymbol{W}^{[1]}\cdot\boldsymbol{x}^{(n)}+\boldsymbol{b}^{[1]})\\&=(\boldsymbol{W}^{[1]}\cdot\boldsymbol{x}^{(1)},\ldots,\boldsymbol{W}^{[1]}\cdot\boldsymbol{x}^{(n)})+\boldsymbol{b}^{[1]}\\&=\boldsymbol{W}^{[1]}(\boldsymbol{x}^{(1)},\ldots,\boldsymbol{x}^{[n]})+\boldsymbol{b}^{[1]}\\&=\boldsymbol{W}^{[1]}\boldsymbol{X}+\boldsymbol{b}^{[1]}\end{aligned}$$

所以可以得到结论：$\boldsymbol{Z}^{[1]}=\boldsymbol{W}^{[1]}\boldsymbol{X}+\boldsymbol{b}^{[1]}$。注意，$\boldsymbol{Z}^{[1]}$ 的规模是 3 行 n 列。

以上完成了隐藏层的计算，下面是计算输出层的计算。输出层的计算和隐藏层的算法其实没有差别，读者要注意的是矩阵、向量的规模和激活函数的选择。$\boldsymbol{Z}^{[2]}=(\boldsymbol{z}^{[2](1)},\ldots,\boldsymbol{z}^{[2](n)})$ 表示第二层的中间值，$\hat{\boldsymbol{Y}}=(\hat{\boldsymbol{y}}^{(1)},\ldots,\hat{\boldsymbol{y}}^{(n)})$ 表示输出的结果值。$\hat{\boldsymbol{Y}}$ 的计算和 $\boldsymbol{A}^{[1]}$ 的计算过

程类似，区别在于激活函数不同：

$$\begin{aligned}\hat{\boldsymbol{Y}}&=(\hat{\boldsymbol{y}}^{(1)},\ \ldots,\ \hat{\boldsymbol{y}}^{(n)})\\&=(\sigma(\boldsymbol{z}^{[2](1)}),\ \ldots,\ \sigma(\boldsymbol{z}^{[2](n)}))\\&=\sigma(\boldsymbol{z}^{[2](1)},\ \ldots,\ \boldsymbol{z}^{[2](n)})\\&=\sigma(\boldsymbol{Z}^{[2]})\end{aligned}$$

对于 $\boldsymbol{Z}^{[2]}$ 的计算。$\boldsymbol{Z}^{[2]}$ 由隐藏层的输出向量经过加权和偏移得到的，公式如下：

$$\boldsymbol{Z}^{[2]}=\text{权值向量}\times\text{隐藏层输出向量}+\text{偏移量}$$

权值向量表示第二层唯一的一个神经元的权值组成的向量，隐藏层输出向量就是上一层的输出值 $\boldsymbol{A}^{[1]}$（其规模为 3 行 n 列）。第二层的权值向量用 $\boldsymbol{W}^{[2]}$ 表示（其规模为 1 行 3 列），第二层的偏置值用 $\boldsymbol{b}^{[2]}$ 表示。其计算过程如下：

$$\begin{aligned}\boldsymbol{Z}^{[2]}&=(\boldsymbol{z}^{[2](1)},\ \ldots,\ \boldsymbol{z}^{[2](n)})\\&=(\boldsymbol{W}^{[2]}\cdot\boldsymbol{a}^{[1](1)}+\boldsymbol{b}^{[2]},\ \ldots,\ \boldsymbol{W}^{[2]}\cdot\boldsymbol{a}^{(1)(n)}+\boldsymbol{b}^{[2]})\\&=(\boldsymbol{W}^{[2]}\cdot\boldsymbol{a}^{[1](1)},\ \ldots,\ \boldsymbol{W}^{[2]}\cdot\boldsymbol{a}^{(1)(n)})+\boldsymbol{b}^{[2]}\\&=\boldsymbol{W}^{[2]}(\boldsymbol{a}^{[1](1)},\ \ldots,\ \boldsymbol{a}^{[1](n)})+\boldsymbol{b}^{[2]}\\&=\boldsymbol{W}^{[2]}\boldsymbol{A}^{[1]}+\boldsymbol{b}^{[2]}\end{aligned}$$

所以可以得到结论：$\boldsymbol{Z}^{[2]}=\boldsymbol{W}^{[2]}\boldsymbol{A}^{[1]}+\boldsymbol{b}^{[2]}$，$\boldsymbol{Z}^{[2]}$ 的规模是 1 行 n 列。

到此完成了多个输入样本的神经网络的向量化计算。使用向量化计算可以大大加速计算，总结其过程如下：

$$\text{输入}\xrightarrow[\text{激活}]{\text{加权}}\text{隐藏层}\xrightarrow{\text{加权，激活}}\text{输出层}\longrightarrow\text{输出值}$$

$$\boldsymbol{X}\xrightarrow{\boldsymbol{W}^{[1]},\ \boldsymbol{b}^{[1]}}\begin{bmatrix}\boldsymbol{Z}^{[1]}=\boldsymbol{W}^{[1]}\boldsymbol{x}+\boldsymbol{b}^{[1]}\\\boldsymbol{A}^{[1]}=t\left(\boldsymbol{Z}^{[1]}\right)\end{bmatrix}\xrightarrow{\boldsymbol{W}^{[2]},\ \boldsymbol{b}^{[2]}}\begin{bmatrix}\boldsymbol{Z}^{[2]}=\boldsymbol{W}^{[2]}\boldsymbol{a}^{[1]}+\boldsymbol{b}^{[2]}\\\hat{\boldsymbol{y}}=\sigma\left(\boldsymbol{Z}^{[2]}\right)\end{bmatrix}$$

3. 激活函数

在前面的学习中，提到了“激活函数”的概念。激活函数对输入作非线性映射，在神经网络中起到了很重要的作用。本小节将介绍一种激活函数——tanH 激活函数。

tanH 激活函数范围在 −1 到 1 之间，随着 x 的增大或减小，函数趋于平缓，导函数趋近于 0。tanH 激活函数基本信息如表 4-1 所示。

表 4-1　tanH 激活函数

函数名称	方程	导数	图像
tanH 函数	$T(x)=\dfrac{\sinh(x)}{\cosh(x)}=\dfrac{e^{x}-e^{-x}}{e^{x}+e^{-x}}$	$T'(x)=1-T^{2}(x)$	

对比第 3 章中的 Sigmoid 激活函数，可以发现 tanH 激活函数可以由 Sigmoid 函数移动穿过零点后，重新标度获得，tanH 函数值范围在 −1 到 1 之间，平均值更接近 0，有类似数据中心化的效果，工业界也更流行使用 tanH 激活函数；如果希望输出在 0 到 1 之间，可以使用 Sigmoid 函数，具体视情况而定。

激活函数与“加权、修正”不同，激活函数必须是一个非线性映射。下面证明非线性映射的必要性。

假设激活函数 $L()$ 将输入作了线性映射，不妨假设 $L(x)=kx+l$，那么对于样本 $\mathbf{X}$ 有：

$$\boldsymbol{z}^{[1]}=\boldsymbol{W}^{[1]}\boldsymbol{x}+\boldsymbol{b}^{[1]}$$

$$\boldsymbol{a}^{[1]}=L(\boldsymbol{z}^{[1]})=k\boldsymbol{W}^{[1]}\boldsymbol{x}+k\boldsymbol{b}^{[1]}+l=\boldsymbol{W}^{[1]'}\boldsymbol{x}+\boldsymbol{b}^{[1]'}$$

$$\boldsymbol{z}^{[2]}=\boldsymbol{W}^{[2]}\boldsymbol{a}^{[1]}+\boldsymbol{b}^{[2]}$$

$$\hat{\boldsymbol{y}}=L(\boldsymbol{z}^{[2]})=k\boldsymbol{W}^{[2]}\boldsymbol{a}^{[1]}+k\boldsymbol{b}^{[2]}+l=\boldsymbol{W}^{[2]'}\boldsymbol{W}^{[1]'}\boldsymbol{x}+\boldsymbol{W}^{[2]'}\boldsymbol{b}^{[1]'}+k\boldsymbol{b}^{[2]}+l$$

$$=\boldsymbol{W}\boldsymbol{x}+\boldsymbol{b}$$

此时 $\hat{\boldsymbol{y}}$ 是 $\boldsymbol{x}$ 的线性表示，无论加上多少层隐层都一样，这使得隐层失去意义。因此激活函数必须使得输入作非线性映射。

4.2　BP 算法

反向传播算法又称 BP 算法（Back Propagation），主要用于优化参数 $(\boldsymbol{w}, \boldsymbol{b})$。第 3 章介绍了损失函数，BP 算法就是利用损失函数进行反向求导优化，求出损失函数最小时的参数 $(\boldsymbol{w}, \boldsymbol{b})$ 的值。本节主要讲解求导过程，仍旧使用图 4-3 所示的神经网络。过程与逻辑回归的反向计算类似，区别在于 BP 算法对于有隐藏层的神经网络能降低计算复杂度，其思想与动态规划类似。

4.2.1　逻辑回归与 BP 算法

回顾第二章的逻辑回归的前向传播和后向传播的计算过程。首先，逻辑回归的正向计算过程如下式所示：

$$\boldsymbol{x} \xrightarrow{\boldsymbol{w},\boldsymbol{b}} \boldsymbol{z} = \boldsymbol{w}^{\mathrm{T}} x + \boldsymbol{b} \xrightarrow{\sigma} \hat{\boldsymbol{y}} = \sigma(z) \longrightarrow L(\hat{\boldsymbol{y}}, \boldsymbol{y})$$

其中，$\boldsymbol{x}$ 代表输入，$\hat{\boldsymbol{y}}$ 代表模型输出，$\boldsymbol{y}$ 代表实际值。$L(\hat{\boldsymbol{y}},\ \boldsymbol{y})$ 表示损失函数。这个过程中的激活函数为 Sigmoid 函数。然后，回顾逻辑回归的反向计算过程如下所示：

$$\left[\begin{aligned} \mathrm{d}\boldsymbol{z} &= \frac{\partial L}{\partial \boldsymbol{z}} \\ &= \frac{\partial L}{\partial \hat{\boldsymbol{y}}} \cdot \frac{\mathrm{d}\hat{\boldsymbol{y}}}{\mathrm{d}\boldsymbol{z}} \\ &= \mathrm{d}\hat{\boldsymbol{y}} \cdot \boldsymbol{y}(1-\boldsymbol{y}) \\ &= \hat{\boldsymbol{y}} - \boldsymbol{y} \\ \mathrm{d}\boldsymbol{w} &= \frac{\partial L}{\partial \boldsymbol{w}} = \mathrm{d}\boldsymbol{z} \cdot \boldsymbol{x} \\ \mathrm{d}\boldsymbol{b} &= \frac{\partial L}{\partial \boldsymbol{b}} = \mathrm{d}\boldsymbol{z} \end{aligned}\right] \leftarrow \left(\mathrm{d}\hat{\boldsymbol{y}} = \frac{\partial L}{\partial \hat{\boldsymbol{y}}} = -\frac{\boldsymbol{y}}{\hat{\boldsymbol{y}}} + \frac{1-\boldsymbol{y}}{1-\hat{\boldsymbol{y}}}\right) \leftarrow \left(L(\hat{\boldsymbol{y}}, \boldsymbol{y}) = -\boldsymbol{y}\log\hat{\boldsymbol{y}} - (1-\boldsymbol{y})\log(1-\hat{\boldsymbol{y}})\right)$$

从右向左观察上式，从最右侧的损失函数开始，先由其对预测值 $\hat{\boldsymbol{y}}$ 求偏导数，然后逐步求出 $\mathrm{d}\boldsymbol{w}$ 和 $\mathrm{d}\boldsymbol{b}$。注意到 $(\boldsymbol{w},\ \boldsymbol{b})$ 出现在 $\boldsymbol{z}$ 的计算式中，而 $\boldsymbol{z}$ 出现在 $\hat{\boldsymbol{y}}$ 的计算式中（这里就用到了链式法则）。逻辑回归的逆向传播过程实质上就是最简单的 BP 算法应用。

4.2.2　单样本双层神经网络的 BP 算法

本小节讨论只输入一组样本的情况下 BP 算法的计算过程。为了研究逆向传播，需先清楚正向传播的过程，因为逆向传播建立在正向传播基础上。图 4-4 呈现的是图 4-3 中神经网络的正向计算过程，这里只关注一组样本时正向传播的计算流程。算法的输入是 $\boldsymbol{x}$，输出是损失函数，其中 $\hat{\boldsymbol{y}}$ 表示模型的计算值（即预测值），$\boldsymbol{y}$ 表示数据集中的标注值（即真实值）。

正向传播算法只有在确定参数 $(\boldsymbol{w},\ \boldsymbol{b})$ 的情况下才能算出损失函数。换言之，正向传播能够运行的前提假设就是参数 $(\boldsymbol{w},\ \boldsymbol{b})$ 是已知的。然而实际情况中是无法事先知道参数的，事实上，深度学习反复求索的就是最优的参数 ($\boldsymbol{w}, \boldsymbol{b}$)。一旦找到了最优的参数，那么深度学习也就停止了。换言之，参数 ($\boldsymbol{w}, \boldsymbol{b}$) 确定了，模型也就确定了，“学习”过程也就结束了。

$$\boldsymbol{x} \xrightarrow{\boldsymbol{W}^{[1]}, \boldsymbol{b}^{[1]}} \begin{bmatrix} \boldsymbol{z}^{[1]} = \boldsymbol{W}^{[1]}\boldsymbol{x} + \boldsymbol{b}^{[1]} \\ \boldsymbol{a}^{[1]} = t\left(\boldsymbol{z}^{[1]}\right) \end{bmatrix} \xrightarrow{\boldsymbol{W}^{[2]}, \boldsymbol{b}^{[2]}} \begin{bmatrix} \boldsymbol{z}^{[2]} = \boldsymbol{W}^{[2]}\boldsymbol{a}^{[1]} + \boldsymbol{b}^{[2]} \\ \hat{\boldsymbol{y}} = \sigma\left(\boldsymbol{z}^{[2]}\right) \end{bmatrix} \xrightarrow{\boldsymbol{y}} \left(L\left(\hat{\boldsymbol{y}}, \boldsymbol{y}\right)\right)$$

图 4-4　单样本双层网络正向传播过程

寻求模型参数依靠的就是梯度下降思想。首先，拟定初始参数 (w, b)，一般是一组接近 0 的数；然后，输入样本值 $\boldsymbol{X}$，通过正向计算得到 $\hat{\boldsymbol{y}}$，由 $\hat{\boldsymbol{y}}$ 可得损失函数 $L(\hat{\boldsymbol{y}}, \boldsymbol{y})$。接着，对参数进行调整，根据上次的参数值计算得到本次参数值。根据梯度下降算法，其过程为：

$$\boldsymbol{W} = \boldsymbol{W} - \alpha \frac{\partial L}{\partial \boldsymbol{W}}$$

$$\boldsymbol{b} = \boldsymbol{b} - \alpha \frac{\partial L}{\partial \boldsymbol{b}}$$

其中，等式右边的 $\boldsymbol{W}$ 和 $\boldsymbol{b}$ 均为上一次迭代时的参数值，α 为超参数。等式左边为这次迭代准备使用的参数值。最后，在更新了参数 ($\boldsymbol{w}, \boldsymbol{b}$) 后，再进行上述步骤反复迭代，得到最优的参数 ($\boldsymbol{w}, \boldsymbol{b}$)。事实上，“最优”是很难达到的，通常只要满足了停止标准就会停止算法。停止的标准有很多，例如达到了限制迭代次数或者相邻两次迭代误差差别很小等。注意等式右边的系数 α，α 被称作学习率，是一个标量，它是深度学习算法调优时常用的手段（第 10 章会仔细讲解）。至于偏导数的求法比较复杂，下面重点讲述。

偏导数的求解过程是 BP 算法的重点也是难点。对于一个输入样本 $\boldsymbol{X}$，正向传播结束时得到损失函数为 $L(\hat{\boldsymbol{y}}, \boldsymbol{y})$。BP 算法就是从损失函数开始求解偏导数 $\frac{\partial L}{\partial \boldsymbol{W}}$ 和 $\frac{\partial L}{\partial \boldsymbol{b}}$。其思路还是与逻辑回归一样，通过链式法则求得。值得注意的是，在第 2 章逻辑回归中使用的损失函数是对数似然损失函数，而这里采用平方差函数公式：

$$L\left(\hat{\boldsymbol{y}}, \boldsymbol{y}\right) = \frac{1}{2}\left|\boldsymbol{y} - \hat{\boldsymbol{y}}\right|^2$$

其中，式子中乘以 1/2 仅仅是为了计算方便。

逐步求解偏导数的过程就是逐步应用链式法则从右至左计算的过程。首先求损失函数 $L(\hat{\boldsymbol{y}}, \boldsymbol{y})$ 对 $\hat{\boldsymbol{y}}$ 的偏导数，得 $\mathbf{d}\hat{\boldsymbol{y}}=\frac{\partial L}{\partial \hat{\boldsymbol{y}}}=\hat{\boldsymbol{y}}-\boldsymbol{y}$。接下来求损失函数 L 对 $\boldsymbol{z}^{[2]}$ 的偏导数，记作 $\mathbf{d}\boldsymbol{z}^{[2]}$，公式为 $\mathbf{d}\boldsymbol{z}^{[2]}=\frac{\partial L}{\partial \boldsymbol{z}^{[2]}}$。观察发现，$\boldsymbol{z}^{[2]}$ 是函数 $\hat{\boldsymbol{y}}=\sigma(\boldsymbol{z}^{[2]})$ 的自变量，而 $\hat{\boldsymbol{y}}$ 是损失函数的 $L(\hat{\boldsymbol{y}}, \boldsymbol{y})$ 自变量，于是使用偏导数的链式法则可得（$\odot$表示逐元素相乘）：

$$\mathbf{d}\boldsymbol{z}^{[2]}=\frac{\partial L}{\partial \boldsymbol{z}^{[2]}}=\frac{\partial L}{\partial \hat{\boldsymbol{y}}}\cdot\frac{\mathrm{d}\hat{\boldsymbol{y}}}{\mathrm{d}\boldsymbol{z}^{[2]}}=\mathrm{d}\hat{\boldsymbol{y}}\odot\sigma'\left(\boldsymbol{z}^{[2]}\right)=\left(\hat{\boldsymbol{y}}-\boldsymbol{y}\right)\odot\left(\hat{\boldsymbol{y}}\left(1-\hat{\boldsymbol{y}}\right)\right)$$

BP 算法最终的目标是计算出偏导数$\frac{\partial L}{\partial \boldsymbol{W}}$和$\frac{\partial L}{\partial \boldsymbol{b}}$。更进一步，在 $\boldsymbol{z}^{[2]}=\boldsymbol{W}^{[2]}\boldsymbol{a}^{[1]}+\boldsymbol{b}^{[2]}$ 的计算式中包含了 $\boldsymbol{W}^{[2]}$ 和 $\boldsymbol{b}^{[2]}$。特别要注意，$\frac{\partial \boldsymbol{z}^{[2]}}{\partial \boldsymbol{W}^{[2]}}=\boldsymbol{a}^{[1]\mathrm{T}}$。继续使用链式法则：

$$\begin{aligned}\mathrm{d}\boldsymbol{W}^{[2]}&=\frac{\partial L}{\partial \boldsymbol{W}^{[2]}}\\&=\frac{\partial L}{\partial \boldsymbol{z}^{[2]}}\cdot\frac{\mathrm{d}\boldsymbol{z}^{[2]}}{\mathrm{d}\boldsymbol{W}^{[2]}}\\&=\mathbf{d}\boldsymbol{z}^{[2]}\cdot\frac{\mathrm{d}\boldsymbol{z}^{[2]}}{\mathrm{d}\boldsymbol{W}^{[2]}}\\&=\mathbf{d}\hat{\boldsymbol{y}}\odot\sigma'\left(\boldsymbol{z}^{[2]}\right)\boldsymbol{a}^{[1]\mathrm{T}}\\&=\left(\hat{\boldsymbol{y}}-\boldsymbol{y}\right)\odot\sigma'\left(\boldsymbol{z}^{[2]}\right)\boldsymbol{a}^{[1]\mathrm{T}}\end{aligned}\qquad\begin{aligned}\mathbf{d}\boldsymbol{b}^{[2]}&=\frac{\partial L}{\partial \boldsymbol{b}^{[2]}}\\&=\frac{\partial L}{\partial \boldsymbol{z}^{[2]}}\cdot\frac{\mathbf{d}\boldsymbol{z}^{[2]}}{\mathbf{d}\boldsymbol{b}^{[2]}}\\&=\mathbf{d}\boldsymbol{z}^{[2]}\cdot\frac{\mathbf{d}\boldsymbol{z}^{[2]}}{\mathbf{d}\boldsymbol{b}^{[2]}}\\&=\mathbf{d}\boldsymbol{z}^{[2]}\\&=\left(\hat{\boldsymbol{y}}-\boldsymbol{y}\right)\odot\sigma'\left(\boldsymbol{z}^{[2]}\right)\end{aligned}$$

其中，$\mathbf{d}\hat{\boldsymbol{y}}$ 前面已经计算得到 $\mathbf{d}\hat{\boldsymbol{y}}=\hat{\boldsymbol{y}}-\boldsymbol{y}$，$\boldsymbol{a}^{[1]\mathrm{T}}$ 是前向传播中第一层运算后得到的向量。计算出 $\mathbf{d}\boldsymbol{W}^{[2]}$ 和 $\mathbf{d}\boldsymbol{b}^{[2]}$ 之后，后向传播在输出层的计算就完成了。

计算完输出层之后，后向传播继续，开始处理隐藏层。BP 算法在隐藏层需要得到 $\mathbf{d}\boldsymbol{W}^{[1]}$ 和 $\mathbf{d}\boldsymbol{b}^{[1]}$，其中 $\boldsymbol{W}^{[1]}$ 是矩阵，$\boldsymbol{b}^{[1]}$ 是向量，如下所示：

$$\boldsymbol{W}^{[1]}=\left(\boldsymbol{w}_1^{[1]},\boldsymbol{w}_2^{[1]},\boldsymbol{w}_3^{[1]}\right)^{\mathrm{T}}=\begin{bmatrix}w_1^{[1]\mathrm{T}}\\w_2^{[1]\mathrm{T}}\\w_3^{[1]\mathrm{T}}\end{bmatrix}=\begin{bmatrix}w_{11}^{[1]},w_{12}^{[1]}\\w_{21}^{[1]},w_{22}^{[1]}\\w_{31}^{[1]},w_{32}^{[1]}\end{bmatrix}\qquad\boldsymbol{b}^{[1]}=\begin{bmatrix}b_1^{[1]}\\b_2^{[1]}\\b_3^{[1]}\end{bmatrix}$$

$\boldsymbol{W}^{[1]}$ 可以视作 3×1 的向量，其三个分量都是向量，其意义为隐藏层的三个节点的权值向量。$\boldsymbol{W}^{[1]}$ 也可以视作规模为 3×2 的矩阵，其意义为隐藏层的所有的权值组成的矩阵。$\boldsymbol{b}^{[1]}$ 是一个列向量，其三个分量都是标量，意义为隐藏层的三个节点的偏置。

下面严格按图索骥地推导公式，最终求出 $\mathbf{d}\boldsymbol{W}^{[1]}$ 和 $\mathbf{d}\boldsymbol{b}^{[1]}$。由 $\boldsymbol{z}^{[1]}=\boldsymbol{W}^{[1]}\boldsymbol{x}+\boldsymbol{b}^{[1]}$ 可知 $\boldsymbol{W}^{[1]}$ 和 $\boldsymbol{b}^{[1]}$ 是 $\boldsymbol{z}^{[1]}$ 的自变量，于是可得公式：

$$\mathbf{d}\boldsymbol{W}^{[1]}=\frac{\partial L}{\partial \boldsymbol{W}^{[1]}}=\frac{\partial L}{\partial \boldsymbol{z}^{[1]}}\cdot\frac{\partial \boldsymbol{z}^{[1]}}{\partial \boldsymbol{W}^{[1]}} \qquad \mathbf{d}\boldsymbol{b}^{[1]}=\frac{\partial L}{\partial \boldsymbol{b}^{[1]}}=\frac{\partial L}{\partial \boldsymbol{z}^{[1]}}\cdot\frac{\partial \boldsymbol{z}^{[1]}}{\partial \boldsymbol{b}^{[1]}}$$

观察上式可知，关键点在于求出$\frac{\partial L}{\partial \boldsymbol{z}^{[1]}}$、$\frac{\partial \boldsymbol{z}^{[1]}}{\partial \boldsymbol{W}^{[1]}}$和$\frac{\partial \boldsymbol{z}^{[1]}}{\partial \boldsymbol{b}^{[1]}}$这三项。而$\frac{\partial \boldsymbol{z}^{[1]}}{\partial \boldsymbol{W}^{[1]}}$和$\frac{\partial \boldsymbol{z}^{[1]}}{\partial \boldsymbol{b}^{[1]}}$这两项很容易求，由于 $\boldsymbol{z}^{[1]}=\boldsymbol{W}^{[1]}\boldsymbol{x}+\boldsymbol{b}^{[1]}$，所以可得$\frac{\partial \boldsymbol{z}^{[1]}}{\partial \boldsymbol{W}^{[1]}}=\boldsymbol{x}^{\mathrm{T}}$、$\frac{\partial \boldsymbol{z}^{[1]}}{\partial \boldsymbol{b}^{[1]}}=1$。稍有些复杂的是求$\frac{\partial L}{\partial \boldsymbol{z}^{[1]}}$。

首先需要明确损失函数 $L(\hat{\boldsymbol{y}},\boldsymbol{y})$ 和 $\boldsymbol{z}^{[1]}$ 之间的关系。观察发现，$\boldsymbol{z}^{[1]}$ 是 $\boldsymbol{a}^{[1]}$ 的自变量，而 $\boldsymbol{a}^{[1]}$ 是 $\hat{\boldsymbol{y}}$ 的自变量，其函数关系如下：

$$\begin{aligned}\hat{\boldsymbol{y}}&=\sigma\left(\boldsymbol{z}^{[2]}\right)\\ \boldsymbol{z}^{[2]}&=\boldsymbol{W}^{[2]}\boldsymbol{a}^{[1]}+\boldsymbol{b}^{[2]}\\ \hat{\boldsymbol{y}}&=\sigma\left(\boldsymbol{W}^{[2]}\boldsymbol{a}^{[1]}+\boldsymbol{b}^{[2]}\right)\end{aligned} \qquad \begin{aligned}\boldsymbol{a}^{[1]}&=t\left(\boldsymbol{z}^{[1]}\right)\\ \boldsymbol{z}^{[1]}&=\boldsymbol{W}^{[1]}\boldsymbol{x}+\boldsymbol{b}^{[1]}\end{aligned}$$

其中，$\boldsymbol{a}^{[1]}$ 是 $\hat{\boldsymbol{y}}$ 的自变量，$\boldsymbol{z}^{[1]}$ 是 $\boldsymbol{a}^{[1]}$ 的自变量。

因为 $\boldsymbol{a}^{[1]}$ 是 $\hat{\boldsymbol{y}}$ 的自变量，所以使用链式法则可得：

$$\begin{aligned}\mathbf{d}\boldsymbol{a}^{[1]}&=\frac{\partial L}{\partial \boldsymbol{a}^{[1]}}\\ &=\frac{\partial L}{\partial \boldsymbol{z}^{[2]}}\cdot\frac{\partial \boldsymbol{z}^{[2]}}{\partial \boldsymbol{a}^{[1]}}\\ &=\boldsymbol{W}^{[2]T}\mathbf{d}\boldsymbol{z}^{[2]}\end{aligned}$$

其中，$\mathbf{d}\boldsymbol{z}^{[2]}$ 在上文中已经计算过。接下来探索 $\mathbf{d}\boldsymbol{z}^{[1]}$ 的值。注意到 $\mathbf{d}\boldsymbol{z}^{[1]}$ 是向量（也可视为矩阵），将其展开有：

$$\mathrm{d}z^{[1]}=\begin{bmatrix}\mathrm{d}z_1^{[1]}\\ \mathrm{d}z_2^{[1]}\\ \mathrm{d}z_3^{[1]}\end{bmatrix}=\begin{bmatrix}\mathrm{d}\boldsymbol{a}_1^{[1]}\cdot t'\left(z_1^{[1]}\right)\\ \mathrm{d}\boldsymbol{a}_2^{[1]}\cdot t'\left(z_2^{[1]}\right)\\ \mathrm{d}\boldsymbol{a}_3^{[1]}\cdot t'\left(z_3^{[1]}\right)\end{bmatrix}=\mathrm{d}\boldsymbol{a}^{[1]}\odot t'\left(z^{[1]}\right)$$

其中，$t'()$ 表示激活函数 tanH 的导数。所有条件都已经准备好了，接下来向公式中代入值求得 $\mathbf{d}\boldsymbol{W}^{[1]}$ 和 $\mathbf{d}\boldsymbol{b}^{[1]}$：

$$\mathbf{d}\boldsymbol{W}^{[1]}=\frac{\partial L}{\partial \boldsymbol{W}^{[1]}}=\frac{\partial L}{\partial z^{[1]}}\cdot\frac{\partial z^{[1]}}{\partial \boldsymbol{W}^{[1]}}=\mathbf{d}\boldsymbol{a}^{[1]}\odot t'\left(z^{[1]}\right)\boldsymbol{x}^{\mathrm{T}}=\left[\boldsymbol{W}^{[2]\mathrm{T}}(\hat{\boldsymbol{y}}-\boldsymbol{y})\odot\sigma'\left(z^{[2]}\right)\right]\odot t'\left(z^{[1]}\right)\boldsymbol{x}^{\mathrm{T}}$$

$$\mathbf{d}\boldsymbol{b}^{[1]}=\frac{\partial L}{\partial \boldsymbol{b}^{[1]}}=\frac{\partial L}{\partial z^{[1]}}\cdot\frac{\partial z^{[1]}}{\partial \boldsymbol{b}^{[1]}}=\mathbf{d}z^{[1]}=\left[\boldsymbol{W}^{[2]T}(\hat{\boldsymbol{y}}-\boldsymbol{y})\odot\sigma'\left(z^{[2]}\right)\right]\odot t'\left(z^{[1]}\right)$$

综上，对于单个样本的 BP 算法，总结 4 个核心公式如下：

$$\mathbf{d}\boldsymbol{W}^{[2]}=\mathbf{d}z^{[2]}\cdot\boldsymbol{a}^{[1]\mathrm{T}}=(\hat{\boldsymbol{y}}-\boldsymbol{y})\odot\sigma'\left(z^{[2]}\right)\boldsymbol{a}^{[1]\mathrm{T}}$$

$$\mathbf{d}\boldsymbol{b}^{[2]}=\mathbf{d}z^{[2]}=(\hat{\boldsymbol{y}}-\boldsymbol{y})\odot\sigma'\left(z^{[2]}\right)$$

$$\mathbf{d}\boldsymbol{W}^{[1]}=\mathbf{d}z^{[1]}\cdot\boldsymbol{x}^{\mathrm{T}}=\left[\boldsymbol{W}^{[2]\mathrm{T}}(\hat{\boldsymbol{y}}-\boldsymbol{y})\odot\sigma'\left(z^{[2]}\right)\right]\odot t'\left(z^{[1]}\right)\boldsymbol{x}^{\mathrm{T}}$$

$$\mathbf{d}\boldsymbol{b}^{[1]}=\mathbf{d}z^{[1]}=\mathbf{d}\boldsymbol{a}^{[1]}\odot t'\left(z^{[1]}\right)=\left[\boldsymbol{W}^{[2]\mathrm{T}}(\hat{\boldsymbol{y}}-\boldsymbol{y})\odot\sigma'\left(z^{[2]}\right)\right]\odot t'\left(z^{[1]}\right)$$

这 4 个公式也就是单样本双层神经网络 BP 算法的输出，至此，BP 算法完成了全部计算。

4.2.3 多个样本神经网络 BP 算法

上一节介绍了对于单个样本如何使用 BP 算法。本节将介绍同时计算所有输入样本，并利用 BP 算法求最优参数。

开始具体讨论算法之前先给出基本假设条件和数学符号的意义。假设有 n 个样本，同样使用圆括号上角标区分不同样本，于是第 i 个样本为 $\boldsymbol{x}^{(i)}$。所有的样本共同组成向量（或者说矩阵）$\boldsymbol{X}=(\boldsymbol{x}^{(1)},\ldots,\boldsymbol{x}^{(n)})$。所有样本的预测值和真实值都分别组织为向量，于是 $\hat{\boldsymbol{Y}}=\left(\hat{y}^{(1)},\ldots,y^{(n)}\right)$表示预测值向量，$\boldsymbol{Y}=(\boldsymbol{y}^{(1)},\ldots,\boldsymbol{y}^{(n)})$ 表示真实值向量。使用的损失函数为 $L\left(\hat{\boldsymbol{Y}},\boldsymbol{Y}\right)=\frac{1}{2}\sum_{i=1}^{n}\left|y^{(i)}-\hat{y}^{(i)}\right|^2$，那么成本函数$J=\frac{1}{n}L$。

算法的目的同样是使总体损失 L 最小，并求得此时的参数 $(\boldsymbol{w},\boldsymbol{b})$。优化原理仍是梯度下降：

$$\boldsymbol{W}=\boldsymbol{W}-\alpha\frac{\partial J}{\partial \boldsymbol{W}}=\boldsymbol{W}-\frac{\alpha}{n}\frac{\partial L}{\partial \boldsymbol{W}}$$

$$\boldsymbol{b}=\boldsymbol{b}-\alpha\frac{\partial J}{\partial \boldsymbol{b}}=\boldsymbol{b}-\frac{\alpha}{n}\frac{\partial L}{\partial \boldsymbol{b}}$$

对应上一节的结论，先给出多个样本情况下神经网络的 BP 算法核心公式，如表 4-2 所示。

表 4-2　*n* 个样本 BP 算法公式

一个样本的 BP 算法公式	*n* 个样本的 BP 算法公式	一个样本的 BP 算法公式	*n* 个样本的 BP 算法公式
$\mathbf{d}\boldsymbol{W}^{[2]}=\mathbf{d}\boldsymbol{z}^{[2]}\cdot\boldsymbol{a}^{[1]\mathrm{T}}$	$\mathbf{d}\boldsymbol{W}^{[2]}=\frac{1}{n}\mathbf{d}\boldsymbol{Z}^{[2]}\cdot\boldsymbol{A}^{[1]\mathrm{T}}$	$\mathbf{d}\boldsymbol{W}^{[1]}=\mathbf{d}\boldsymbol{z}^{[1]}\cdot\boldsymbol{x}^{\mathrm{T}}$	$\mathbf{d}\boldsymbol{W}^{[1]}=\frac{1}{n}\mathbf{d}\boldsymbol{Z}^{[1]}\cdot\boldsymbol{X}^{\mathrm{T}}$
$\mathbf{d}\boldsymbol{b}^{[2]}=\mathbf{d}\boldsymbol{z}^{[2]}$	$\mathbf{d}\boldsymbol{b}^{[2]}=\frac{1}{n}\sum_{i=1}^{n}\mathbf{d}\boldsymbol{Z}^{[2](i)}$	$\mathbf{d}\boldsymbol{b}^{[1]}=\mathbf{d}\boldsymbol{z}^{[1]}$	$\mathbf{d}\boldsymbol{b}^{[1]}=\frac{1}{n}\sum_{i=1}^{n}\mathbf{d}\boldsymbol{z}^{[1](i)}$

下面来证明上述结论，计算涉及大量矩阵和向量，思路稍有不同。先将不同变量用矩阵、向量的形式表示出来，再带入上一节得到的结果进行计算证明。

首先计算，$\mathbf{d}\hat{\boldsymbol{Y}}$ 可以直接在向量中表示：

$$\mathbf{d}\hat{\boldsymbol{Y}}=\mathbf{d}\left(\hat{\boldsymbol{y}}^{(1)},\ldots,\boldsymbol{y}^{(n)}\right)=\left(\mathbf{d}\hat{\boldsymbol{y}}^{(1)},\ldots,\mathbf{d}\hat{\boldsymbol{y}}^{(n)}\right)$$

上一节中对于一个样本有 $\mathbf{d}\hat{\boldsymbol{y}}=\hat{\boldsymbol{y}}-\boldsymbol{y}$，对于 n 个样本：$\mathbf{d}\hat{\boldsymbol{y}}^{(i)}=\hat{\boldsymbol{y}}^{(i)}-\boldsymbol{y}^{(i)}(i=1,\ldots,n)$，将其带入得：

$$\mathbf{d}\hat{\boldsymbol{Y}}=\left(\mathbf{d}\hat{\boldsymbol{y}}^{(1)},\ldots,\mathbf{d}\hat{\boldsymbol{y}}^{(n)}\right)=\left(\hat{\boldsymbol{y}}^{(1)}-\boldsymbol{y}^{(1)},\ldots,\boldsymbol{y}^{(n)}-\hat{\boldsymbol{y}}^{(n)}\right)=\left(\hat{\boldsymbol{y}}^{(1)},\ldots,\hat{\boldsymbol{y}}^{(n)}\right)-\left(\boldsymbol{y}^{(1)},\ldots,\boldsymbol{y}^{(n)}\right)=\hat{\boldsymbol{Y}}-\boldsymbol{Y}$$

于是可以得到结论：$\mathbf{d}\hat{\boldsymbol{Y}}=\hat{\boldsymbol{Y}}-\boldsymbol{Y}$

然后计算 $\mathbf{d}\boldsymbol{Z}^{[2]}$，$\mathbf{d}\boldsymbol{Z}^{[2]}$ 可以使用向量表示：

$$\mathbf{d}\boldsymbol{Z}^{[2]}=\left(\mathbf{d}\boldsymbol{z}^{[2](1)},\ldots,\mathbf{d}\boldsymbol{z}^{[2](n)}\right)$$

由上一节可知，对于某一个样本存在公式 $\mathbf{d}\boldsymbol{z}^{[2]}=\mathbf{d}\hat{\boldsymbol{y}}\odot\sigma'(\boldsymbol{z}^{[2]})$，推广到任意一个样本可得 $\mathbf{d}\boldsymbol{z}^{[2](i)}=\mathbf{d}\hat{\boldsymbol{y}}^{(i)}\odot\sigma'(\boldsymbol{z}^{[2](i)})$。将结论带入公式：

$$\begin{aligned}\mathbf{d}\boldsymbol{Z}^{[2]}&=\left(\mathbf{d}\boldsymbol{z}^{[2](1)},\ldots,\mathbf{d}\boldsymbol{z}^{[2](n)}\right)\\&=\left(\mathbf{d}\hat{\boldsymbol{y}}^{(1)}\odot\sigma'\left(\boldsymbol{z}^{[2](1)}\right),\ldots,\mathbf{d}\hat{\boldsymbol{y}}^{(n)}\odot\sigma'\left(\boldsymbol{z}^{[2](i)}\right)\right)\\&=\left(\mathbf{d}\hat{\boldsymbol{y}}^{(1)},\ldots,\mathbf{d}\hat{\boldsymbol{y}}^{(n)}\right)\odot\left(\sigma'\left(\boldsymbol{z}^{[2](1)}\right),\ldots,\sigma'\left(\boldsymbol{z}^{[2](n)}\right)\right)\\&=\mathbf{d}\hat{\boldsymbol{Y}}\odot\sigma'\left(\boldsymbol{Z}^{[2]}\right)\end{aligned}$$

于是可以得到结论：$\mathbf{d}\boldsymbol{Z}^{[2]}=\mathbf{d}\hat{\boldsymbol{Y}}\odot\sigma'(\boldsymbol{Z}^{[2]})$

接着计算 $\mathbf{d}\boldsymbol{W}^{[2]}$。上一节已知对于某一个样本存在 $\mathbf{d}\boldsymbol{W}^{[2]}=\mathbf{d}\boldsymbol{z}^{[2]}\boldsymbol{a}^{[1]T}$，那么对于任意样本存在 $\mathbf{d}\boldsymbol{W}^{[2]}=\mathbf{d}\boldsymbol{z}^{[2](i)}\cdot\boldsymbol{a}^{[1](i)T}$；要对 n 个样本计算 $\mathbf{d}\boldsymbol{W}^{[2]}$，将每个样本计算所得的 $\mathbf{d}\boldsymbol{W}^{[2]}$ 相

加取平均值即可，则有：

$$\begin{aligned}\mathbf{d}\boldsymbol{W}^{[2]}&=\frac{1}{n}\sum_{i=1}^{n}\left(\mathbf{d}\boldsymbol{z}^{[2](i)}\cdot\boldsymbol{a}^{[1](i)}\right)\\&=\frac{1}{n}\left(\mathbf{d}\boldsymbol{z}^{[2](1)},\dots,\mathbf{d}\boldsymbol{z}^{[2](n)}\right)\left(\boldsymbol{a}^{[1](1)},\dots,\boldsymbol{a}^{[1](n)}\right)^{\mathrm{T}}\\&=\frac{1}{n}\mathbf{d}\boldsymbol{Z}^{[2]}\boldsymbol{A}^{[1]\mathrm{T}}\end{aligned}$$

于是可以得到结论：$\mathbf{d}\boldsymbol{W}^{[2]}=\frac{1}{n}\mathbf{d}\boldsymbol{Z}^{[2]}\boldsymbol{A}^{[1]\mathrm{T}}$

之后计算 $\mathbf{d}\boldsymbol{b}^{[2]}$。上一节已知对于某一个样本存在 $\mathbf{d}\boldsymbol{b}^{[2]}=\mathbf{d}\boldsymbol{z}^{[2]}$，那么对于任意样本存在 $\mathbf{d}\boldsymbol{b}^{[2]}=\mathbf{d}\boldsymbol{z}^{[2](i)}$，同理求和再求平均数可得：

$$\mathbf{d}\boldsymbol{b}^{[2]}=\frac{1}{n}\sum_{i=1}^{n}\mathbf{d}\boldsymbol{z}^{[2](i)}$$

为了最终求出 $\mathbf{d}\boldsymbol{W}^{[1]}$ 和 $\mathbf{d}\boldsymbol{b}^{[1]}$，先求出 $\mathbf{d}\boldsymbol{A}^{[1]}$ 和 $\mathbf{d}\boldsymbol{Z}^{[1]}$：

$$\begin{aligned}\mathbf{d}\boldsymbol{A}^{[1]}&=\left(\mathbf{d}\boldsymbol{a}^{[1](1)},\dots,\mathbf{d}\boldsymbol{a}^{[1](n)}\right)\\&=\left(\boldsymbol{W}^{[2]\mathrm{T}}\mathbf{d}\boldsymbol{z}^{[1](1)},\dots,\boldsymbol{W}^{[2]\mathrm{T}}\mathbf{d}\boldsymbol{z}^{[2](n)}\right)\\&=\boldsymbol{W}^{[2]\mathrm{T}}\left(\mathbf{d}\boldsymbol{z}^{[2](1)},\dots,\mathbf{d}\boldsymbol{z}^{[2](n)}\right)\\&=\boldsymbol{W}^{[2]\mathrm{T}}\mathbf{d}\boldsymbol{Z}^{[2]}\end{aligned}$$

$$\begin{aligned}\mathbf{d}\boldsymbol{Z}^{[1]}&=\left(\mathbf{d}\boldsymbol{z}^{[1](1)},\dots,\mathbf{d}\boldsymbol{z}^{[1](n)}\right)\\&=\left(\mathbf{d}\boldsymbol{a}^{[1](1)}\odot t'\left(\boldsymbol{z}^{[1](1)}\right),\dots,\mathbf{d}\boldsymbol{a}^{[1](n)}\odot t'\left(\boldsymbol{z}^{[1](n)}\right)\right)\\&=\left(\mathbf{d}\boldsymbol{a}^{[1](1)},\dots,\mathbf{d}\boldsymbol{a}^{[1](n)}\right)\odot\left(t'\left(\boldsymbol{z}^{[1](1)}\right),\dots,t'\left(\boldsymbol{z}^{[1](n)}\right)\right)\\&=\mathbf{d}\boldsymbol{A}^{[1]}\odot t'\left(\boldsymbol{Z}^{[1]}\right)\end{aligned}$$

同理，由上一节推知 $\mathbf{d}\boldsymbol{W}^{[1]}=\mathbf{d}\boldsymbol{z}^{[2](i)}\boldsymbol{x}^{[1]T}$，将其求和再求平均数即可：

$$\begin{aligned}\mathbf{d}\boldsymbol{W}^{[1]}&=\frac{1}{n}\sum_{i=1}^{n}\mathbf{d}\boldsymbol{z}^{[1](i)}\boldsymbol{x}^{(i)\mathrm{T}}\\&=\frac{1}{n}\left(\mathbf{d}\boldsymbol{z}^{[1](1)},\dots,\mathbf{d}\boldsymbol{z}^{[1](n)}\right)\left(\boldsymbol{x}^{(1)},\dots,\boldsymbol{x}^{(n)}\right)^{\mathrm{T}}\\&=\frac{1}{n}\mathbf{d}\boldsymbol{Z}^{[1]}\boldsymbol{X}^{\mathrm{T}}\end{aligned}$$

同理，可推知 $\mathbf{d}\boldsymbol{b}^{[1]}=\mathbf{d}\boldsymbol{z}^{[1](i)}$，同理求和再求平均数：

$$\mathbf{d}\boldsymbol{b}^{[1]}=\frac{1}{n}\sum_{i=1}^{n}\mathbf{d}\boldsymbol{z}^{[1](i)}$$

综上，对于多个样本的神经网络 BP 算法，同样总结出 4 个核心公式：

$$
\begin{aligned}
\mathbf{d}\boldsymbol{W}^{[2]} &= \frac{1}{n}\mathbf{d}\boldsymbol{Z}^{[2]}\boldsymbol{A}^{[1]\mathrm{T}} = \frac{1}{n}\left(\hat{\boldsymbol{Y}}-\boldsymbol{Y}\right)\odot\sigma'\left(\boldsymbol{Z}^{[2]}\right)\boldsymbol{A}^{[1]\mathrm{T}} \\
\mathbf{d}\boldsymbol{b}^{[2]} &= \frac{1}{n}\sum_{i=1}^{n}\mathbf{d}\boldsymbol{z}^{[2](i)} \\
\mathbf{d}\boldsymbol{W}^{[1]} &= \frac{1}{n}\mathbf{d}\boldsymbol{Z}^{[1]}\boldsymbol{X}^{\mathrm{T}} = \frac{1}{n}\left[\boldsymbol{W}^{[2]T}\left(\hat{\boldsymbol{Y}}-\boldsymbol{Y}\right)\odot\sigma'\left(\boldsymbol{Z}^{[2]}\right)\right]\odot t'\left(\boldsymbol{Z}^{[1]}\right)\boldsymbol{X}^{\mathrm{T}} \\
\mathbf{d}\boldsymbol{b}^{[1]} &= \frac{1}{n}\sum_{i=1}^{n}\mathbf{d}\boldsymbol{z}^{[1](i)}
\end{aligned}
\tag{4-8}
$$

4.3 BP 算法实践

实践部分将搭建神经网络，包含一个隐藏层。

这里将使用两层神经网络实现对螺旋图案的分类，如图 4-5 所示，图中的点包含红点和蓝点还有点的坐标信息 X，实验将通过以下步骤完成对两种点的分类，代码将分别使用 Python 库和 PaddlePaddle 实现。

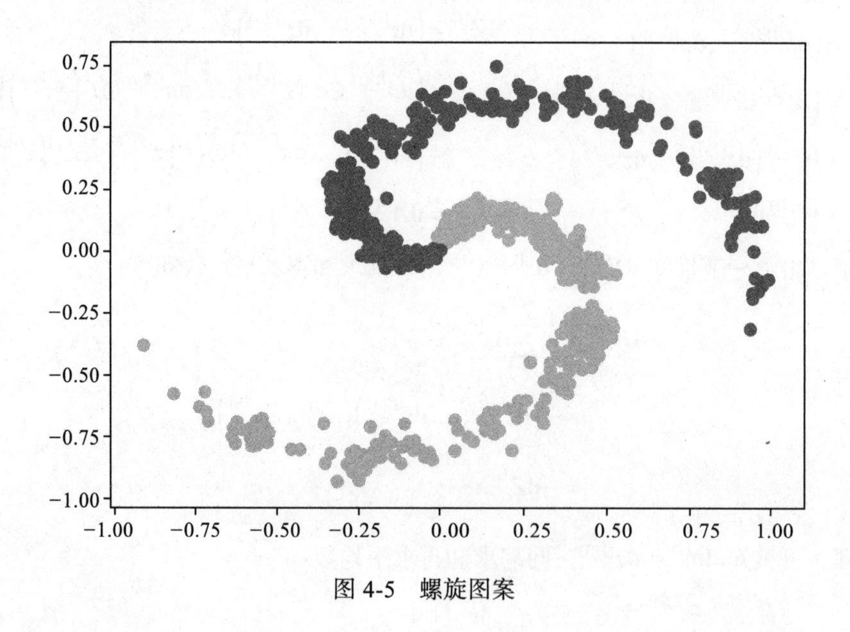

图 4-5 螺旋图案

1）输入样本 X，Y；

2）搭建神经网络；

3）初始化参数；

4）训练，包括前向传播与后向传播（即 BP 算法）；

5）得出训练后的参数；

6）根据训练所得参数，绘制两类点边界曲线。

4.3.1　Python 版本

本节将使用 Python 原生库实现两层神经网络的搭建，完成分类。

1. 库文件

载入相关库文件，与第 3 章大体一致；utils.py 是读取数据的文件，如代码清单 4-1 所示：

代码清单 4-1　引用库文件

```
import matplotlib.pyplot as plt
import numpy as np
import utils
```

2. 载入数据并观察维度

载入数据后，输出维度，如代码清单 4-2 所示：

代码清单 4-2　数据维度

```
# 载入数据
train_X, train_Y, test_X, test_Y = utils.load_data_sets()
# 输出维度
shape_X = train_X.shape
shape_Y = train_Y.shape
print ('The shape of X is: ' + str(shape_X))
print ('The shape of Y is: ' + str(shape_Y))
```

显示结果如下：

```
The shape of X is: (2, 320)
The shape of Y is: (1, 320)
```

由输出可知每组输入坐标 X 包含两个值，y 包含一个值，共 320 组数据（测试集在训练集基础上增加 80 组数据，共 400 组）。

3. 神经网络模型

下面开始搭建神经网络模型，我们采用两层神经网络实验，隐藏层包含 4 个节点，使用 tanH 激活函数；输出层包含一个节点，使用 Sigmoid 激活函数，结果小于 0.5 即认为是 0，否则认为是 1；如图 4-6 所示。

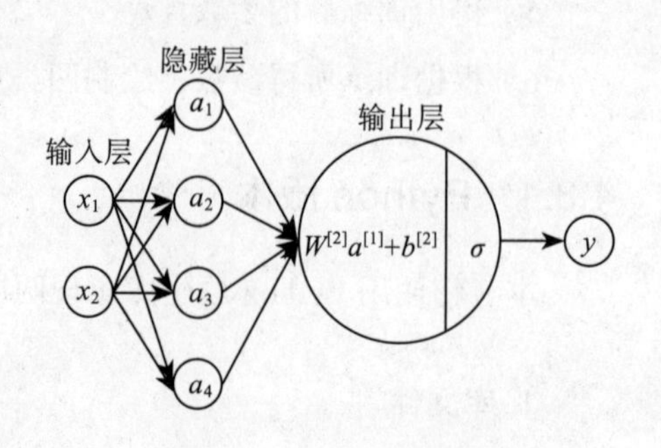

图 4-6 神经网络模型

（1）初始化模型参数

获取相关维度信息后，开始初始化参数，参数的初始化需要网络结构信息，因此在函数内部先定义网络结构，如代码清单 4-3 所示：

代码清单 4-3 初始化参数

```
# 定义函数：初始化参数

def initialize_parameters(n_x, n_h, n_y):
    """
    初始化参数
    Args:
        vn_x: 输入层所包含的节点数
        n_h: 隐藏层所包含的节点数
        n_y: 输出层所包含的节点数

    Return:
        parameters: 一个 python 字典，存储权值和偏移量
    """

    np.random.seed(2) # 设置随机种子
    # 随机初始化参数，偏移量初始化为 0
    W1 = np.random.randn(n_h, n_x) * 0.01
    W2 = np.random.randn(n_y, n_h) * 0.01
    b1 = np.zeros((n_h, 1))
    b2 = np.zeros((n_y, 1))
    parameters = {"W1":W1,
                  "b1":b1,
                  "W2":W2,
                  "b2":b2}

    return parameters
```

（2）前向传播与后向传播

获取输入数据，参数初始化完成后，可以开始前向传播的计算，如代码清单 4-4 所示：

代码清单 4-4　前向传播

```
def forward_propagate(X, parameters):
    """
    前向传播
    Args:
        X: 输入值
        parameters: 一个 python 字典，包含权值和偏移量
    Return:
        A2: 模型输出值
        cache: 一个 python 字典，包含隐藏层和输出层的中间值 Z1,A1,Z2,A2
    """

    W1 = parameters["W1"]
    b1 = parameters["b1"]
    W2 = parameters["W2"]
    B2 = parameters["b2"]

    # 计算隐藏层
    Z1 = np.dot(W1.T, X) + b1
    A1 = np.tanh(Z1)
    # 计算输出层
    Z2 = np.dot(W2.T, A1) + b2
    A2 = 1 / (1 + np.exp(-Z2))

    Cache = {"Z1":Z1,
             "A1":A1,
             "Z2":Z2,
             "A2":A2}
    return Z2, cache
```

前向传播最后可得出模型输出值 $\hat{Y}$（即代码中的 $A2$），即可计算成本函数 cost，如代码清单 4-5 所示：

代码清单 4-5　成本函数

```
def calculate_cost(A2, Y, parameters):
    """
    根据第四章给出的公式计算成本

    Args:
        A2: 模型输出值
        Y: 真实值
```

```
        Parameters: 一个 python 字典，包含参数 W1,W2 和 b1,b2
    Return:
        Cost: 成本函数
    """

    m = Y.shape[1] #样本个数


    #计算成本
    logprobs = np.multiply(np.log(A2), Y) + np.multiply(np.log(1 - A2), 1 - Y)
    cost =  -1. / m * np.sum(logprobs)

    cost = np.squeeze(cost)      # 确保维度的正确性

    return cost
```

计算了成本函数，可以开始后向传播的计算，并进行参数更新，如代码清单4-6所示：

代码清单 4-6　后向传播计算

```
def backward_propagate(parameters, cache, X, Y):
    """
    后向传播
    Args:
        parameters: 一个 python 字典，包含权值 W1,W2 和偏移量 b1,b2
        cache: 一个 python 字典，包含 "Z1","A1","Z2","A2"
        X: 输入值
        Y: 真实值
    Return:
        grads: 一个 python 字典，包含所有的梯度 dW1,db1,dW2,db2
    """
    m = X.shape[1]

    W1 = parameters["W1"]
    W2 = parameters["W2"]
    A1 = cache["A1"]
    A2 = cache["A2"]

    #后向传播，计算 dW1, db1, dW2, db2
    dZ2 = A2 - Y
    dW2 = 1. / m * np.dot(dZ2, A1.T)
    db2 = 1. / m * np.sum(dZ2, axis=1, keepdims=True)
    dZ1 = np.dot(W2.T, dZ2) * (1 - np.power(A1, 2))
    dW1 = 1. / m * np.dot(dZ1, X.T)
    db1 = 1. / m * np.sum(dZ1, axis=1, keepdims=True)

    grads = {"dW1":dW1,
             "db1":db1,
             "dW2":dW2,
             "db2":db2}
```

```
    return grads

def update_parameters(parameters, grads, learning_rate):
    """
    使用梯度更新参数
    Args:
        parameters: 包含所有参数的python字典
        grads: 包含所有参数梯度的python字典
        learning_rate: 学习步长
    Return:
        parameters: 包含更新后参数的python字典

    W1 = parameters["W1"]
    b1 = parameters["b1"]
    W2 = parameters["W2"]
    b2 = parameters["b2"]

    dW1 = grads["dW1"]
    db1 = grads["db1"]
    dW2 = grads["dW2"]
    db2 = grads["db2"]

    W1 = W1 - learning_rate * dW1
    W2 = W2 - learning_rate * dW2
    b1 = b1 - learning_rate * db1
    b2 = b2 - learning_rate * db2

    parameters = {"W1":W1,
                  "b1":b1,
                  "W2":W2,
                  "b2":b2}

    return parameters
```

（3）神经网络模型

前向传播、成本函数计算和后向传播构成了一个完整的神经网络，将上述函数组合，构建一个神经网络模型，如代码清单4-7所示：

代码清单4-7　神经网络模型

```
def train(X, Y, n_h, num_iterations, print_cost=False):
    """
    定义神经网络模型，把之前的操作合并到一起
    Args:
        X: 输入值
        Y: 真实值
        n_h: 隐藏层的节点数
```

```
        num_iterations: 训练次数
        print_cost: 设置为True，每1000次训练打印成本函数值
    Return:
        parameters: 模型训练所得参数，用于预测
    """
    np.random.seed(3)
    n_x = layer_size(X, Y)[0]
    n_y = layer_size(X, Y)[2]
    #初始化参数
    parameters = initialize_parameters(n_x, n_h,n_y)
    W1 = parameters["W1"]
    b1 = parameters["b1"]
    W2 = parameters["W2"]
    b2 = parameters["b2"]

    for i in range(0, num_iterations):
        #前向传播
        A2, cache = forward_propagate(X, parameters)

        #成本计算
        cost = calculate_cost(A2, Y, parameters)

        #后向传播
        grads = backward_propagate(parameters, cache, X, Y)

        # 参数更新
        parameters = update_parameters(parameters, grads)

        #每1000次训练打印一次成本函数值
        if print_cost and i % 1000 == 0:
            print ("Cost after iteration %i: %f" %(i, cost))
    return parameters
```

（4）预测

通过上述模型可以训练得出最后的参数，此时需检测其准确率，用训练后的参数预测训练的输出，大于0.5的值视作1，否则视作0，然后计算准确率；代码与第3章对应部分一致，这里不再赘述。

之后对获取的数据进行训练10 000次（times取10 000即可），并输出准确率（绘制代码同第3章），输出结果如下：

```
Cost after iteration 0: 0.693168
Cost after iteration 1000: 0.029885
Cost after iteration 2000: 0.020446
Cost after iteration 3000: 0.017207
```

```
......
Cost after iteration 7000: 0.012677
Cost after iteration 8000: 0.012130
Cost after iteration 9000: 0.011675
train: 99.6875
test: 99.75
```

cost 折线图如图 4-7 所示，分类结果如图 4-8 所示。

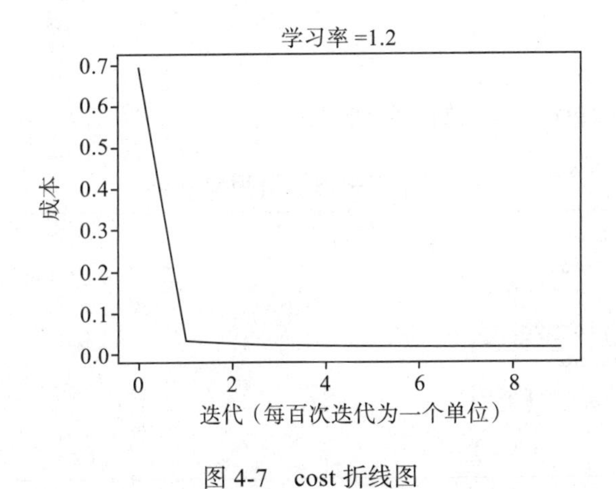

图 4-7 cost 折线图

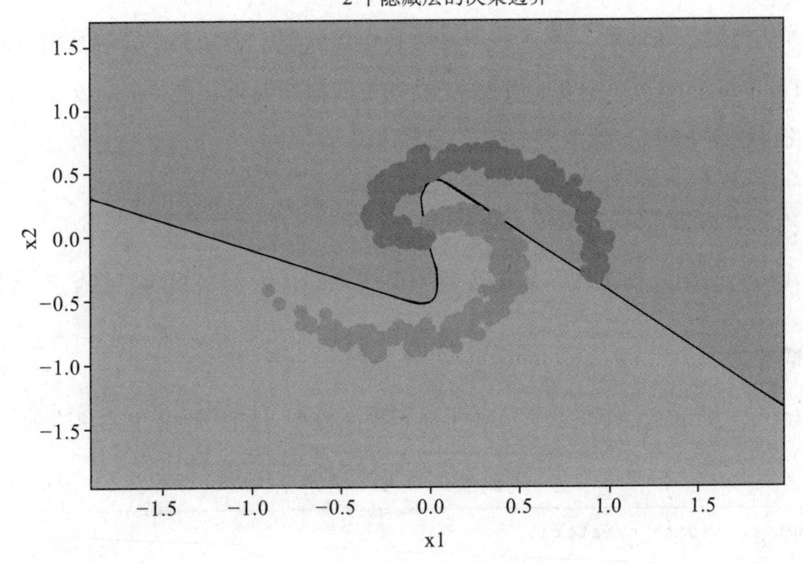

图 4-8 神经网络分类结果

4.3.2　PaddlePaddle 版本

本节将使用 PaddlePaddle 构建神经网络模型，依然是解决螺旋图案的分类问题，对比神经网络（双层）和逻辑回归的结构，前者仅仅多了一层隐藏层，因此本节的代码与第 3 章 PaddlePaddle 部分代码基本一致，区别在于增加了一个隐藏层；这里的代码中增加了一层隐藏层的计算，并将其输出值作为输入，传递给输出层。

1. 库文件

首先载入相关包和库文件，如代码清单 4-8 所示；

代码清单 4-8　引用库文件

```
import matplotlib
matplotlib.use('Agg')

import matplotlib.pyplot as plt
import numpy as np
import paddle.v2 as paddle

import utils
```

2. 载入数据和数据预处理

此步骤仍与第 3 章一致，载入数据并对其作预处理，定义三个全局变量 TRAINING_SET、DATA_DIM、TEST_SET 分别表示最终的训练数据集、数据特征数和训练数据集，载入数据的过程跟 Python 版本类似，不再赘述。

3. 定义 reader 和获取数据集函数

定义 reader 的函数和实现，跟第 3 章中所用到的代码基本相同，这里不再赘述。

4. 获取数据

通过 train() 和 test() 函数分别获取训练和测试数据，如代码清单 4-9 所示；

代码清单 4-9　初始化

```
def get_data(data_creator):
    """
    使用参数 data_creator 来获取测试数据
```

```
    Args:
        data_creator: 数据来源，可以是train()或者test()
    Return:
        Result: 包含测试数据(image)和标签(label)的python字典
    """
    data_creator = data_creator
    data_image = []
    data_label = []

    for item in data_creator():
        data_image.append((item[0],))
        data_label.append(item[1])

    result = {
        "image": data_image,
        "label": data_label
    }

    return result
```

5. 配置网络结构

网络结构是与逻辑回归不同的地方，这里增加了一层隐藏层并设置了 4 个节点，故令 size=4，使用 Tanh 激活函数，输出层使用 Sigmoid 激活函数，如代码清单 4-10 所示；

代码清单 4-10　配置网络结构

```
# 搭建神经网络结构
def network_config():
    """
    配置网络结构和设置参数

    Args:
    Return:
        image: 输入层，DATADIM维稠密向量
        y_predict: 输出层，Sigmoid作为激活函数
        y_label: 标签数据，1维稠密向量
        cost: 损失函数
        parameters: 模型参数
        optimizer:优化器
        feeding: 数据映射，python字典
    """
    # 输入层，paddle.layer.data表示数据层，name='image':名称为image,
    # type=paddle.data_type.dense_vector(DATA_DIM):数据类型为DATA_DIM维稠密向量
    image = paddle.layer.data(
        name='image', type=paddle.data_type.dense_vector(DATA_DIM))
```

```
    # 隐藏层，paddle.layer.fc表示全连接层，input=image：该层输入数据为image
    # size=4：神经元个数，act=paddle.activation.Tanh()：激活函数为Tanh()
    hidden_layer_1 = paddle.layer.fc(
        input=image, size=4, act=paddle.activation.Tanh())

    # 输出层，paddle.layer.fc表示全连接层，input=image：该层输入数据为h1
    # size=1：神经元个数，act=paddle.activation.Sigmoid()：激活函数为Sigmoid()
    y_predict = paddle.layer.fc(
        input=hidden_layer_1, size=1, act=paddle.activation.Sigmoid())

    # 数据层，paddle.layer.data表示数据层，name='label'：名称为label
    # type=paddle.data_type.dense_vector(1)：数据类型为1维稠密向量
    y_label = paddle.layer.data(
        name='label', type=paddle.data_type.dense_vector(1))

    # 损失函数，使用交叉熵损失函数
    cost = paddle.layer.multi_binary_label_cross_entropy_cost(input=y_predict,
label=y_label)#

    # 创建parameters
    parameters = paddle.parameters.create(cost)

    # 创建optimizer
    optimizer = paddle.optimizer.Momentum(momentum=0, learning_rate=0.0005)

    # 数据层和数组索引映射
    feeding = {
        'image': 0,
        'label': 1}
    return [image, y_predict, y_label, cost, parameters, optimizer, feeding]
```

接下来，定义成本函数，仍然使用PaddlePaddle提供的交叉熵损失函数，并使用y_predict与y_label计算成本。之后，还是用接口parameters=paddle.parameters.create(cost)来创建和初始化参数。

参数创建完成后，定义参数优化器optimizer= paddle.optimizer.Momentum(momentum=0, learning_rate=0.007 5)，使用Momentum作为优化器，并设置动量momentum为零，学习率为0.000 5。

feeding={'image':0, 'label':1}是数据层名称和数组索引的映射，用于在训练时输入数据，costs数组用于存储cost值，记录成本变化情况。

最后定义函数event_handler(event)用于事件处理，事件event中包含batch_id、pass_id、cost等信息，读者可以打印这些信息或进行其他操作，具体实现如代码清单4-11所示：

代码清单 4-11 配置网络结构

```
# 记录成本 cost
costs = []

# 事件处理
def event_handler(event):
        """
        事件处理器，可以根据训练过程的信息作相应操作

        Args:
            event -- 事件对象，包含 event.pass_id, event.batch_id, event.cost 等信息
        Return:
        """
        if isinstance(event, paddle.event.EndIteration):
            if event.pass_id % 1000 == 0:
                print("Pass %d, Batch %d, Cost %f" % (event.pass_id, event.
batch_id, event.cost))
                costs.append(event.cost)
                # with open('params_pass_%d.tar' % event.pass_id, 'w') as f:
                # parameters.to_tar(f)
```

6. 准确度计算

下面准备准确度计算函数，在模型训练完毕之后，用训练集和测试集分别计算模型准确率，如代码清单 4-12 所示：

代码清单 4-12 训练集准确度计算

```
def calc_accuracy(probs, data):
    """
    根据数据集来计算准确度 accuracy
    Args:
        probs: 数据集的预测结果，调用 paddle.infer() 来获取
        data: 数据集
    Return:
        calc_accuracy: 训练准确度
    """
    right = 0
    total = len(data['label'])
    for i in range(len(probs)):
        if float(probs[i][0]) > 0.5 and data['label'][i] == 1:
            right += 1
        elif float(probs[i][0]) < 0.5 and data['label'][i] == 0:
            right += 1
    accuracy = (float(right) / float(total)) * 100
    return accuracy
```

7. 模型训练与检验

上述内容进行了初始化并配置了网络结构，接下来利用上述配置进行模型训练。

首先定义一个随机梯度下降trainer，配置三个参数：cost、parameters、update_equation，它们分别表示成本函数、参数和更新公式。运行trainer.train()开始训练，该函数各个参数含义与上一章一致，这里不再赘述，具体实现如代码清单4-13所示：

代码清单4-13　模型训练

```
# 构造trainer
trainer = paddle.trainer.SGD(
    cost=cost, parameters=parameters, update_equation=optimizer)
# 模型训练
trainer.train(
    reader=paddle.batch(
        paddle.reader.shuffle(train(), buf_size=5000),
        batch_size=256),
    feeding=feeding,
    event_handler=event_handler,
    num_passes=10000)


def infer(y_predict, parameter):
    """
    预测并输出准确性
    Args:
        Y_predict: 输出层，DATA_DIM维绸密向量
        Parameters: 训练得到的模型参数
    Return:
    """
    # 获取测试数据和训练数据，用来验证模型准确度
    train_data = get_data(train())
    test_data = get_data(test())

    # 根据train_data和test_data预测结果，output_layer表示输出层，parameters表示模
型参数，input表示输入的测试数据
    probs_train = paddle.infer(
        output_layer=y_predict,
        parameters=parameters,
        input=train_data['image']
    )
    probs_test = paddle.infer(
        output_layer=y_predict,
        parameters=parameters,
        input=test_data['image']
    )
```

```
# 计算 train_accuracy 和 test_accuracy
print("train_accuracy: {} %".format(calc_accuracy(probs_train, train_data)))
print("test_accuracy: {} %".format(calc_accuracy(probs_test, test_data)))

# 绘制成本函数折线图
plot_costs(costs)
```

模型训练完毕，每 1000 次输出一次成本函数，观察变化，如图 4-9 所示，同时输出准确率；

```
Pass 0, Batch 0, Cost 0.742302
Pass 0, Batch 1, Cost 0.725055
Pass 1000, Batch 0, Cost 0.019955
Pass 1000, Batch 1, Cost 0.012705
Pass 2000, Batch 0, Cost 0.015487
Pass 2000, Batch 1, Cost 0.002134
......
Pass 9000, Batch 0, Cost 0.002404
Pass 9000, Batch 1, Cost 0.024329
train_accuracy: 100.0 %
test_accuracy: 99.75 %
```

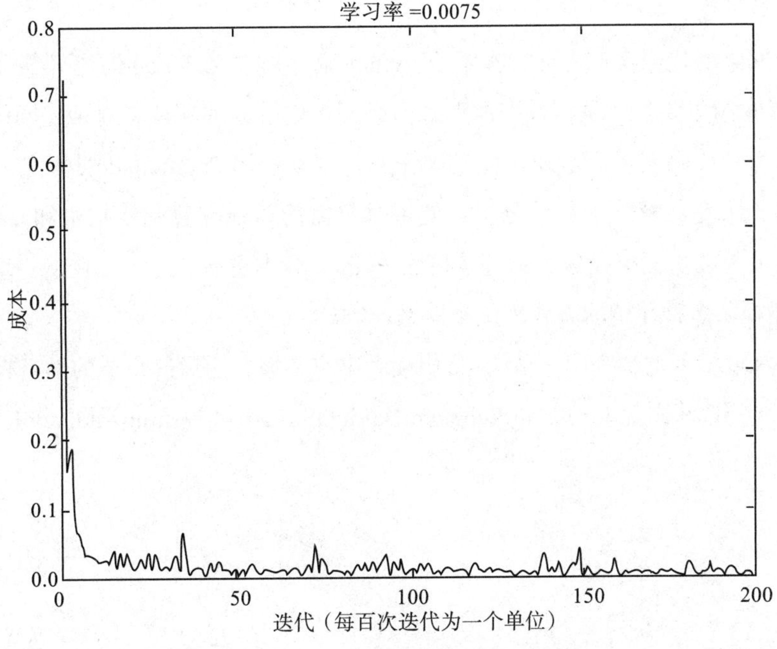

图 4-9　成本函数变化情况及准确率

对比结果可看出，对于浅层神经网络，PaddlePaddle 框架和 Python 训练出的模型准确率相近，不同之处在于不用显式地定义各个过程，只需要简单地配置网络结构和trainer即可，同时提供多种灵活简单的方式优化模型。

本章小结

本章由儿童自闭症的诊断引出神经网络结构，进一步归纳出概念。然后介绍神经网络的结构和层数计算。计算方面，神经网络也分为前向传播和后向传播，实际上是逻辑回归的扩展，在学习了上一章之后读者能很快熟悉并掌握神经网络的计算——与逻辑回归的区别在于增加了隐藏层；前向传播中神经网络每个节点计算过程与逻辑回归一样，都是“线性、非线性”两步；在前向传播结束后，计算损失函数，进行后向传播（即BP算法），后向传播中由于比逻辑回归增加了一层隐藏层，推导过程更加复杂，本章给出了详尽的数学推导，希望读者能详细阅读并掌握。神经网络的向量化计算中（包括前向和后向传播），先根据单个样本的推导结果进行“推测”，从结果入手进行证明，使读者更容易掌握推导过程。

在神经网络的代码实现方面，本章分Python版本和PaddlePaddle版本分别介绍，介绍Python版本的主要目的是用代码的形式回顾理论内容，加深读者对神经网络计算的理解。深度学习的代码实现一般使用框架来完成，本章使用PaddlePaddle框架实现一个双层神经网络，来完成螺旋图案的分类，使用时只需简单地配置网络结构和trainer即可，其余过程均被封装由框架完成，训练速度较Python版本更快（这一点在下一章会更为明显），同时还提供多种简单的方式来优化模型。

本章是深度学习的“入门章节”，希望读者牢牢掌握，为后续章节的学习打下基础。

本章参考代码详见https://github.com/BaiduOSS/DeepLearningAndPaddleTutorial下lesson4子目录。

CHAPTER 5

第5章 深层神经网络

上一章主要讲述了浅层神经网络的相关细节，本章将浅层网络的知识扩展到深层网络，帮助读者对神经网络算法建立宏观的认识。本章首先通过 ImageNet 大赛来回顾多年来深度学习的发展历程，进而总结出一个基本趋势：对于神经网络来说，在一定范围内深度越大能力越强。然后，从浅层开始展示网络演化的过程，给出具体的例子使读者直观理解深度越大拟合度会越好、网络的能力越强。接着，总结神经网络算法的核心思想：三个算法协同工作。这三个算法分别是前向传播、后向传播和梯度下降。在读者了解了理论知识之后，分别使用 Python 原生代码库和 PaddlePaddle 框架实现深度神经网络对猫脸的识别，从而使读者感受到在问题变得较为复杂后深度学习框架 PaddlePaddle 给开发带来的便捷。

学完本章，希望读者能够掌握以下知识点：

（1）一定范围内深层网络比浅层网络能力更强。

（2）神经网络的工作原理：前向传播过程、后向传播过程和梯度下降过程。

（3）常见的网络参数有哪些，网络参数与超参数的区别。

（4）使用 PaddlePaddle 搭建深层网络。

5.1 深层网络介绍

一般来说，深度学习中网络深度越大其拟合能力越强。接下来分别介绍历史上深度网络带来的优势和总结深度网络中符号的使用方法及意义。

5.1.1　深度影响算法能力

浅层神经网络能够解决很多实际问题，但是由于其结构简单、层数较少在处理复杂问题时的效果很难让人满意。开发者通过不断增多层数来解决算法能力不足的问题。随着深度的增加，算法可以满足严格的工业级别的需求，在某些场景下接近甚至超过人类的水平。ImageNet 大赛的发展历程从侧面反映了网络深度与算法能力的相关性。ImageNet 大赛是全球范围内计算机视觉领域中的顶级赛事，从 2010 年到 2017 年每年举办一次，吸引了世界各国的大学、研究机构和公司参加。

多年来 ImageNet 大赛产生了许多重要的模型，这些模型在人工智能发展道路上具有里程碑式的意义。ImageNet 大赛所使用的数据来自于斯坦福大学李飞飞教授牵头创立的图像数据库 ImageNet。ImageNet 是一个非常庞大的图像数据库，里面有 1 000 个子类目超过 120 万张图片。

ImageNet 大赛发展的历程正是深度学习发展的一个缩影。它的分类错误率的标准是让算法选出最有可能的 5 个预测，如果有一个正确则算通过，如果都没有则算错误。赛事举办的前两年手工设计特征 + 编码 +SVM 框架下的算法占据了前几名。2010 年和 2011 年的冠军分别被 NEC 余凯带领的研究小组和施乐欧洲研究中心的小组获得，他们的错误率分别是 28% 和 25.7%。然而，接近三分之一的错误率显然是无法让人满意的，于是很多人努力寻找传统机器学习之外更加强大的算法。

传统机器学习的统治地位很快被深度学习取代。2012 年，Hinton 的研究生 Alex 使用 5 个卷积层 +3 个全连接层的卷积神经网络 AlexNet 拔得头筹。这个共 8 层的网络的错误率为 15.3%，其成绩远远超过同年第二名的错误率 26.2%。从此深度学习开始席卷整个机器学习世界。2013 年，获得大赛冠军的 Matthew Zeiler 同样使用 8 层网络，把错误率降到了 11.7%。在机器学习领域，每降 1% 的错误率都十分困难，这个成绩再次证明了深度学习的优势。自 2013 年以来几乎所有的参赛者都使用基于卷积神经网络的深度学习算法，形成鲜明对比的是那些没有使用深度神经网络的参赛者，他们都处于垫底的位置。

从 2014 年开始网络加深的趋势变得更加明显（如图 5-1 所示）。2014 年 Google 的工程师克里斯蒂安提出了 Inception 的结构，并且基于这种结构搭建了一个 22 层的卷积神经网络 GoogLeNet。他将错误率降到了 6.66%，并凭借这个成绩获得了当年的冠军。到了 2015 年，微软亚洲研究院的何凯明提出了深度残差网络（ResNet），并搭建了深达

152 层的网络，这个网络将错误率降至 3.57%。与此相比，经过训练的人类的错误率为 5.1%，也就是说在一定程度上机器的表现已经超过人类。

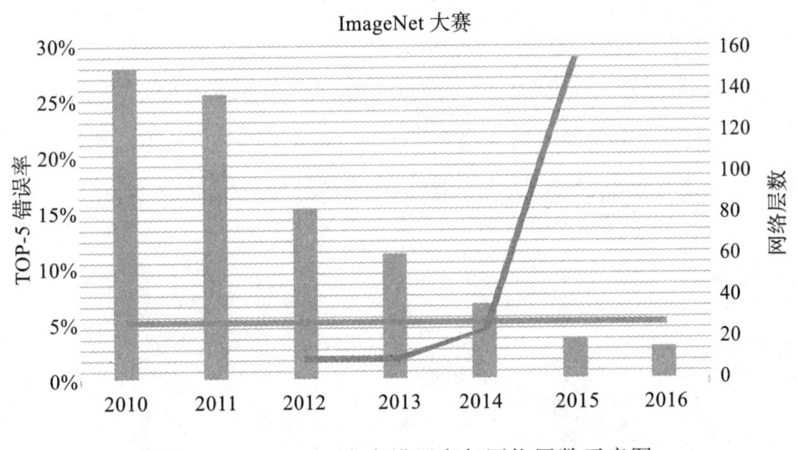

图 5-1 ImageNet 大赛错误率与网络层数示意图

在 2016 年和 2017 年的大赛中，华人科学家和中国的机构与公司表现非常抢眼。海康威视、商汤科技等中国公司在 2016 年大放异彩，而公安部三所的搜神（Trimps-Soushen）代表队以前 5 错误率 2.99% 的成绩夺得冠军。2017 年，奇虎 360 团队、南京信息工程大学团队、中国自动驾驶技术公司 Momenta 表现优异。其中 Momenta 团队独立发明了 SE 模块，他们将此模块嵌入残差网络中。新的网络比原生网络更加强大，最终他们的融合模型在测试集上获得了 2.251% 的前 5 错误率并因此夺得冠军。

2016 年 ImageNet 大赛的图像识别错误率已经达到约 2.99%，远远超越人类平均水平的 5.1%。至此，这类竞赛已经完成了它的历史使命，失去了存在的意义，于是在 2017 年举办完最后一届之后，ImageNet 将停止举办。回顾整个 ImageNet 大赛的发展史能够发现，深度学习的网络层数从 8 层一直到 152 层逐步增加，同时网络的计算能力越来越强。

5.1.2 网络演化过程与常用符号

前面已经介绍过单层网络和浅层网络。单层网络只有输入值（向量）和输出值（标量或者向量），如图 5-2a 所示。比单层网络复杂一点的是浅层网络。除了输入与输出之外，浅层网络增加了隐藏层。隐藏层使网络的计算能力变得更强。第一个出现的隐藏层记作 $L_{[1]}$，如图 5-2b 所示。第一个隐藏层之后是第二个隐藏层、第三个隐藏层……网络的层数和网络的第一层这两个约定俗成的概念需要读者特别留意。网络的层数指的是网络中输出层和隐藏层的数量的总和，例如图 5-2b 所示是一个 2 层网络、图 5-2c 所示是一个 3 层的网络。网络的第一层指的并不是输入层而是除了输入层之外的第一个层，例如图 5-2a 所示第一层就是输出层（因为这是个单层网络）、图 5-2c 所示第一层是 $L_{[1]}$。为了统一表述故意将成输入层命名为 $L_{[0]}$，如图 5-2c 所示，有时也会将输入层命名为第 0 层。

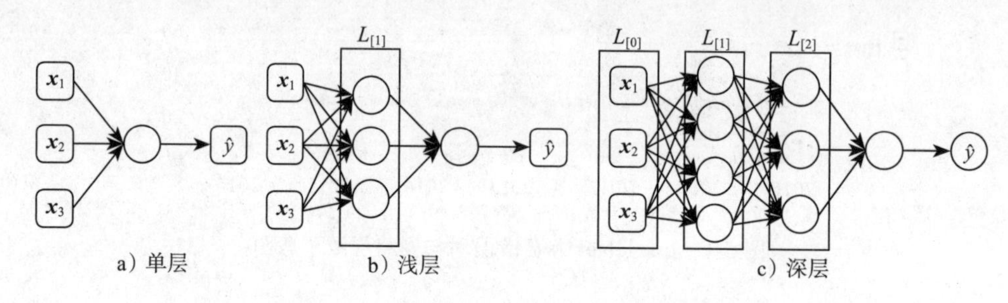

图 5-2　单层网络与浅层网络

符号标记比较烦琐，为了帮助读者加强印象，这里对标记和公式做个总结。如图 5-2c 所示（2 个隐藏网络），$L_{[1]}$ 中有 4 个网络节点，$L_{[2]}$ 中有 3 个网络节点。使用 $n^{[i]}$ 来表示网络第 i 层的节点数量，例如 $n^{[1]}$ 的值为 4，$n^{[2]}$ 的值为 3。输入层 $n^{[0]}$ 的值为 3（输入向量由 3 个分量组成）。为了方便，使用 $a^{[i]}$ 来表示第 i 层激活函数的返回值，即激活值（例如，$a^{[1]}$ 表示第一个隐藏层的激活值）。此外，用 $z^{[i]}$ 表示第 i 层的中间结果（即线性变换之后的结果），用 $g^{[i]}$ 表示第 i 层的激活函数，于是这三个标记的关系如式（5-1）和式（5-2）所示：

$$\boldsymbol{z}^{[i]} = (\boldsymbol{w}^{[i]})^{\mathrm{T}} \cdot \boldsymbol{a}^{[i-1]} + \boldsymbol{b}^{[i]} \tag{5-1}$$

$$\boldsymbol{a}^{[i]} = \boldsymbol{g}^{[i]}(\boldsymbol{z}^{[i]}) \tag{5-2}$$

在已经确定了某一层的情况下，使用右下角标配合数字的方式来表示这一层中的某个单元。如图 5-3a 所示，可以观察到第二个隐藏层中共有 3 个单元。通常使用 a 表示该层计算后的激活值组成的向量。使用 $a_1^{[2]}$ 表示第二层的第一个元素的激活值，使用 $a_2^{[2]}$ 表示第二层的第二个元素的激活值。更一般的，使用 $a_j^{[2]}$ 表示第二层的第 j 个元素的激活值。

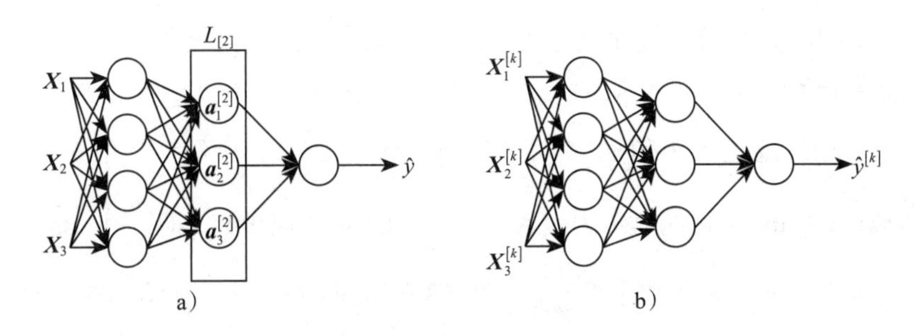

图 5-3 网络中标注的意义

除了隐藏层使用上、下角标分别表示层和层内元素的方式外，输入层和输出层也采用上、下角标的方式来表示某个样本和其对应的元素。当只考虑单个输入样本 $\boldsymbol{x}$ 的时候，只需要关心这个向量有几个分量，通过 $\boldsymbol{x}$ 的右下角标表示第 i 个分量，例如 $\boldsymbol{x}_1$ 表示第一个分量，$\boldsymbol{x}_2$ 表示第二个分量（如图 5-3a 所示）。可是，实际开发中输入的样本有很多。为了区分多个样本向量和每个样本向量中的分量，使用右上角标配合圆括号的方式表示第 k 个样本向量，用右下角标表示第 i 个分量。与第 k 个输入对应的输出表示为 $\hat{\boldsymbol{y}}^{(k)}$。

深层网络是在浅层网络的基础上发展而来的更加复杂的网络。随着层数的加深，深层网络的拟合能力越来越强。事实上，浅层网络、深层网络是一个约定俗成的称呼，然而到底多少层是浅层，达到多少层之后算是深层网络并没有一个明确的阈值。在实际应用中，我们建立的网络应该使用多少层是无法预先知晓的。通常的做法是由浅层网络开始尝试，观察运行结果，如果效果不佳就逐步加深网络，通过不断加深网络最终得到一个满意的结果。

5.2 传播过程

本节首先用简短的语言总结神经网络算法的核心思想，然后分别从前向传播和后向传播两个角度再现算法的计算过程。

5.2.1 神经网络算法核心思想

神经网络是一种机器学习算法，而机器学习算法基本思路用一句话概括就是：损失

函数 L 的优化问题。所谓的优化就是不断调整参数 (w, b) 使得损失函数的值尽可能小。调整参数的具体手段就是梯度下降算法。梯度下降算法是一个算法自我迭代的过程，迭代的结果就是最终逼近极小值点，如式（5-3）和式（5-4）所示，其中 α 表示学习率。在梯度下降算法中 $\mathrm{d}\boldsymbol{w}$ 表示相对损失函数 L 关于参数 $\boldsymbol{w}$ 的偏导数 $\left(\text{即}\dfrac{\partial L}{\partial \boldsymbol{w}}\right)$，$\mathrm{d}\boldsymbol{b}$ 表示对于损失函数 L 关于参数 $\boldsymbol{b}$ 的偏导数 $\left(\text{即}\dfrac{\partial L}{\partial \boldsymbol{b}}\right)$。为了获得 $\mathrm{d}\boldsymbol{w}$ 和 $\mathrm{d}\boldsymbol{b}$ 的具体值，需要神经网络依次经历前向传播过程和后向传播过程。

$$\boldsymbol{w}=\boldsymbol{w}-\alpha\mathrm{d}\boldsymbol{w} \tag{5-3}$$

$$\boldsymbol{b}=\boldsymbol{b}-\alpha\mathrm{d}\boldsymbol{b} \tag{5-4}$$

神经网络算法的核心三步是：前向传播、后向传播和梯度下降。神经网络先要经历前向传播的过程，然后再经历后向传播的过程。前向传播的本质就是根据输入的样本向量 $\boldsymbol{x}$ 经过神经网络得出预测值 $\hat{\boldsymbol{y}}$ 的过程。只有在前向传播得到了 $\hat{\boldsymbol{y}}$ 之后，损失函数 $L(\hat{\boldsymbol{y}}, y)$ 才能计算。而逆向传播的本质就是从最终输出的损失函数开始逆向回退，根据求导的链式法则最终求出所有参数的偏导数的过程。下面由简单到复杂逐步呈现前向传播和后向传播的过程。

5.2.2　深层网络前向传播过程

前向传播过程就是从输入向量开始顺着网络向后计算的过程（如图 5-4a 所示）。从层的角度来看，前向传播就是将前一层的信息进行加工然后再传递给下一层。以第二个隐藏层 $L_{[2]}$ 为例，该层的输入是 $L_{[1]}$ 的输出。由于本网络是一个全连接网络，所以该层的每个节点单元的输入向量 $\boldsymbol{a}^{[1]}$ 的维数都是 5。输入向量被该层加工之后会生成一个新的向量，该向量作为该层的输出传递给下一层。$L_{[2]}$ 的 5 个节点单元的输出值共同组成了一个维数为 5 的向量，也就是本层的前向传播的输出值向量 $\boldsymbol{a}^{[2]}$。从节点单元的角度来看，每一个节点单元都把从上一层接到的向量作为输入。每个节点单元相继完成线性变换和激活，进而产生一个标量作为输出。图 5-4b 给出了 $L_{[2]}$ 层中第 2 个节点内部的计算过程。在 $L_{[2]}$ 中第 i 个节点单元的参数是 $\boldsymbol{w}_i$ 和 $\boldsymbol{b}_i$，$\boldsymbol{w}_i$ 是一个维数为 5 的向量，b_i 是一个标量。总结前向传播过程可以描述为第 $L^{[i]}$ 层所有节点的输出值构成向量 $\boldsymbol{a}^{[i]}$，并将此向量输出到下一层 $L^{[i+1]}$ 的过程。

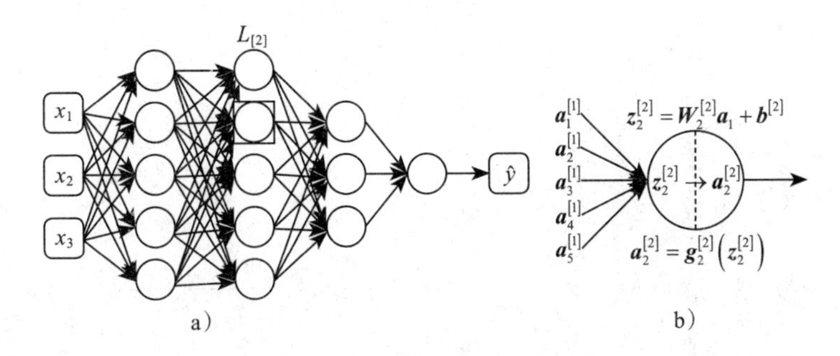

图 5-4 深层网络与节点内部结构

从数学角度讲，深层网络的前向传播过程就是由输入向量 $\boldsymbol{x}$ 得到输出 $\hat{\boldsymbol{y}}$ 的函数计算过程。每一个节点实际上表示一个线性变换与一个非线性变换的复合。比如一个 n 层全连接网络，可以将其表示为式（5-5）：

$$
\begin{aligned}
y &= g_n\left(w_n\left(\ldots g_2\left(\boldsymbol{w}_2 g_1\left(\boldsymbol{w}_1 x+\boldsymbol{b}_1,\theta_1\right)+\boldsymbol{b}_2,\theta_2\right)\ldots\right)+\boldsymbol{b}_n,\theta_n\right) \\
&= g_n\left(f_n\left(\ldots g_2\left(f_2\left(g_1\left(f_1\left(\boldsymbol{x}\right),\theta_1\right)\right),\theta_2\right)\ldots\right),\theta_n\right)
\end{aligned}
\tag{5-5}
$$

其中，$f_i(\boldsymbol{x}) = \boldsymbol{w}_i\boldsymbol{x}+\boldsymbol{b}_i$ 表示线性变换，g_i 表示激活函数，下标 i 表示层数，θ 表示函数的参数（也就是深度学习的超参数，第 10 章将重点介绍调整超参数的各种技巧）。注意 $\boldsymbol{x}$ 是输入的样本向量，$\boldsymbol{w}_i$ 表示权值矩阵，$\boldsymbol{b}_i$ 表示偏置向量。深层网络算法要解决的核心问题也就是优化上述公式中的 $\boldsymbol{w}_i$、$\boldsymbol{b}_i$ 和 θ，其中 $\boldsymbol{w}_i$ 和 $\boldsymbol{b}_i$ 是算法自动学习得到的。

5.2.3 深层网络后向传播过程

相对于前向传播来说，后向传播相对更复杂一些。深层网络的后向传播就是 BP 算法应用在深层网络中（BP 算法参见 4.2 节）。以下讲解使用了偏导数的链式法则和计算图后向传播（参阅 1.2.2 节微积分基础的链式法则部分）。

深层网络的后向传播

后向传播就是从损失函数开始沿着计算图逐步向前一层一层求出参数 $\boldsymbol{w}$ 和 $\boldsymbol{b}$ 的偏导数的过程。为了读者更容易理解，以 $L_{[2]}$ 为例具体说明（如图 5-5 所示）。在后向传播中 $L_{[2]}$ 层的输入是 $L_{[3]}$ 的输出（即 $\mathrm{d}\boldsymbol{a}^{[3]}$），而 $L_{[2]}$ 的输出是三个导数它们分别是 $\mathrm{d}\boldsymbol{a}^{[2]}$，$\mathrm{d}\boldsymbol{w}^{[1]}$ 和 $\mathrm{d}\boldsymbol{b}^{[1]}$，其中 $\mathrm{d}\boldsymbol{w}^{[1]}$ 和 $\mathrm{d}\boldsymbol{b}^{[1]}$ 是算法真正想得到的输出（用于梯度下降算法），而 $\mathrm{d}\boldsymbol{a}^{[2]}$ 是为了

帮助下一步的计算。

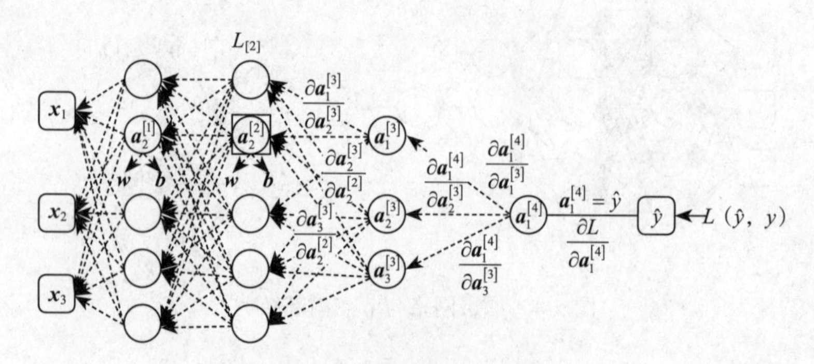

图 5-5　深度网络后向传播

从网络中的节点单元角度来看，每个节点单元在后向传播过程中应该贡献出 d$\boldsymbol{w}$ 和 d$\boldsymbol{b}$。接下来求这两个值，求这两个值实质就是求复合函数的偏导数。以如图 5-5 所示黑色方框中的节点单元$\boldsymbol{a}_2^{[2]}$为例。如果将图视为一个有向图的话，从损失函数 L 出发的话有 3 条路径可以到$\boldsymbol{a}_2^{[2]}$。每条路径事实上都表示了一次使用链式法则求导的过程，而这 3 条路径最终是以求和的形式共同决定了$\boldsymbol{a}_2^{[2]}$的偏导数。图 5-5 所示是以图形化的方式表达了反向传播的计算过程，式（5-6）是以具体算式的形式表达了同样的意思（链式法则知识参阅 1.2.2 节）。

$$\begin{aligned}\frac{\partial L}{\partial \boldsymbol{a}_2^{[2]}}&=\frac{\partial L}{\partial \boldsymbol{a}_1^{[4]}}\frac{\partial \boldsymbol{a}_1^{[4]}}{\partial \boldsymbol{a}_1^{[3]}}\frac{\partial \boldsymbol{a}_1^{[3]}}{\partial \boldsymbol{a}_2^{[2]}}+\frac{\partial L}{\partial \boldsymbol{a}_1^{[4]}}\frac{\partial \boldsymbol{a}_1^{[4]}}{\partial \boldsymbol{a}_2^{[3]}}\frac{\partial \boldsymbol{a}_2^{[3]}}{\partial \boldsymbol{a}_2^{[2]}}+\frac{\partial L}{\partial \boldsymbol{a}_1^{[4]}}\frac{\partial \boldsymbol{a}_1^{[4]}}{\partial \boldsymbol{a}_3^{[3]}}\frac{\partial \boldsymbol{a}_3^{[3]}}{\partial \boldsymbol{a}_2^{[2]}}\\&=\frac{\partial L}{\partial \boldsymbol{a}_1^{[4]}}\left(\frac{\partial \boldsymbol{a}_1^{[4]}}{\partial \boldsymbol{a}_1^{[3]}}\frac{\partial \boldsymbol{a}_1^{[3]}}{\partial \boldsymbol{a}_2^{[2]}}+\frac{\partial \boldsymbol{a}_1^{[4]}}{\partial \boldsymbol{a}_2^{[3]}}\frac{\partial \boldsymbol{a}_2^{[3]}}{\partial \boldsymbol{a}_2^{[2]}}+\frac{\partial \boldsymbol{a}_1^{[4]}}{\partial \boldsymbol{a}_3^{[3]}}\frac{\partial \boldsymbol{a}_3^{[3]}}{\partial \boldsymbol{a}_2^{[2]}}\right)\end{aligned}\tag{5-6}$$

推广开来，单元$\boldsymbol{a}_1^{[2]}$所包含的 $\boldsymbol{w}$ 和 $\boldsymbol{b}$ 也可以使用同样的方法得到。

$$\begin{aligned}\frac{\partial L}{\partial \boldsymbol{w}_2^{[2]}}&=\frac{\partial L}{\partial \boldsymbol{a}_2^{[2]}}\frac{\partial \boldsymbol{a}_2^{[2]}}{\partial \boldsymbol{w}_2^{[2]}}=\frac{\partial L}{\partial \boldsymbol{a}_1^{[4]}}\left(\frac{\partial \boldsymbol{a}_1^{[4]}}{\partial \boldsymbol{a}_1^{[3]}}\frac{\partial \boldsymbol{a}_1^{[3]}}{\partial \boldsymbol{a}_2^{[2]}}+\frac{\partial \boldsymbol{a}_1^{[4]}}{\partial \boldsymbol{a}_2^{[3]}}\frac{\partial \boldsymbol{a}_2^{[3]}}{\partial \boldsymbol{a}_2^{[2]}}+\frac{\partial \boldsymbol{a}_1^{[4]}}{\partial \boldsymbol{a}_3^{[3]}}\frac{\partial \boldsymbol{a}_3^{[3]}}{\partial \boldsymbol{a}_2^{[2]}}\right)\sigma_2^{[2]}{}'a^{[1]}\\\frac{\partial L}{\partial \boldsymbol{b}_2^{[2]}}&=\frac{\partial L}{\partial \boldsymbol{a}_2^{[2]}}\frac{\partial \boldsymbol{a}_2^{[2]}}{\partial \boldsymbol{b}_2^{[2]}}=\frac{\partial L}{\partial \boldsymbol{a}_1^{[4]}}\left(\frac{\partial \boldsymbol{a}_1^{[4]}}{\partial \boldsymbol{a}_1^{[3]}}\frac{\partial \boldsymbol{a}_1^{[3]}}{\partial \boldsymbol{a}_2^{[2]}}+\frac{\partial \boldsymbol{a}_1^{[4]}}{\partial \boldsymbol{a}_2^{[3]}}\frac{\partial \boldsymbol{a}_2^{[3]}}{\partial \boldsymbol{a}_2^{[2]}}+\frac{\partial \boldsymbol{a}_1^{[4]}}{\partial \boldsymbol{a}_3^{[3]}}\frac{\partial \boldsymbol{a}_3^{[3]}}{\partial \boldsymbol{a}_2^{[2]}}\right)\sigma_2^{[2]}{}'\end{aligned}\tag{5-7}$$

5.2.4　传播过程总结

在分别了解了向前传播过程和向后传播过程之后来总结一下整个传播过程。以图

5-4a 中的第二层为例，从层的角度观察算法计算过程。先看向前传播过程（如图 5-6 所示）。该层输入的数据实际上是前一层的输出，也就是长度为 5 的向量 $\boldsymbol{a}^{[1]}$。这个向量传入每一个单元，首先经过线性变换产生一个中间值，记作 z，然后将这个 z 传入本单元的激活函数（非线性变换）得到一个标量，记作 a。具体以该层第二个单元为例，先经过线性产生 $\boldsymbol{z}_2^{[2]}$，再经过激活函数产生 $\boldsymbol{a}_2^{[2]}$。由于本层有 5 个单元，于是本层会产生两个长度为 5 的向量分别是 $\boldsymbol{z}^{[2]}$ 和 $\boldsymbol{a}^{[2]}$，而 $\boldsymbol{a}^{[2]}$ 直接作为输出传递给第三层。

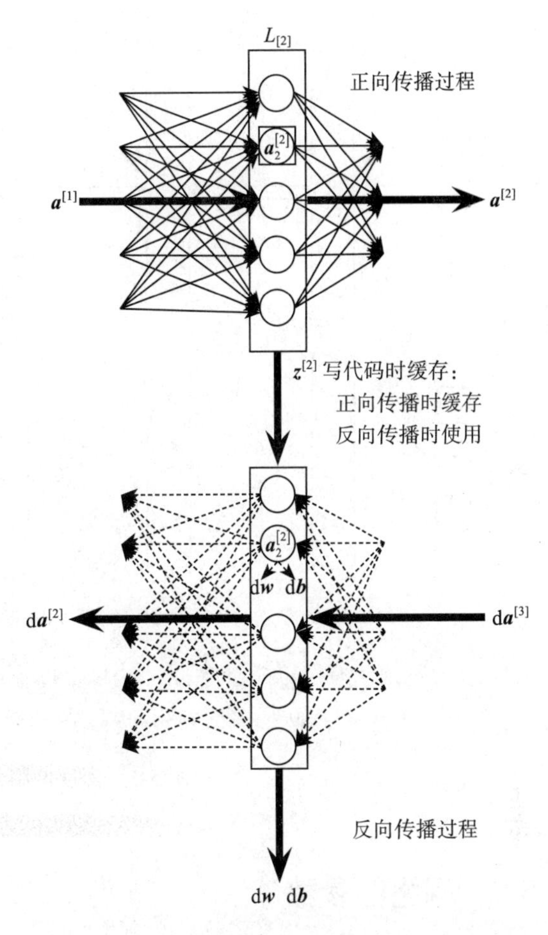

图 5-6　深度网络中某层的传播过程

观察后向传播过程。输入是由第三层产生的维度为 3 的向量 d$\boldsymbol{a}^{[3]}$。以第二层第二个单元为例，向量 d$\boldsymbol{a}^{[3]}$ 中的每一个元素分别对 $\boldsymbol{a}_2^{[2]}$ 求偏导数，然后再对这些结果求和就得到了该单元的偏导数，记作 d$\boldsymbol{a}_2^{[2]}$。计算 d$\boldsymbol{a}_2^{[2]}$ 的过程实际就是先对其激活函数求偏导数然后对线性变换求偏导数，最终求得该单元的权重和偏置的偏导数 d$\boldsymbol{w}_2$ 和 d$\boldsymbol{b}_2$。推广开来，该层的每一个元素都会产生 d$\boldsymbol{a}_i$、d$\boldsymbol{w}_i$ 和 d$\boldsymbol{b}_i$。把它们组织为向量形式就会得到该层的 3 个输出向量（维数都为 5），记作 d$\boldsymbol{a}^{[2]}$、d$\boldsymbol{w}$、d$\boldsymbol{b}$，其中 d$\boldsymbol{a}$ 作为输出供第一层使用，d$\boldsymbol{w}$ 和 d$\boldsymbol{b}$ 用于梯度下降。

最后，从整个网络的角度来总结整个算法的运算过程。整个训练过程如图 5-7 所示。众所周知，所谓的训练就是在成千上万个变量中寻找最佳值的过程。这需要通过不断尝试实现收敛，而最终获得理想的参数。在深度网络中，参数指的就是权重 $\boldsymbol{w}$ 和偏置 $\boldsymbol{b}$。图中上半部分描述了前向传播过程，其输入值是 $\boldsymbol{x}$ 向量。中间部分描述后向传播过程，其输入值是损失函数 L。下半部分描述了梯度下降算式，反映的是多次迭代这个过程。

最终训练的结果是找到最好的 $\boldsymbol{w}$ 和 $\boldsymbol{b}$。

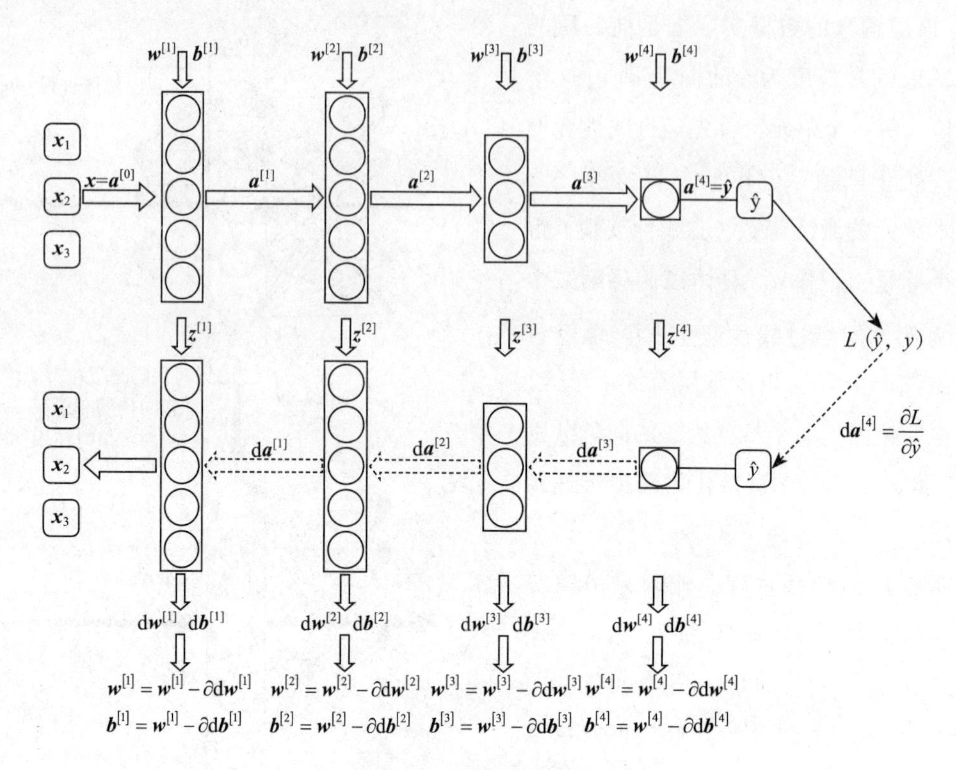

图 5-7 深度网络传播过程总结

5.3 网络的参数

对于机器学习来说有两个重要概念——参数和超参数（简称超参）。参数是指在算法运行中，机器通过不断迭代不断修正最终稳定的值，也就是算法最终学会的值。超参是指开发者人为设定的值，一旦设定好之后算法在运行过程中就使用这个固定值。

对于神经网络来说，参数就是线性变换中的权重和偏置，例如 $\boldsymbol{w}^{[l]}$、$\boldsymbol{b}^{[l]}$。在算法开始的时候，算法会随机设置权重和偏置的值。通常这些值都是很小的接近于 0 的数（但是不为 0），如果设置的值很大会可能导致学习时间延长，如果设置为 0 在某些时候会使得偏导数为 0 而无法更新。

超参数的设置依赖经验。深度学习领域中的超参要多于传统机器学习中的。到目前为止已经接触过的超参数有学习率、算法迭代次数、隐藏层的层数、每层隐藏层中的单元数、每个单元使用的激活函数等。超参数的设置影响着最终参数的学习得到的值。在深度神经网络中其他常见的超参数还有冲量、批量的大小等。

超参的质量会影响算法的性能。在开始一项工作前，开发者并不知道超参到底设置为什么值是最好的。开发者只能在开发过程中不断尝试进而寻找到当前场景和数据条件下最好的超参值。一般情况下，开发者首先设置一些参数，然后观察运行的结果，根据结果做出超参的修正，接着再次实验，再观察结果，循环往复这个过程直到找到满意的超参组合为止。这个看似盲目的调参过程真正考验开发者对数据和算法的理解。关于调参的具体方法和技巧我们将在第 10 章详细叙述。

5.4 代码实现

本节将分 Python 版本和 PaddlePaddle 两个部分分别实现深层神经网络，解决识别猫的问题，使用的数据与第 3 章一致。

5.4.1 Python 版本

本小节的代码与第 3 章 Python 版本代码大体一致，区别在于增加了 3 层隐藏层并设置了不同节点数。

1. 库文件

首先载入库文件，其中 utils 文件包含需要调用的函数，如代码清单 5-1 所示。

代码清单 5-1 引用库文件

```
import utils
```

下面数据载入和数据预处理部分与第 3 章一致，均在 utils 文件中实现，不再赘述。

2. 建立神经网络模型

对比第 3 章的逻辑回归，本实验模型有以下不同：

（1）在输入层和输出层之间增加 3 层隐藏层，共有 3 层隐藏层和 1 层输出层。

（2）隐藏层分别设置 20、7、5 个节点。

（3）隐藏层激活函数使用 ReLU 激活函数（输出层仍然使用 Sigmoid 激活函数）。

本实验神经网络结构如图 5-8 所示。

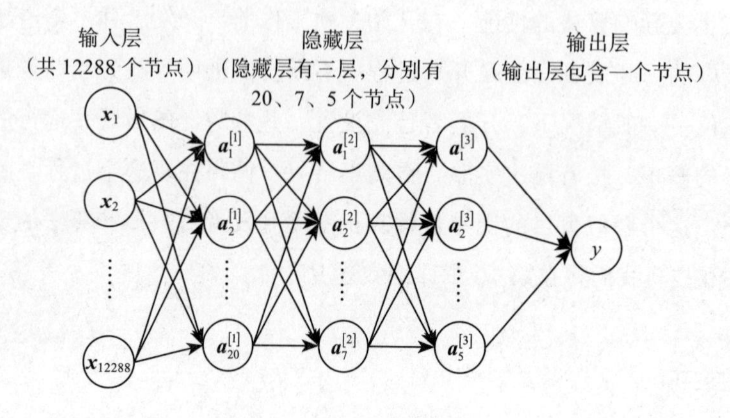

图 5-8 神经网络结构图

在 utils 文件中已包含下列函数，在实现神经网络模型中将直接调用（下列函数在第 4 章 Python 代码部分均有实现，plot_costs 函数同第 3 章，根据网络结构不同略有差异）：

```
# 初始化参数
def initialize_parameters(layer):
    ...
    return parameters

# 前向传播
def forward_calculate(X, parameters):
    ...
    return A, Z

# 成本函数
def calculate_cost(A, Y):
    ...
    return cost

# 后向传播（含参数更新）
def backward_calculate(A, Z, parameters, Y, learning_rate):
    ...
    return parameters

# 参数更新
def update_parameters(p, dp, learning_rate):
```

```
    ...
    return p

# 绘制 cost 变化曲线
def plot_costs(costs, learning_rate):
    ...
```

深层神经网络模型代码实现如代码清单 5-2 所示。

代码清单 5-2 深层神经网络

```
# 设置神经网络规模，5 个数字分别表示从输入层到隐藏层再到输出层各层节点数
layer = [12288, 20, 7, 5, 1]

def deep_neural_network(X, Y, layer, iteration_nums, learning_rate = 0.0075):
    """
    定义函数：深层神经网络模型（包含前向传播和后向传播）

    Args:
        X: 输入值
        Y: 真实值
        layer: 各层大小
        iteration_nums: 训练次数
        learning_rate: 学习步长

    Return:
        parameters: 模型训练所得参数，用于预测
    """

    np.random.seed(1)
    costs = []
    # 参数初始化
    parameters = initialize_parameters(layer)

    # 训练
    for i in range(0, times):
        # 初始化 A 并添加输入 X
        # 正向传播
        A, Z = forward_propagate(X, parameters)

        # 计算成本函数
        Cost = calculate_cost(A, Y)

        # 反向传播（含更新参数）
        parameters = backward_propagate(A, Z, parameters, Y, learning_rate)

        # 每 100 次训练打印一次成本函数
        if(i % 100 == 0):
```

```
            print ("Cost after iteration %i: %f" %(i, Cost))
            costs.append(Cost)
    plot_costs(costs, learning_rate)
    return parameters
```

下面开始训练，训练 2500 次（times 取 2500），观察成本函数变化：

```
Cost after iteration 0: 0.693300
Cost after iteration 100: 0.626363
Cost after iteration 200: 0.598279
Cost after iteration 300: 0.567805
......
Cost after iteration 1900: 0.053416
Cost after iteration 2000: 0.045749
Cost after iteration 2100: 0.040516
Cost after iteration 2200: 0.036490
Cost after iteration 2300: 0.033257
Cost after iteration 2400: 0.019948
```

3. 模型检验

通过 BP 算法训练得到参数 w 和 b，用该参数对训练集和测试机分别进行预测，通过观察准确率来检验模型，代码与第 3 章对应部分基本一致。

在训练集和测试集上进行预测，检测模型准确率，其输出结果为：

```
Train Accuracy: 100.0 %
Test Accuracy: 74.0 %
```

处理同样的数据——猫的识别，从结果可看出深层神经网络相较于第 3 章的逻辑回归（单层）准确率有提高，这是因为更多的隐藏层能拟合更复杂的模型，从而提高识别准确率。

5.4.2 PaddlePaddle 版本

PaddlePaddle 版本使用同样的神经网络模型，该版本代码与第 3 章 PaddlePaddle 部分代码大体一致，区别在于增加了隐藏层并设置不同隐藏层节点，隐藏层激活函数换为 ReLU 激活函数，同时修改训练次数和学习率。

1. 准备数据和相关预处理

该部分代码均与第 3 章 PaddlePaddle 部分一致，引用库文件（见代码清单 5-3）、载入和预处理数据、准备训练数据集和测试数据集，不再赘述。

代码清单 5-3 引用库文件

```
import matplotlib
matplotlib.use('Agg')

import matplotlib.pyplot as plt
import numpy as np
import paddle.v2 as paddle

import utils
```

接下来的步骤仍与第 3 章一致，载入数据并对其作预处理，定义三个全局变量 TRAINING_SET、TEST_SET、DATA_DIM，分别表示最终的训练数据集、测试数据集和数据特征数，不再赘述。

2. 配置网络结构

下面是和第 3 章的不同之处，这里增加了三层隐藏层，分别设置 20、7、5 个节点，故设置 size = 20、7、5，使用 Relu 激活函数，输出层使用 Sigmoid 激活函数，如代码清单 5-4 所示。

代码清单 5-4 配置网络结构

```
def network_config():
    """
    搭建浅层神经网络和配置网络参数

    Args:
    Return:
        image: 输入层，DATA_DIM 维稠密向量
        y_predict: 输出层，Sigmoid 作为激活函数
        y_label: 标签数据，1 维稠密向量
    """
    # 输入层，paddle.layer.data 表示数据层，name='image': 名称为 image,
    # type=paddle.data_type.dense_vector(DATADIM): 数据类型为 DATADIM 维稠密向量
    image = paddle.layer.data(
        name='image', type=paddle.data_type.dense_vector(DATA_DIM))

    # 隐藏层 1,paddle.layer.fc 表示全连接层，input=image: 该层输入数据为 image
    # size=20: 神经元个数，act=paddle.activation.Tanh(): 激活函数为 Relu()
    h1 = paddle.layer.fc(
        input=image, size=20, act=paddle.activation.Relu())
```

```
    # 隐藏层2,paddle.layer.fc表示全连接层，input=h1：该层输入数据为h1
    # size=7：神经元个数，act=paddle.activation.Tanh()：激活函数为Relu()
    h2 = paddle.layer.fc(
        input=h1, size=7, act=paddle.activation.Relu())

    # 隐藏层3,paddle.layer.fc表示全连接层，input=h2：该层输入数据为h2
    # size=5：神经元个数，act=paddle.activation.Tanh()：激活函数为Relu()
    h3 = paddle.layer.fc(
        input=h2, size=5, act=paddle.activation.Relu())

    # 输出层，paddle.layer.fc表示全连接层，input=h3：该层输入数据为h3
    # size=1：神经元个数，act=paddle.activation.Sigmoid()：激活函数为Sigmoid()
    y_predict = paddle.layer.fc(
        input=h3, size=1, act=paddle.activation.Sigmoid())

    # 数据层，paddle.layer.data表示数据层，name='label'：名称为label
    # type=paddle.data_type.dense_vector(1)：数据类型为1维稠密向量
    y_label = paddle.layer.data(
        name='label', type=paddle.data_type.dense_vector(1))

    # 损失函数，使用交叉熵损失函数
        cost = paddle.layer.multi_binary_label_cross_entropy_cost(input=y_
predict, label=y_label)

    ……
```

3. 模型训练

训练过程与第4章大体一致，修改训练次数为3 000，如代码清单5-5所示。

代码清单5-5　模型训练

```
# 构造trainer
trainer = paddle.trainer.SGD(
    cost=cost, parameters=parameters, update_equation=optimizer)
# 模型训练
trainer.train(
    reader=paddle.batch(
        paddle.reader.shuffle(train(), buf_size=5000),
        batch_size=256),
    feeding=feeding,
    event_handler=event_handler,
    num_passes=3000)
```

模型训练完毕，每100次输出一次损失函数，观察变化，如图5-9所示。

```
Pass 0,Batch 0,Cost 0.689650
Pass 100,Batch 0,Cost 0.560792
Pass 200,Batch 0,Cost 0.500123
Pass 300,Batch 0,Cost 0.446560
......
Pass 2700,Batch 0,Cost 0.002860
Pass 2800,Batch 0,Cost 0.002762
Pass 2900,Batch 0,Cost 0.002661
```

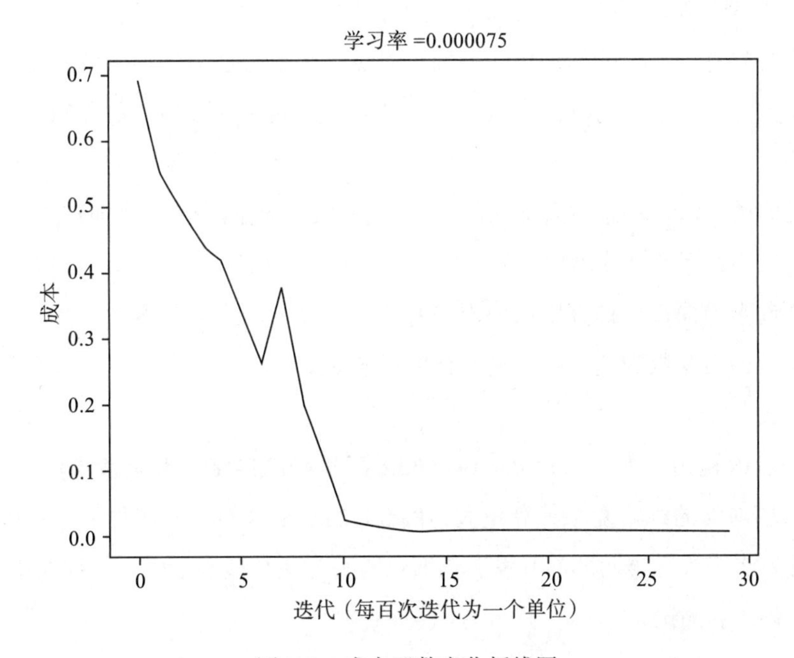

图 5-9　成本函数变化折线图

4. 模型检验

下面计算准确率，输出训练集和测试集准确率如下所示；

```
train_accuracy: 100.0%
test_accuracy: 80.0%
```

在深层神经网络更为复杂的结构下，相比于使用 PaddlePaddle，单纯使用 Python Numpy 库实现难度更高，在参数初始化及更新、定义正向和反向计算等步骤时，需要大量高难度的编码工作。而使用 PaddlePaddle 框架仍然只需简单地配置网络结构及 trainer，省去了复杂的编码过程，准确率也略有提高。此外，在运行速度和模型调优方面，PaddlePaddle 框架也有明显优势。

本章小结

本章是对前面两章内容的总结，从宏观角度整体把握深度神经网络的核心原理。本章旨在帮助读者理解神经网络的内在结构和算法流程，为理解后面各种场景下更加复杂的网络结构打好基础。深度网络比浅层网络有更强的拟合能力，能够解决更加复杂的问题。随着层数和节点数量的增多，函数的复杂度越来越大，最终函数的刻画粒度也越来越细。

神经网络的算法宏观总结只有三个要点，依次是：前向传播、后向传播和梯度下降。前向传播的核心目标就是算出预测值。后向传播同时使用预测值与真实值构建成本函数。以该函数为起点逆向沿着计算图向前求得每个参数（w，b）的偏导数。深度学习过程中有两种参数，网络参数和超参数。超参数的设置是有一定技巧性的，超参数的设置是调优的重要手段。

从开发者的视角来看，通过 PaddlePaddle 配置深度网络与配置浅层网络差异不大。但事实上深层网络的结构复杂计算量大，PaddlePaddle 框架把这些复杂的过程都包装起来，对于开发者来说是透明的。开发者仍旧只需关心 4 个核心步骤：数据准备与预处理、配置网络、训练和测试。

本章参考代码详见 https://github.com/BaiduOSS/DeepLearningAndPaddleTutorial 下 lesson5 子目录。

CHAPTER 6

第6章

卷积神经网络

计算机视觉是深度学习技术应用和发展的重要领域，而卷积神经网络（Convolutional Neural Network，CNN）作为典型的深度神经网络在图像和视频处理、自然语言处理等领域发挥着重要的作用。本章将介绍卷积神经网络的基本概念和组成，以及经典的卷积神经网络架构。此外，本章还将针对计算机视觉领域的经典问题——数字识别，结合具体案例和代码剖析介绍使用 PaddlePaddle 平台搭建卷积神经网络。

学习本章，希望读者能够掌握以下知识点：

（1）卷积神经网络的基本组成和相关概念。

（2）经典卷积神经网络架构。

（3）使用 PaddlePaddle 搭建简单的卷积神经网络。

6.1 图像分类问题描述

卷积神经网络的应用覆盖各大领域诸多任务，包括图像处理领域的物体检测、图像识别和分类、图像标注等；视频处理领域中的视频分类、目标追踪、事件检测等；自然语言处理领域中的文本分类、机器翻译等。

其中，图像分类是计算机视觉研究领域中的经典问题。图像分类是我们日常生活中普遍存在的一类视觉处理任务。例如，当我们在街上行走，我们需要区分眼前看到的是机动车、自行车还是行人；再比如说，当我们看到一只动物，我们要判断它是一只猫、一条狗或是其他的动物种类。除此之外，图像分类的重要性还体现在它是其他一些高层视觉任务（如图像检测、图像分割、物体跟踪、行为分析等）的基础。本章实验部分探讨的手写数字识别任务也是一类典型的图像分类问题。目前，图像分类已经广泛应用到了各个领域，包括安防领域的人脸识别和智能视频分析、交通领域的交通场景识别、互联网领域基于内容的图像检索和相册自动归类及医学领域的病理图像识别等。

传统的图像分类方法一般首先通过手工提取方式或特征学习方法构建图像特征，然后采用特定的分类器实现图像类别的判定。因此，如何提取图像的特征对于图像分类方法的性能至关重要。在传统方法中使用较多的是基于词袋（Bag of Words）模型的图像分类方法。词袋方法借鉴自文本处理，即一篇文本文档可以用一个装了词的袋子进行表示，袋子中的词为文档中的单词、短语或字。对于图像而言，应用词袋方法一般需要构建字典。最简单的词袋分类模型框架包括视觉特征抽取、特征编码和分类器设计三个模块。

基于深度学习的图像分类方法，可以通过有监督或无监督的方式学习层次化的特征描述，从而取代手工设计或选择图像特征的工作。深度学习模型中的卷积神经网络在图像分类中发挥了重要的作用，近年来在图像领域取得了惊人的成绩。CNN直接利用图像像素信息作为输入，最大程度上保留了输入图像的所有信息，通过卷积操作进行特征的提取和高层抽象，模型输出直接是图像识别的结果。这种基于“输入－输出”的端到端的学习方法通常可以获得非常理想的效果，在学术界和工业界得到了广泛的关注。

6.2　卷积神经网络介绍

在结构上，卷积神经网络一般由一个或多个卷积层、池化层以及全连接层组成，本节主要介绍卷积层、池化层、分类层的作用和特点。在读者对卷积神经网络的组成以及其中的基本概念有一定了解后，我们将继续介绍一些经典的网络架构以帮助大家更深入地理解卷积神经网络的设计和组成。

6.2.1　卷积层

本小节主要介绍卷积层的相关知识点：首先概要性地介绍卷积层和滤波器，接着结合具体的例子进一步解释二维卷积操作和三维卷积操作，然后介绍卷积层的主要超参数，最后说明卷积层的两个主要特点——参数共享和局部连接。

1. 概述介绍

首先介绍卷积层的工作原理。卷积层的基本作用是执行卷积操作提取底层到高层的特征，同时发掘出输入数据（图片）的局部关联性质和空间不变性质。卷积层由一系列参数可学习的滤波器集合构成。在尺寸上，每个滤波器的宽度和高度都比较小，但通道数（也称深度）和输入数据相同。对于卷积神经网络第一层而言，一个典型的滤波器的尺寸是 $5\times5\times3$（宽度和高度都是 5 像素，通道数是 3，这是因为输入的彩色图像通常具有 3 个颜色通道）。在正向传播的时候，每个滤波器都会在输入数据的宽度和高度上按一定间隔进行滑动（即卷积操作），滑动至某处便计算整个滤波器和它当前所覆盖的输入数据区域的内积。当滤波器滑过整张图片后，会生成一个二维的特征图（Feature Map），特征图显示了滤波器在图像每个空间位置处的响应。在一个训练好的网络中，滤波器每当“看到”它期望类型的视觉特征时就会被激活，具体的视觉特征可能是低层网络中的边界或者颜色斑点，也可能是更高层网络中类似蜂巢状、车轮状等的图案。

每个卷积层上都会有一组滤波器，每个滤波器都会生成一个对应的二维特征图，将这些特征图在不同通道上层叠起来就得到了输出数据体。

下面我们将结合具体的例子分别对二维和三维卷积操作进行说明，以使读者对卷积操作有更直观的理解。

上述内容从卷积操作的直观解释出发，给出了卷积层的基本定义；除此之外，深度学习领域也常常使用大脑和生物神经元来比喻解释其结构和原理。举例来说，卷积层生成的单张二维特征图中的每个数据项都可以被看作是某个神经元的输出，而该神经元只观察输入数据中的一小部分，并且和周围的所有神经元共享参数（单张二维特征图中的每个数字都是使用同一个滤波器得到的结果）。在本章的后续内容中，为更形象地介绍卷积神经网络，也会基于神经元这一术语对一些概念进行阐述。

2. 滤波器

滤波器（Filter）即一组固定的权重，如图 6-1 所示，矩阵框中的数值即为权重数值。如果深度方向上属于同一层次的所有神经元都使用同一个权重向量，那么卷积层的正向传播相当于是在计算神经元权重和输入数据体的卷积，这就是“卷积层”名字的由来，也是将这些权重集合称为滤波器或卷积核（Kernel）的原因。

滤波器的通道数应与输入数据体的通道数保持一致。对照图 6-1 中所示滤波器的两种基本形式，举例来说，当输入是一张大小为 32×32 的灰度图像时，对应的滤波器可以采用图 6-1a 所示的二维形式；而当输入是一张大小为 32×32×3 的彩色图像时（其中 3 表示颜色通道数），必须采用通道数同样为 3 的滤波器，例如可以采用图 6-1b 所示形式。

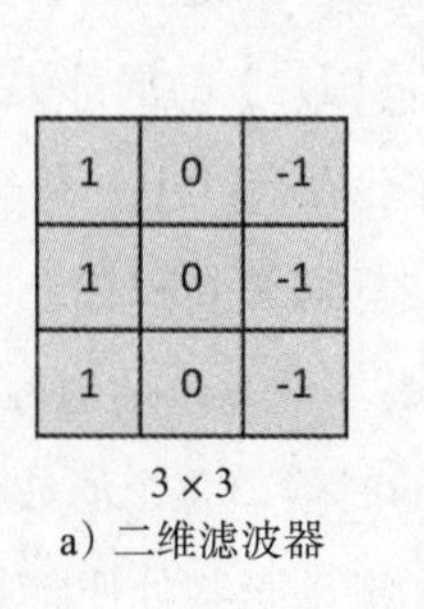

3×3
a）二维滤波器

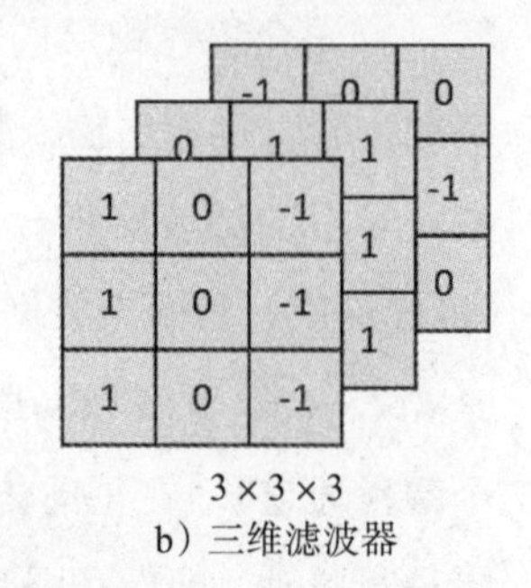

3×3×3
b）三维滤波器

图 6-1　滤波器

在很大程度上，构建卷积神经网络的任务就在于构建这些滤波器：通过改变这些滤波器的权重值，使得这些滤波器对特定的特征有高的激活值，从而识别特定的特征，以达到 CNN 网络分类、检测等目的。

在卷积神经网络中，从前往后不同卷积层所提取的特征会逐渐复杂化。一般来说，卷积神经网络的第一个卷积层的滤波器检测到的是低阶特征，比如边、角、曲线等。第二个卷积层的输入实际上是第一层的输出，即滤波器特征图。这一层的滤波器往往被用来检测低价特征的组合情况，如半圆、四边形等。如此累积递进，能够检测到更复杂、更抽象的特征。实际上，这与人类大脑处理视觉信息时所遵循的从低阶特征到高阶特征的模式是一致的。

（1）二维卷积操作

结合前面知识点的内容，这里我们通过给出一个图 6-2 所示的例子，来进一步解释卷积的具体过程。

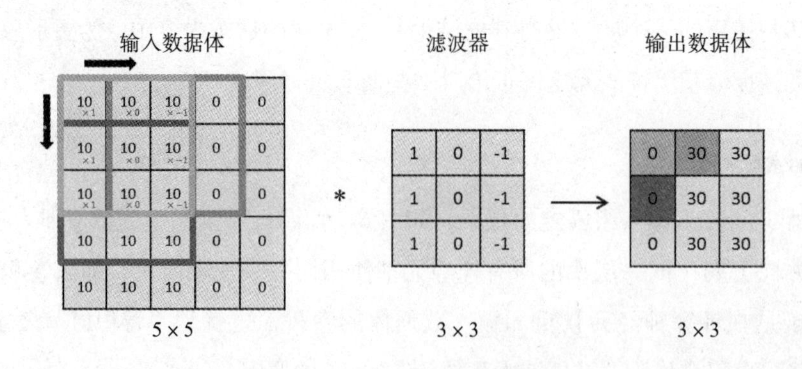

图 6-2　二维卷积操作

图 6-2 中左侧是一个大小为 5 × 5 二维输入数据体（例如一张灰度图像）；对应地，我们选择的是一个大小为 3 × 3 的二维滤波器；两者间的“ * ”号表示卷积操作；而最终的输出数据体将是一个 3 × 3 的矩阵。下面将阐述具体的计算过程。

为了计算得到输出数据体中的第一个元素（黄色区域对应的元素），我们将滤波器覆盖在输入数据体的对应位置（黄色边框对应区域，图中将滤波器权重单独标记为红色数字），然后进行逐元素乘法并累加（每次操作包含 9 个元素对）。其计算过程（按行）为：

$$10\times1+10\times0+10\times(-1)+10\times1+10\times0+10\times(-1)+10\times1+10\times0+10\times(-1)=0$$

接下来，为了计算得到输出数据体中的第二个元素（绿色区域对应的元素），我们将覆盖在输入数据体上的滤波器向右平移一格，即移动至与绿色边框对应的区域，然后执行相同的逐元素乘法累加操作，得到第二个元素 30，同理可以得到第三个元素为 30。而对于输出数据体中的第四个元素（蓝色区域对应的元素），我们可以通过将滤波器从黄色边框位置向下移动一格至蓝色边框位置，接着用同样的方法计算得到其数值为 0。以此类推，我们可以得到输出数据体中的所有位置的值。

（2）三维卷积操作

当输入数据体是三维时，我们需要进行三维卷积操作。三维卷积和二维卷积的区别在于，输入数据体和滤波器的通道数不为 1（但两者的通道数始终一致）。如图 6-3 所示，左侧的输入数据体尺寸为 5 × 5 × 3（例如一张 3 通道的彩色图像），滤波器的尺寸为 3 × 3 × 3，而输出数据体尺寸与二维卷积操作中的例子一样，依然是 3 × 3。下面将阐述具体的计算过程。

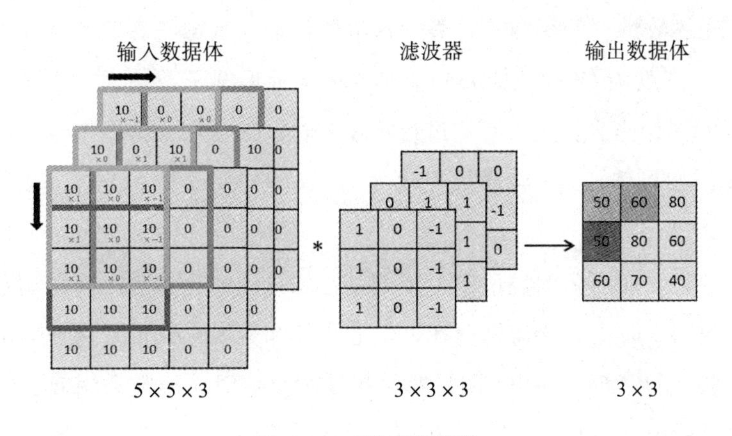

图 6-3　三维卷积操作

与二维卷积操作一致，对拥有3个通道的输入数据体和滤波器进行三维卷积操作时，同样是把滤波器覆盖在输入数据体的特定位置，然后执行逐元素乘法并求和，从而得到最终的输出数据体。与图6-2中所示二维卷积操作的不同之处在于此处的三维卷积操作有27个元素对，而二维卷积操作只有9个元素对。

（3）超参数

超参数如下：

- 通道（Channel）：输出数据体的通道数量（也称深度，Depth）是一个超参数，即所使用的滤波器的数量。前面提到当滤波器“看到”输入数据中期望的特征时会被激活，而每个滤波器所期望的特征是不同的。举例来说，对于第一个卷积层中的滤波器，输入的是原始图像，那么在深度维度上的不同滤波器将可能被不同方向的边界或者是颜色斑点激活。
- 步长（Stride）：在滑动滤波器的时候，平移的距离称为步长。当步长为 k 时，滤波器每次平移 k 个像素（常用的步长为1或者2）。设置步长滑动滤波器会使输出数据体在空间尺寸上变小，步长越大，输出数据体的尺寸越小。
- 填充（Padding）：在输入数据体边缘处填补特定元素的做法称为填充。其中最常用的是使用0元素进行填充，即零填充。填充的尺寸（即元素的数量）是一个超参数。填充有一个良好性质，即可以控制输出数据体的空间尺寸（常用于控制输出数据体的空间尺寸和输入数据体的相同，以保留尽可能多的原始输入信息）。

输出数据体在空间上的尺寸可以通过输入数据体尺寸 W，卷积层中滤波器尺寸 F，步长 S 和零填充的数量 P 的函数来计算。这里假设输入数据的高度和宽度相等，则输出数据体的宽度和高度为 $(W-F+2P)/S+1$。如图6-4所示例子，输入数据体尺寸为 7×7，滤波器尺寸为 3×3，当步长为1且不进行零填充时，$(5-3+2\times0)/1+1=3$，得到一个 3×3 的输出数据体；如果步长为2，零填充尺寸为1，$(5-3+2\times1)/2+1=3$，得到的也是一个 3×3 的输出。

需要注意的是，在网络的设计中上述这些空间排列的超参数之间是相互限制的。例如当其他超参数固定时，一般需要选择合适的步长和零填充数量来保证输出数据体的尺寸为整数；当公式 $(W-F+2P)/S+1$ 的计算结果不为整数时，通常采用向下取整的方式来使得输出数据体的尺寸为整数。另一方面，常常需要保证输入和输出数据体具有相同的高度和宽度。为此，当步长 S=1 时，对应零填充的值是 $P=(F-1)/2$。

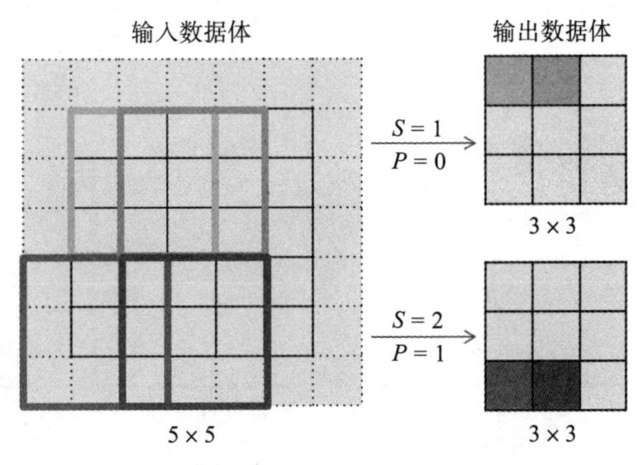

图 6-4　输出数据体尺寸计算

真实案例

AlexNet 构架赢得了 2012 年的 ImageNet 大赛，其输入图像的尺寸是 227×227×3。在第一个卷积层，滤波器尺寸为 F=11，滤波器数量为 K=96，步长 S=4，不使用零填充 P=0。(227−11)/4+1=55，故卷积层的输出数据体尺寸为 55×55×96。有趣的是，原论文中提到，输入图像的尺寸是 224×224，但是 (224−11)/4+1=54.5 不是整数。这个“错误”的由来在卷积神经网络的历史上引发了诸多猜想。一种猜测是作者 Alex 忘记在论文中指出自己使用了尺寸为 3 的零填充。

6.2.2　ReLU 激活函数

激活函数作为神经网络的重要组成，常用于加入非线性因素，以弥补线性模型表达能力不足的缺点。AlexNet 网络架构提出使用 ReLU(The Rectified Linear Unit) 非线性激活函数来代替传统的激活函数，这可谓深度学习领域的一大进步。ReLU 已成为当前深度学习领域最常用的激活函数。ReLU 的表达式为 $f(x)=\max(0,\boldsymbol{x})$，其图形如图 6-5 所示。

相比传统的 Sigmoid 和 Tanh 激活函数，ReLU 激活函数的优点主要有：

- **梯度不饱和**。Sigmoid 激活函数的导数只有在 0 附近的区域有比较好的激活性，在正负饱和区的梯度都接近于 0，因此会造成梯度弥散的问题。而 ReLU 激活函数的梯度计算公式为 $1\{x > 0\}$，即大于0的部分梯度为常数，所以不会产生梯度弥散现象。因此在反向传播过程中，神经网络前几层的参数也可以很快得到更新。

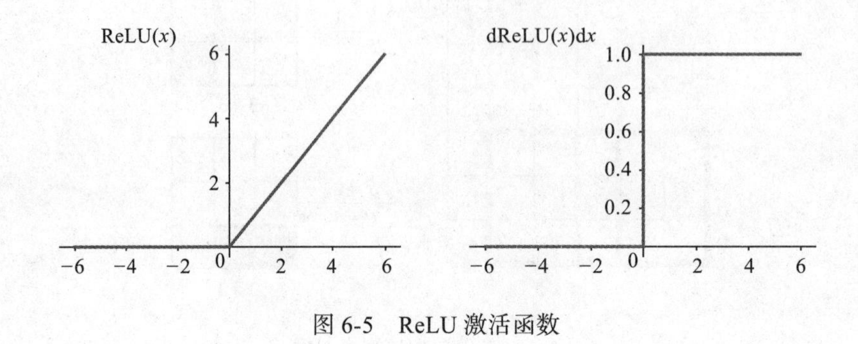

图 6-5 ReLU 激活函数

- **稀疏激活性**。ReLU 函数在负半区的导数值为0。一旦神经元激活值进入负半区，那么其梯度就会为0，因此这个神经元不会经历训练，即具有所谓的稀疏激活性。
- **计算速度快**。正向传播过程中，Sigmoid 和 Tanh 函数计算激活值时需要计算指数，而 ReLU 函数仅需要根据阈值进行判断。如果 $x < 0$，则 $f(x)=0$；如果 $x > 0$，则 $f(x)=x$。如此可以大幅加快正向传播的计算速度。因此，ReLU 激活函数可以极大地加快收敛速度。

6.2.3 池化层

一般情况下，在连续的卷积层之间会周期性地插入一个池化层（也称汇聚层），其处理输入数据的准则被称为池化函数。池化函数在计算某一位置的输出时，会计算该位置相邻区域输出的某种总体统计特征，作为网络在该位置的输出。池化层的作用是逐渐降低数据体的空间尺寸，从而减少网络中参数的数量以及耗费的计算资源，同时也能有效控制过拟合。

池化操作对输入数据体的每一个深度切片独立进行操作，改变它的宽度和高度尺寸。以最大池化 (Max Pooling) 为例，池化层使用最大化 (Max) 操作，即用一定区域内输入的最大值作为该区域的输出。最大池化最常用的形式是使用尺寸为 2×2 的滤波器、步长为

2 来对每个深度切片进行降采样，每个 Max 操作是从 4 个数字中取最大值（也就是在深度切片中某个 2 × 2 的区域），这样可以将其中 75% 的激活信息过滤掉，而保持数据体通道数不变。

普通池化 (General Pooling)：除了最大池化，池化层还可以使用其他函数，如平均池化 (Average/Mean Pooling) 和 L-2 范数池化 (L2-norm Pooling)。平均池化在历史上比较常用，但如今已很少使用了。主要原因是在实践中发现，最大池化的效果比平均池化要好。此外，在池化层很少使用填充。

如图 6-6 所示，左侧输入数据体尺寸为 224 × 224 × 64，采用的池化滤波器尺寸为 2，步长为 2，经过池化操作被降采样到了 112 × 112 × 64，通道数不变。右侧图中，采用的是滤波器尺寸为 2、步长为 2 的最大池化操作，即无重叠地从相邻 4 个数字中选取最大值作为输出。

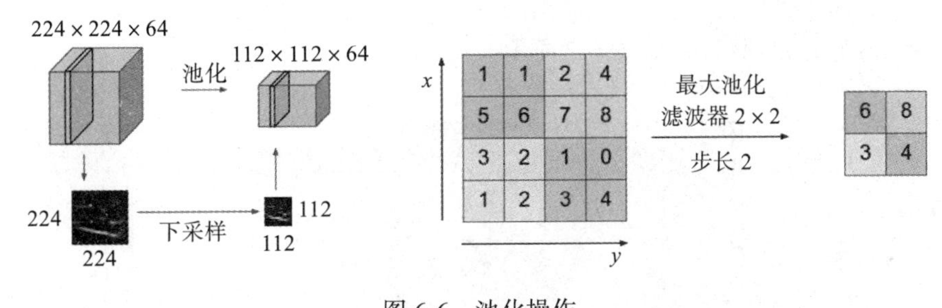

图 6-6 池化操作

6.2.4 Softmax 分类层

1. 概念引入

卷积神经网络分类模型的最终目标是完成对输入数据的分类，输入数据在经过前面介绍的一系列卷积、池化层的处理后，将交由分类层进行最终的分类。在卷积神经网络的结构设计中，Softmax 分类层因为计算简单、效果显著的特点而得到了广泛的应用。下面首先来简单描述一下 Softmax 的数学含义。

已知两个实数 a 和 b，若 $a > b$，则 $\max(a, b)=a$。但是在实际的分类应用中，我们希望分类得分值更大的类别有更大概率被取到（因为一般情况下，分类得分值越大表示属于对应类别的可能性越大），分类得分值小的类别有小概率可以取到，选择两个类别的概率大小与它们的分类得分值大小正相关，这就是 Softmax 的直观数学含义。两个分类得分值对应概率的计算公式将在下节给出。

2. Softmax 函数定义

Softmax 函数用于多分类过程中，它可以看作是逻辑回归二元分类器在多分类场景中的泛化。它将神经元计算输出的得分值映射到频率域，即（0,1）区间中，从而实现对输入数据的多分类，Softmax 函数定义的数学描述如下。

对于得分集合 S 中的第 i 个元素，其 Softmax 值（概率）为

$$y_i=\text{Softmax}(S_i)=\frac{e^{Si}}{\sum_j e^{Sj}}$$

通过上式可以保证数据样本属于各个类别的概率和为 1，即 $\sum_{i=1}^{C} y_i=1$，其中 C 表示类别数目。

Softmax 函数的计算过程如图 6-7 所示。

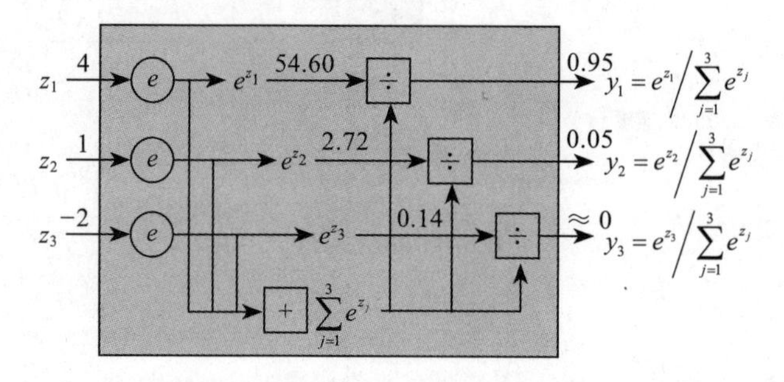

图 6-7　Softmax 计算过程示意图

3. Softmax 分类层的损失函数

Softmax 分类器常使用交叉熵作为其损失函数。对于一个输入样本 i 而言，其数学表达式如下：

$$\text{crossentropy}\left(\text{label}, S_i\right)=-\sum_{i=1}^{c}\text{label}_i \log\left[\frac{e^{Si}}{\Sigma_j e^{Sj}}\right]$$

从上式来看，样本正确类别的 Softmax 数值越大（即样本被分为正确类别的概率值

越大)，其损失函数数值越小，符合损失函数的设计要求。训练集总体的损失是遍历训练集所有样本之后的均值。

6.2.5 主要特点

卷积神经网络相比于全连接网络主要有两个优势：参数共享和局部连接。

1. 参数共享

参数共享一般是指一个模型的多个函数均使用相同的参数。在传统的神经网络中，在计算当前层的输出时，权重矩阵中的每个元素只会使用一次。而在卷积神经网络中，滤波器中的元素会重复作用于它在滑动过程中所覆盖的输入数据的每个位置。这样的卷积运算使得对所有的位置只需要学习一个共同的参数集合，而不是对于每一位置都需要学习一个单独的参数集合，这即所谓的参数共享。

在卷积层中使用参数共享可以显著降低参数的数量。沿用前面提到的“真实案例”，在第一个卷积层就有 55 × 55 × 96=290 400 个神经元。这里引入深度切片 (Depth Slice) 的概念，即数据体在深度维度上一个单独的二维切片，比如上述 55 × 55 × 96 的数据体就有 96 个深度切片，每个深度切片尺寸为 55 × 55。如果不使用参数共享，则每个神经元都需要学习 11 × 11 × 3=363 个参数和 1 个偏差，合计 290400 × (363+1)=105 705 600 个参数。仅第一层就需要学习数目如此庞大的参数。若使用参数共享，则每个深度切片中的所有（55 × 55=3025 个）神经元都使用相同的参数，即每个神经元都和输入数据体中一个尺寸为 11 × 11 × 3 的区域全连接，因此只需要学习 96 × (363+1)=34 944 个参数。

参数共享的直观意义：如果一个特征在计算某个空间位置的时候有用，那么它在计算另一个不同位置的时候也有用。具体来说，假如图像的轮廓特征对于目标任务很重要，而我们针对特定局部区域训练得到了一个可以提取局部轮廓特征的神经元，那么这个神经元同样可以作用于其他局部区域得到对应的局部轮廓特征，这是因为图像结构具有平移不变性。

2. 局部连接

局部连接（又称稀疏连接）。在处理图像这样的高维度输入时，让每个神经元都连接前一层中的所有输出是不现实的，可以让每个神经元只连接输入数据的一个局部区域，即每个位置的输出仅依赖于输入数据的一个特定区域。所连接区域的大小称为神经元的感受野（Receptive Field），它的尺寸（即滤波器的空间尺寸）是一个超参数。需要再次强调的是，局部连接针对的是由宽度和高度构成的空间维度，而在通道数目上单个神经元的尺寸总是和输入数据的通道数相同，即与输入数据体的所有深度维度相连。与参数共享一样，在卷积层中使用局部连接可以显著降低参数的数量。

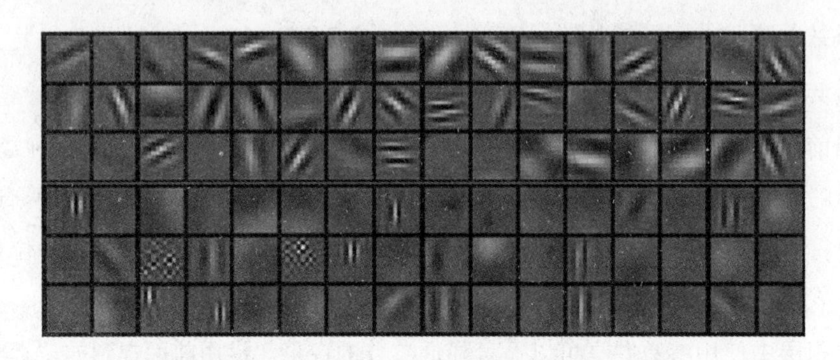

图 6-8 Alex Krizhevsky 等人学习到的滤波器例子

6.2.6 经典神经网络架构

前面我们介绍了卷积神经网络的基本组成和常见概念。在本小节中，将按照时间线介绍几种经典的卷积神经网络架构。读者在了解卷积神经网络发展历史的同时，也可以深化对卷积神经网络组成的认识。

1. LeNet5

诞生于 1994 年的 LeNet5 是最早的卷积神经网络之一，并且推动了深度学习的发展。LeNet5 由被誉为“卷积神经网络之父”的 Yann LeCun 提出，其中 5 代表五层模型，其网络结构如图 6-9 所示。

LeNet5 认为图像具有很强的空间相关性，每个像素用作一个大型多层神经网络的单独输入，即，使用图像中独立的像素作为不同的输入特征的做法利用不到这些相关性。LeNet5 的设计者认为图像的特征分布在整张图像上；相应的，带有可学习参数的卷积操作是一种用少量参数在多个位置上提取相似特征的有效方式。LeNet5 利用卷积操作只需要少量参数就可以建立模型并获得很好的实验效果，这一点在计算资源极其匮乏的当时，是一个重大的突破。

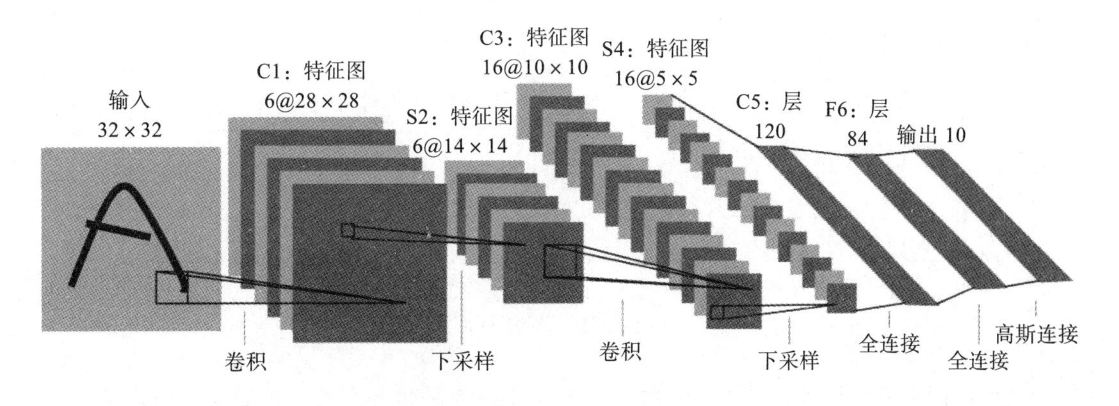

图 6-9 LeNet5

LeNet5 网络的特点能够总结为如下几点：

- 卷积神经网络使用 3 个层作为一个序列：卷积、池化、非线性。
- 使用卷积提取空间特征。
- 使用映射到空间均值下采样（Subsample）。
- 使用双曲正切（Tanh）或 S 型（Sigmoid）形式的非线性。
- 使用多层神经网络（MLP）作为最后的分类器。
- 层与层之间的稀疏连接矩阵避免了高额的计算成本。

LeNet5 的诞生标志着 CNN 的真正问世。LeNet5 可以说是近年来大量网络架构的起源，为现代深度学习领域的发展做了重要铺垫。

2. AlexNet

Alexet 是以其作者 Alex Krizhevsky 命名的网络架构。AlexNet 发表于 2012 年，它是 LeNet 的一种更深更宽的版本，并以显著优势赢得了颇具挑战性的 2012 年 ImageNet 大赛。AlexNet 网络结构设计如图 6-10 所示。

AlexNet 将 LeNet5 的思想扩展到了能学习到更复杂特征的神经网络上。它的主要贡献有：

- 使用修正的线性单元（ReLU）作为非线性激活函数。

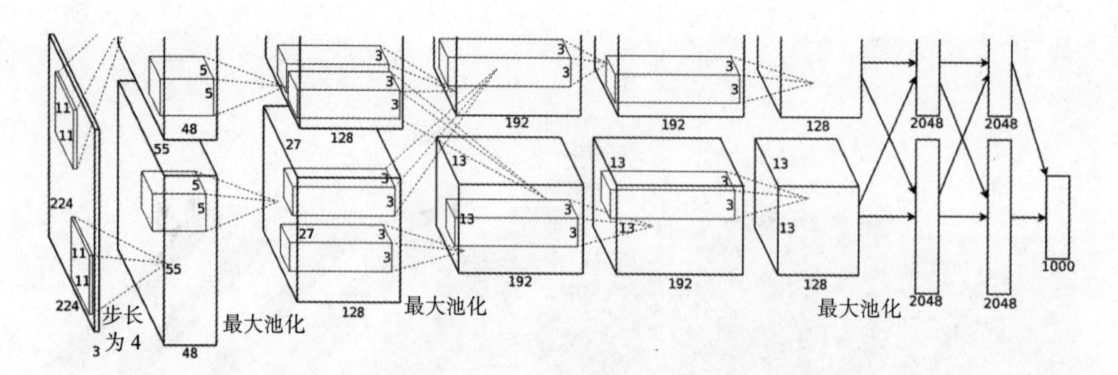

图 6-10　AlexNet

- ❑ 在训练的时候使用 Dropout 技术按照一定概率随机丢弃单个神经元，以避免模型过拟合。
- ❑ 使用效果更好的有重叠的最大池化代替或避免平均池化。
- ❑ 使用数据增强的方式增加训练样本。
- ❑ 设计了 LRN（Local Response Normalization）层，利用邻近的数据做归一化。
- ❑ 使用多 GPU 并行计算，大幅度减少了训练时间，反过来允许使用更大的数据集和更大的图像进行训练。

AlexNet 证明了 CNN 在复杂模型下的有效性，并利用 GPU 使得训练能够在可接受的时间范围内得到结果。AlexNet 的成功掀起了一场卷积神经网络的研究热潮，极大地促进了卷积神经网络的研究和发展。

3. VGG

作为 2014 年 Image Net 大赛的亚军，来自牛津大学的 VGG（Visual Geometry Group，牛津大学计算机视觉组）网络很好地继承了 AlexNet 的衣钵，意在使用更深的网络来获取更好的训练效果。VGG 网络是第一个在各个卷积层使用更小的 3 × 3 滤波器，并把它们组合作为一个卷积序列进行处理的网络，其结构如图 6-11 所示。

不同于 LeNet5 及 AlexNet 使用的滤波器，VGG 使用的滤波器变得更小。这看似脱离了 LeNet5 的设计初衷，反而接近 LeNet5 竭力避免的卷积。实际上，VGG 通过依次采用多个卷积，能够达到与更大的感受野（如与 5 × 5、7 × 7）类似的效果，以提取更多复杂特征以及这些特征的组合。这样的思想后来被许多新生网络采纳，如 ResNet。

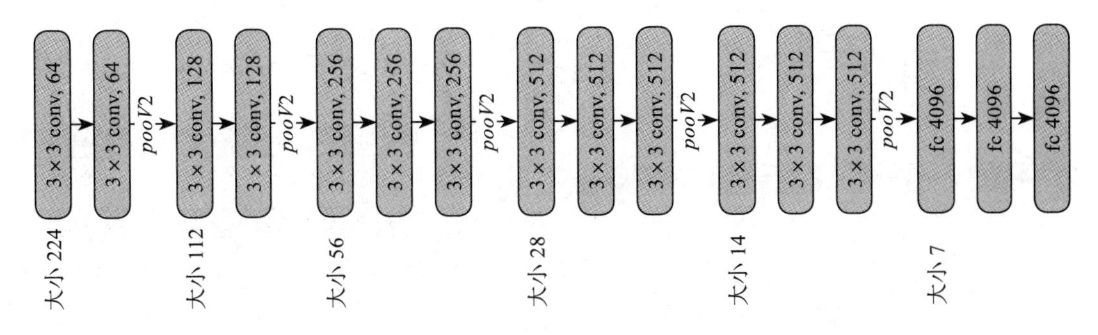

图 6-11 基于 ImageNet 的 VGG 模型

4. GoogLeNet

以机构命名的 GoogLeNet 网络是 2014 年 ImageNet 挑战的冠军。相比 VGG，GoogLeNet 进一步阐释了"没有最深，只有更深"的道理。在介绍该模型之前，我们有必要先了解 NIN（Network in Network）模型和 Inception 模块，因为 GoogLeNet 模型由多组 Inception 模块组成，同时模型的设计借鉴了 NIN 的一些思想。

NIN 模型主要有以下两个特点：

- 引入了多层感知卷积网络（Multi-Layer Perceptron Convolution，MLPconv）来代替一层线性卷积网络。MLPconv 是通过在线性卷积后增加若干层的卷积而形成的一个微型多层卷积网络，可用于提取高度非线性特征。
- 一般来说，传统的 CNN 网络最后几层都是全连接层，包含较多参数。而在 NIN 模型的设计中，最后一层卷积层包含维度大小等同于类别数量的特征图，并采用全局平均池化层替代全连接层，从而得到类别维度大小的向量，再据此进行分类。这样的设计有利于减少参数数量。

Inception 模块如图 6-12 所示，图 6-12a 所示对应最简单的设计，输出是将 3 个卷积层和 1 个池化层的特征进行拼接的结果。这种设计的缺点是池化层不会改变特征通道数，导致拼接后得到的特征的通道数较大。经过几层这样的模块的层叠后，特征的通道数会越来越大，相应的参数和计算量也随之增大。为了改善上述问题，图 6-12b 所示引入了 3 个 1×1 卷积层进行降维（即减少通道数）。另一方面，如在 NIN 模型介绍中提到的，引入 1×1 卷积还可用于修正线性特征。

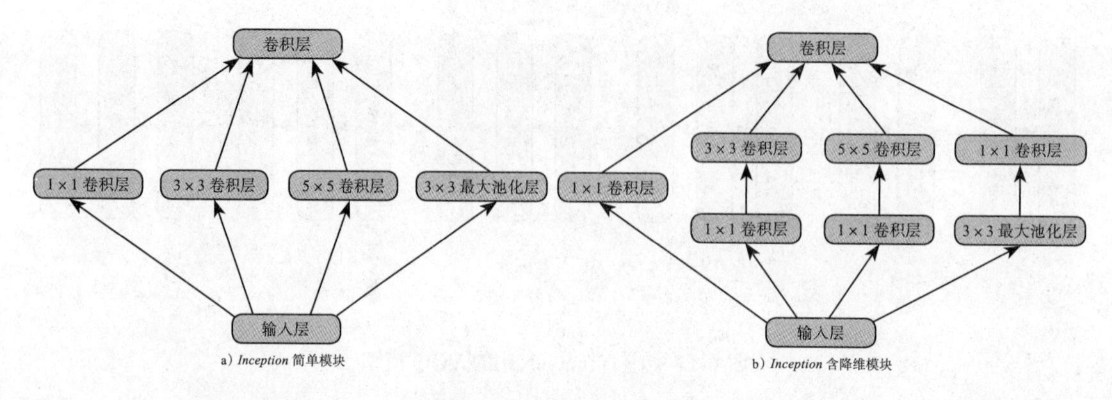

图 6-12　Inception 模块

GoogLeNet 由多组 Inception 模块堆叠而成。此外，GoogLeNet 和 NIN 网络一样，在网络的最后采用了均值池化层来替代传统的多层全连接层；但与 NIN 不同的是，GoogLeNet 在池化层后接了一层全连接层以映射到类别数。除了上述两个特点，考虑到网络中间层特征也很有判别性，GoogLeNet 在中间层添加了两个辅助分类器，用于在反向传播中增强梯度同时增强正则化，而整个网络的损失函数由这三个分类器的损失加权求和得到。

GoogLeNet 整体网络结构如图 6-13 所示，由 22 层网络构成：最开始为 3 层普通的卷积层；接下来为 3 组子网络，第 1、2、3 组子网络分别包含 2、5、2 个 Inception 模块；然后接平均池化层和全连接层。

以上介绍的是 GoogLeNet 的第一版模型（称作 GoogLeNet-v1）。GoogLeNet 后续又产生了多个版本。GoogLeNet-v2 引入 BN（Batch Normalization）层；GoogLeNet-v3 针对一些卷积层做了分解，进一步深化网络并提高网络的非线性表达能力；GoogLeNet-v4 则引入了接下来要讲的 ResNet 的设计思路。GoogLeNet 从 v1 到 v4 的每一版改进都使得准确度有进一步提升。限于篇幅，本书不再具体介绍 v2 到 v4 的架构。

5. ResNet

ResNet（Residual Network）是 2015 年 ImageNet 图像分类、图像物体定位和图像物体检测比赛的冠军。针对训练卷积神经网络时加深网络会导致准确度下降的问题，ResNet 在已有设计思路（包括采用 BN、小卷积核、全卷积网络层等）的基础上，提出了

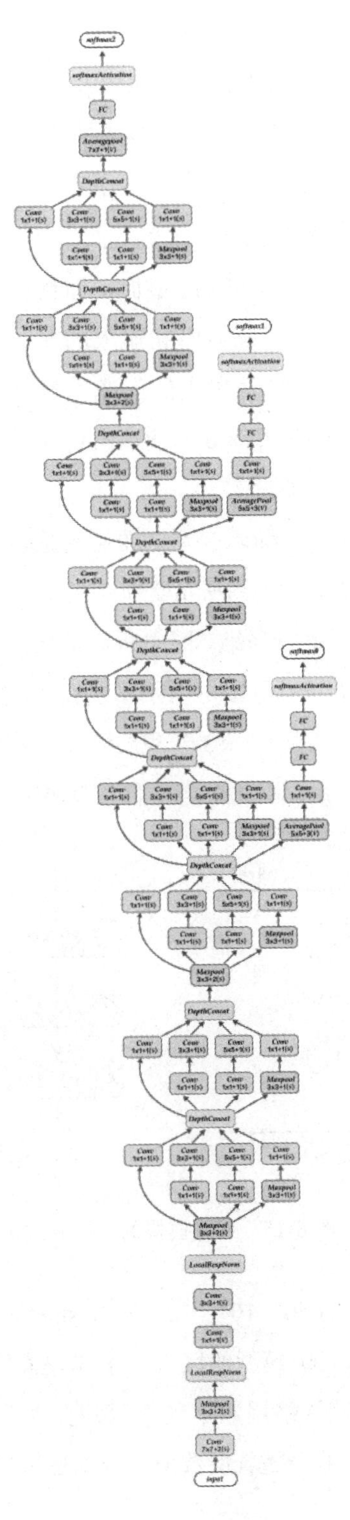

图 6-13 GoogLeNet

采用残差模块的方法。如图 6-14 所示，每个残差模块包含两条路径，其中一条路径的设计借鉴了 Highway Network 思想，相当于在旁侧专门开辟一个通道使得输入可以直达输出；另一条路径则是对输入特征做 2 到 3 次卷积操作得到与该特征对应的残差 $F(x)$；最后再将两条路径上的输出相加，即优化的目标由原来的拟合输出 $H(x)$ 变成输出和输入的差 $F(x)=H(x)-x$。残差模块这一设计将要解决的问题由学习一个恒等变换转化为学习如何使 $F(x)=0$ 并使输出仍为 x，使问题得到了简化。

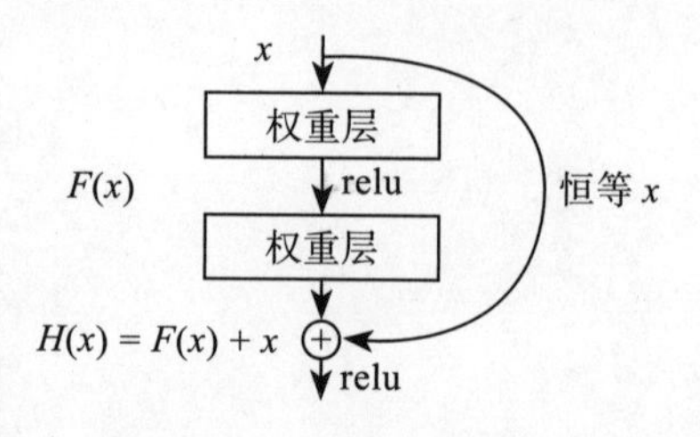

图 6-14　残差模块结构

残差模块的不同形式如图 6-15 所示，左侧图所示是基本模块连接方式，由两个输出通道数相同的 3×3 卷积层组成。右侧图所示是瓶颈模块（Bottleneck）连接方式。因为先使用了 1×1 的卷积层来对输入进行降维（图中所示示例由 256 维下降至 64 维），然后又使用 1×1 卷积层来对输入进行升维（图中所示示例由 64 维上升至 256 维）；如此一来，相比原始的输入和最终的输出，中间 3×3 卷积层的输入和输出通道数都较小（图中示例由 64 维至 64 维），整体形似瓶颈，因此得名“瓶颈模块”。

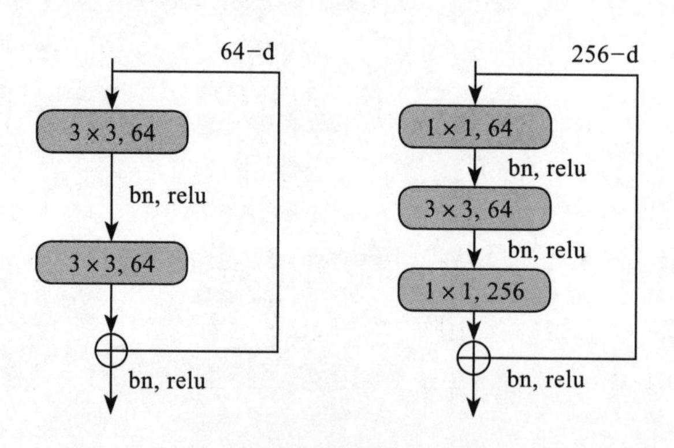

图 6-15　残差模块的不同模式

图 6-16 是基于 ImageNet 的 50、101、152 层 ResNet 网络的连接示意图，其中残差模块使用的是瓶颈模块。这三个模型的区别在于残差模块的重复次数各不相同（见图右上角）。对于一般网络，随着网络层数不断加深其在训练集上的误差会不断增大，而 ResNet 的结构设计使得训练误差会随着层数增大反而逐渐减小，训练收敛速度较快，因

而可用于训练上百乃至近千层的卷积神经网络。

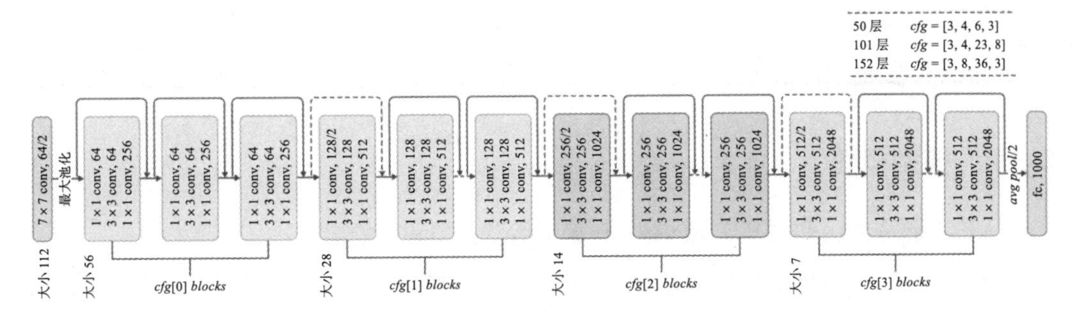

图 6-16　基于 Image 的 ResNet 模型

6.3 PaddlePaddle 实现

在本节内，将以识别手写数字任务为例，利用 PaddlePaddle 平台进行代码实现。从实际问题出发，帮助读者理解卷积神经网络的设计和组成。

6.3.1 数据介绍

当我们学习编程的时候，编写的第一个程序一般是实现打印“ Hello World”。而机器学习（或深度学习）的入门教程，一般都是 MNIST 数据库上的手写识别问题。原因是手写识别属于典型的图像分类问题，比较简单，同时 MNIST 数据集也很完备。MNIST 数据集作为一个简单的计算机视觉数据集，包含一系列图 6-17 所示的手写数字图片和对应的标签。图片是 28 × 28 的像素矩阵，标签则对应着 0 ～ 9 的 10 个数字。每张图片都经过了大小归一化并将数字置于图片中心位置。

图 6-17　MNIST 图片示例

PaddlePaddle 在 API 中提供了自动加载 MNIST 数据的模块 paddle.dataset.mnist，如表 6-1 所示。加载后的数据位于 /home/username/.cache/paddle/dataset/mnist 下。

表 6-1　MNIST 数据文件

文件名称	说明	文件名称	说明
train-images-idx3-ubyte	训练数据图片，60 000 条数据	t10k-images-idx3-ubyte	测试数据图片，10 000 条数据
train-labels-idx1-ubyte	训练数据标签，60 000 条数据	t10k-labels-idx1-ubyte	测试数据标签，10 000 条数据

6.3.2　模型概览

本小节将介绍一些与基于 MNIST 数据训练分类器相关的定义：

- $\boldsymbol{X}$ 是输入：MNIST 图片是 28 × 28 的二维图像，为了进行计算，我们将其转化为 784 维的一个向量，即 $\boldsymbol{X}=(\boldsymbol{x}_0, \boldsymbol{x}_1,\cdots, \boldsymbol{x}_{783})$。转化的具体做法是，每张图片是由 28 × 28=784 个像素构成的，将其按固定顺序（如按行或者按列）展开形成一个行向量，并将每个原始像素值归一化为 [0,1] 之间的数值。
- $\boldsymbol{Y}$ 是输出：分类器的输出是 10 类数字（0 ～ 9），即 $\boldsymbol{Y}=(\boldsymbol{y}_0, \boldsymbol{y}_1,\cdots, \boldsymbol{y}_9)$，每一维代表图片被分类为第 i 类数字的概率。
- $\boldsymbol{L}$ 是图片的真实标签：$\boldsymbol{L}=(l_0, l_1,\cdots, l_9)$ 也是 10 维，但只有一维为 1，其他维度都为 0。为 1 的维度对应图片表示的真实数字，例如 $\boldsymbol{L}=(1,0,\cdots,0)$ 表示图片表示的数字是 1。

6.3.3　配置说明

本小节将介绍模型训练相关的代码配置，主要包括定义分类器、初始化设置、配置网络结构、训练及预测等。

1. 库文件

首先，加载 PaddlePaddle 的 v2 版本的 API 包，如代码清单 6-1 所示。

代码清单 6-1　加载 paddlepaddle 包

```
import paddle.v2 as paddle
```

2. 定义分类器

其次，定义三个不同类型的分类器，具体如表 6-2 所示。

表 6-2　分类器对比

分类器	主要网络层数	包含的网络层	网络相对复杂程度
Softmax 分类器	1	全连接层	简单
多层感知器分类器	3	全连接层	中等
卷积神经网络分类器	5	卷积层、池化层、全连接层	复杂

（1）Softmax 回归

只通过一层简单的以 Softmax 为激活函数的全连接层得到分类结果。具体过程和网络结构如图 6-18 所示。784 维的输入特征经过节点数目为 10 的全连接层后，直接通过 Softmax 函数进行多分类。对应代码实现如代码清单 6-2 所示。

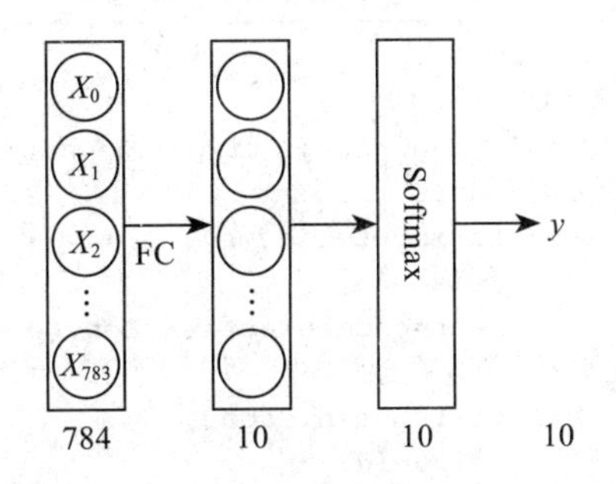

图 6-18　Softmax 回归

代码清单 6-2　Softmax 分类器

```
def Softmax_regression(img):
    predict = paddle.layer.fc(input=img,
                              size=10,
                              act=paddle.activation.Softmax())
    return predict
```

（2）多层感知器

Softmax 回归模型采用了最简单的两层神经网络，即只有输入层和输出层，因此其拟合能力有限。为了达到更好的识别效果，我们考虑在输入层和输出层中间加上若干个隐藏层，例如，代码清单 6-3 实现了一个含有两个隐藏层（即全连接层）的多层感知器。其中两个隐藏层的激活函数均采用 ReLU，输出层的激活函数用 Softmax。对应的多层感知器的网络结构如图 6-19 所示。784 维的输入特征，先后经过两个节点数为 128 和 64 的全连接层，最后通过 Softmax 函数进行多分类。

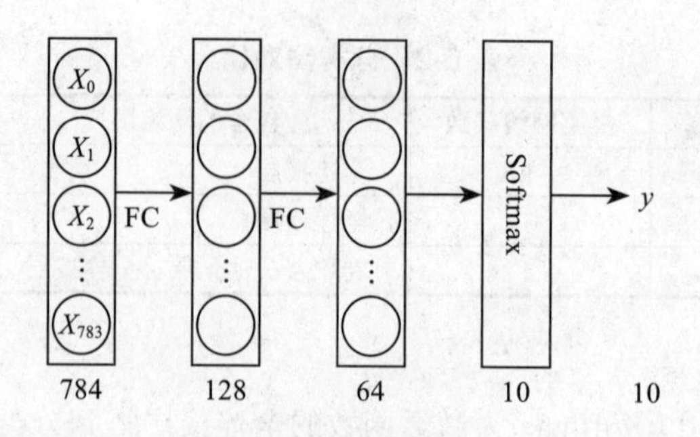

图 6-19　多层感知器

代码清单 6-3　多层感知器分类器

```
def multilayer_perceptron(img):
    # 第一个全连接层，激活函数为 ReLU
    hidden1 = paddle.layer.fc(input=img, size=128, act=paddle.activation.Relu())
    # 第二个全连接层，激活函数为 ReLU
    hidden2 = paddle.layer.fc(input=hidden1,
                              size=64,
                              act=paddle.activation.Relu())
    # 以 Softmax 为激活函数的全连接输出层，输出层的大小必须为数字的个数 10
    predict = paddle.layer.fc(input=hidden2,
                              size=10,
                              act=paddle.activation.Softmax())
    return predict
```

（3）卷积神经网络分类器

卷积神经网络分类器的网络结构如图 6-20 所示，输入的二维图像，经过两次卷积层后接池化层的结构，在通过输出节点数目为 10 的以 Softmax 函数作为激活函数的全连接层后得到多分类输出，代码实现如代码清单 6-4 所示。

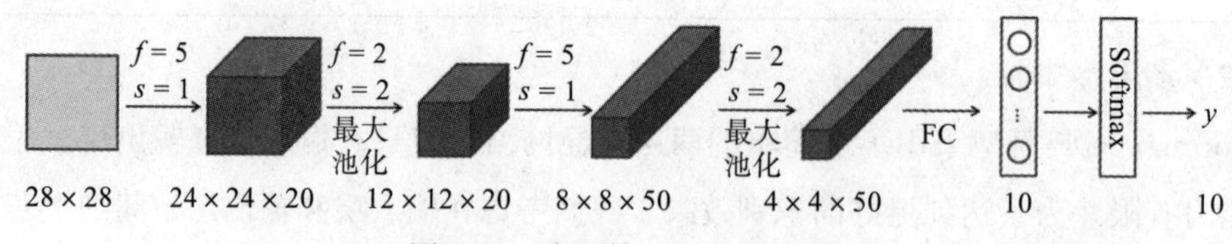

图 6-20　卷积神经网络分类器

代码清单 6-4　卷积神经网络分类器

```
def convolutional_neural_network(img):
    # 第一个卷积 - 池化层
```

```
    conv_pool_1 = paddle.networks.simple_img_conv_pool(
        input=img,
        filter_size=5,
        num_filters=20,
        num_channel=1,
        pool_size=2,
        pool_stride=2,
        act=paddle.activation.Relu())
    # 第二个卷积 - 池化层
    conv_pool_2 = paddle.networks.simple_img_conv_pool(
        input=conv_pool_1,
        filter_size=5,
        num_filters=50,
        num_channel=20,
        pool_size=2,
        pool_stride=2,
        act=paddle.activation.Relu())
    # 以 Softmax 为激活函数的全连接输出层，输出层的大小必须为数字的个数 10
    predict = paddle.layer.fc(input=conv_pool_2,
                              size=10,
                              act=paddle.activation.Softmax())
    return predict
```

3. 配置分类网络

接下来需要配置分类网络的结构，首先通过 layer.data 配置数据输入层，然后调用分类器得到分类结果。代码清单 6-5 所示代码中提供了三个不同的分类器，每次使用选择其中一个（注释掉其余两个即可），例如代码中选用的是卷积神经网络分类器。训练时，对该结果计算其损失函数，分类问题常常选择交叉熵损失函数。

代码清单 6-5　配置分类网络

```
# 该模型运行在单个 CPU 上
# 初始化
paddle.init(use_gpu=False, trainer_count=1)
# 数据层，包括输入图像和标签
images = paddle.layer.data(
    name='pixel', type=paddle.data_type.dense_vector(784))
label = paddle.layer.data(
    name='label', type=paddle.data_type.integer_value(10))
# predict = Softmax_regression(images) # Softmax 回归
# predict = multilayer_perceptron(images) # 多层感知器
predict = convolutional_neural_network(images) # 卷积神经网络
# 损失函数，classification_cost 函数内部使用交叉熵损失函数
cost = paddle.layer.classification_cost(input=predict, label=label)
```

4. 训练相关设置

在训练前需要指定训练相关的参数，相关代码如代码清单6-6所示。相关参数的影响和设置参见第10章。

- 训练方法（optimizer）：代表训练过程在更新权重时采用动量优化器Momentum。
- 学习率（learning_rate）：迭代的速度，与网络的训练收敛速度有关系。
- 正则化（regularization）：防止网络过拟合的一种手段，此处采用L2正则化。

代码清单6-6　指定训练相关参数

```
# 创建参数 parameters
parameters = paddle.parameters.create(cost)
# 创建优化器 optimizer，并设置相关参数
optimizer = paddle.optimizer.Momentum(
    learning_rate=0.01 / 128.0,
    momentum=0.9,
    regularization=paddle.optimizer.L2Regularization(rate=0.0005 * 128))
# 构造训练器 trainer
trainer = paddle.trainer.SGD(cost=cost,
                             parameters=parameters,
                             update_equation=optimizer)
```

5. 定义事件处理函数

下一步，我们将开始进行训练了。在训练过程中指定事件处理函数，可以让程序根据训练过程的信息做相应操作，例如进行绘图、输出训练结果信息。下面给出了两个事件处理函数样例event_handler_plot和event_handler。

event_handler_plot函数可以用于在训练过程中画图，同时输出训练结果，具体实现如代码清单6-7所示。

代码清单6-7　event_handler_plot函数

```
# lists 用于存储训练的中间结果，包括 cost 和 error_rate 信息，初始化为空
# event 表示事件对象，包含 event.pass_id, event.batch_id, event.cost 等信息
lists = []
def event_handler_plot(event):
    global step
    if isinstance(event, paddle.event.EndIteration):
        # 每训练 100 次（即 100 个 batch），添加一个绘图点
        if step % 100 == 0:
```

```
                cost_ploter.append(train_title_cost, step, event.cost)
                # 绘制 cost 图像，保存图像为 'train_test_cost.png'
                cost_ploter.plot('./train_test_cost')
                error_ploter.append(
                    train_title_error, step, event.metrics['classification_error_
evaluator'])
                # 绘制 error_rate 图像，保存图像为 'train_test_error_rate.png'
                error_ploter.plot('./train_test_error_rate')
            step += 1
            # 每训练 100 个 batch，输出一次训练结果信息
            if event.batch_id % 100 == 0:
                print "Pass %d, Batch %d, Cost %f, %s" % (
                    event.pass_id, event.batch_id, event.cost, event.metrics)
        if isinstance(event, paddle.event.EndPass):
            # 保存参数至文件
            with open('params_pass_%d.tar' % event.pass_id, 'w') as f:
                trainer.save_parameter_to_tar(f)
            # 利用测试数据进行测试
        # paddle.dataset.mnist.test() 作为测试数据集
            result = trainer.test(reader=paddle.batch(
                paddle.dataset.mnist.test(), batch_size=128))
            print "Test with Pass %d, Cost %f, %s\n" % (
                event.pass_id, result.cost, result.metrics)
            # 添加测试数据的 cost 和 error_rate 绘图数据
            cost_ploter.append(test_title_cost, step, result.cost)
            error_ploter.append(
                test_title_error, step, result.metrics['classification_error_
evaluator'])
            # 存储测试数据的 cost 和 error_rate 数据
            lists.append((
                event.pass_id, result.cost, result.metrics[ 'classification_error_
evaluator']))
```

在使用 event_handler_plot 函数时，需要先进行代码清单 6-8 所示操作。

代码清单 6-8　调用绘图函数前需添加的代码

```
import matplotlib
matplotlib.use('Agg')
from paddle.v2.plot import Ploter
set = 0 # 定义用于绘图选点的全局变量
```

注意　from paddle.v2.plot import Ploter 语句引入了 PaddlePaddle 的绘图工具包，其内部也是调用了 matplotlib 包。在默认设置下，运行绘图代码时可能会遇到 “no display name and no $DISPLAY environment variable” 的问题。这是因为绘图工具函数的默认后端为

一些需要图形用户接口（GUI）的后端，而运行的当前环境不满足。为此，可加入 import matplotlib 和 matplotlib.use(‘Agg’) 语句重新指定不需要 GUI 的后端，从而解决该问题。

event_handler 是 event_handler_plot 的精简版（去掉了用于绘图的代码），可以用来在训练过程中输出损失函数值、错误率等相关信息，具体实现如代码清单 6-9 所示。

代码清单 6-9　event_handler 函数

```
# lists 用于存储训练的中间结果，包括 cost 和 error_rate 信息，初始化为空
# event 表示事件对象，包含 event.pass_id、event.batch_id、event.cost 等信息
lists = []
def event_handler(event):
    if isinstance(event, paddle.event.EndIteration):
            # 每训练 100 个 batch，输出一次训练结果信息
            if event.batch_id % 100 == 0:
                print "Pass %d, Batch %d, Cost %f, %s" % (
                    event.pass_id, event.batch_id, event.cost, event.metrics)
        if isinstance(event, paddle.event.EndPass):
            # 保存参数
            with open('params_pass_%d.tar' % event.pass_id, 'w') as f:
                parameters.to_tar(f)
            # 利用测试数据进行测试
            result = trainer.test(reader=paddle.batch(
                paddle.dataset.mnist.test(), batch_size=128))
            print "Test with Pass %d, Cost %f, %s\n" % (
                event.pass_id, result.cost, result.metrics)
            # 存储测试数据的 cost 和 error_rate 数据
            lists.append((
                   event.pass_id, result.cost, result.metrics['classification_
error_evaluator']))
```

6. 模型训练

模型训练过程的调用如代码清单 6-10 所示，结合其中的代码对该过程进行说明：paddle.reader.shuffle(paddle.dataset.mnist.train(), buf_size=8192) 表示 trainer 从 paddle.dataset.mnist.train() 这个 reader 中读取了 buf_size=8192 大小的数据并打乱顺序。paddle.batch(reader(), batch_size=128) 表示从打乱的数据中再取出 batch_size=128 大小的数据进行一次迭代训练。num_passes 定义了训练的轮数。而事件处理函数 event_handler 参数的值可以根据需要从前述两个函数中进行选择。如果不需要画图，可选择 event_handler；反之，可选择 event_handler_plot。除此之外，读者也可以使用自定义的事件处理函数。

代码清单 6-10 调用训练过程

```
# 模型训练
# paddle.dataset.mnist.train() 作为训练数据集
trainer.train(
    reader=paddle.batch(
        paddle.reader.shuffle(
            paddle.dataset.mnist.train(), buf_size=8192),
        batch_size=128),
    event_handler=event_handler_plot,
    num_passes=10)
```

训练过程是完全自动的，event_handler_plot 绘制的 cost 图和 error_rate 图分别如图 6-21 和图 6-22 所示，打印的日志信息类似代码清单 6-11 所示。

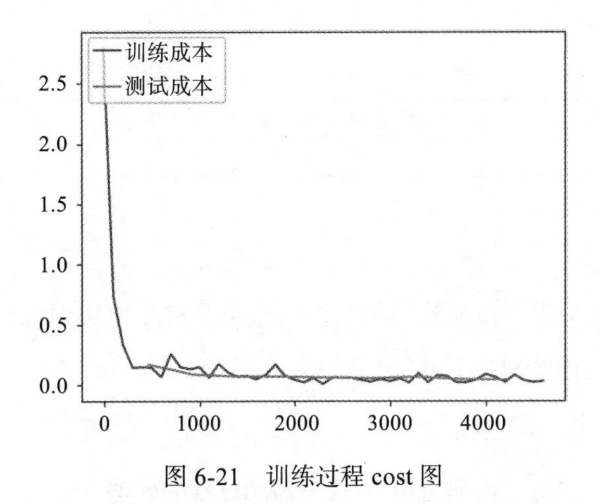

图 6-21 训练过程 cost 图

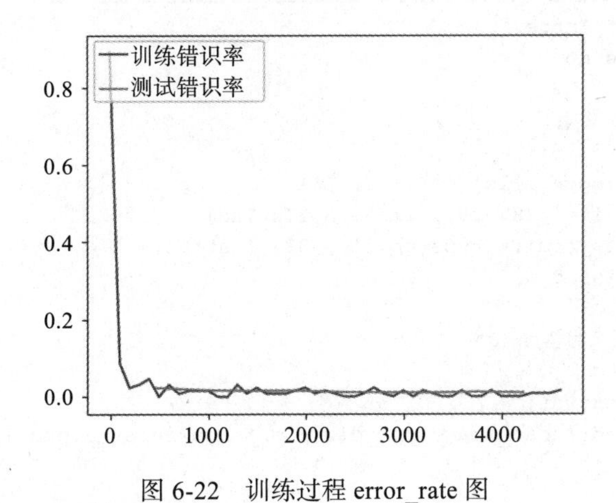

图 6-22 训练过程 error_rate 图

代码清单 6-11　训练过程的日志信息示例

```
# Pass 0, Batch 0, Cost 2.780790, {'classification_error_evaluator': 0.9453125}
# Pass 0, Batch 100, Cost 0.635356, {'classification_error_evaluator':
0.2109375}
# Pass 0, Batch 200, Cost 0.326094, {'classification_error_evaluator':
0.1328125}
# Pass 0, Batch 300, Cost 0.361920, {'classification_error_evaluator':
0.1015625}
# Pass 0, Batch 400, Cost 0.410101, {'classification_error_evaluator': 0.125}
# Test with Pass 0, Cost 0.326659, {'classification_error_evaluator':
0.09470000118017197}
```

训练之后，检查模型的预测准确度。以某次训练结果为例，3 个分类器在测试集上的最佳预测准确度如表 6-3 所示。

表 6-3　不同分类模型的准确度

Softmax 分类器	多层感知器分类器	卷积神经网络分类器
92.34%	97.66%	99.00%

6.3.4　应用模型

在完成训练后，为进一步验证模型的分类效果，可以使用训练好的模型对手写体数字图片进行分类。代码清单 6-12 展示了如何调用 paddle.infer 接口对一张数字图片进行分类。

代码清单 6-12　预测过程的代码

```
from PIL import Image
import numpy as np
import os
# 读取测试图片的函数
def load_image(file):
    im = Image.open(file).convert('L')
    im = im.resize((28, 28), Image.ANTIALIAS)
    im = np.array(im).astype(np.float32).flatten()
    im = im / 255.0
    return im
# 输入的测试图片真实标签为 "3"
test_data = []
cur_dir = os.getcwd()
test_data.append((load_image(cur_dir + '/image/infer_3.png'),))
# 进行推断
```

```
probs = paddle.infer(
    output_layer=predict, parameters=parameters, input=test_data)
lab = np.argsort(-probs) # probs 表示预测正确的可能性，label 为预测的标签
print "Label of image/infer_3.png is: %d" % lab[0][0]
```

分类结束后，打印的日志消息类似代码清单 6-13 所示。

代码清单 6-13　预测过程的日志信息样例

```
Best pass is 8, testing Avgcost is 0.0388661541573
The classification accuracy is 98.93%
Label of image/infer_3.png is: 3
```

本章小结

传统图像分类方法由多个阶段构成，框架较为复杂。端到端的 CNN 模型结构可一步到位，而且大幅度提升了分类准确率。在本章中，笔者首先结合 CNN 的基础理论介绍了 CNN 的重要概念（卷积操作、滤波器、超参数、参数共享和局部连接等），如 CNN 的主要组成结构（卷积层、池化层和 Softmax 分类层）和 CNN 的经典架构（LeNet5、AlexNet、VGG、GoogLeNet 和 ResNet）；然后用 PaddlePaddle 配置和训练 CNN 模型，并介绍了如何使用 PaddlePaddle 的 API 接口对图片进行特征提取和分类。对于其他数据集，比如 ImageNet，配置和训练流程是一样的，大家可以自行实验。

本章的参考代码在 https://github.com/BaiduOSS/DeepLearningAndPaddleTutorial 下 lesson6 子目录下。

CHAPTER 7

第7章 个性化推荐

推荐系统（Recommender System）是向用户推荐有用物品的软件工具和技术，它运用数据分析、数据挖掘等技术，实现对用户浏览信息或商品进行智能推荐，是机器学习，尤其是深度学习算法的重要应用场景。本章首先介绍个性化推荐系统的重要实用价值；其次介绍基于内容过滤推荐、协同过滤推荐这两种经典的个性化推荐方法；然后介绍 YouTube 深度神经网络推荐系统、融合推荐系统这两种典型的深度学习推荐网络系统；最后以构建电影推荐系统为例，详述深度学习推荐网络模型在 PaddlePaddle 上的具体实现。

学完本章，希望读者能够掌握以下知识点：

（1）个性化推荐的两种经典方法——基于内容过滤推荐、协同过滤推荐的工作原理。

（2）两种典型的深度学习推荐网络模型的设计思路和运行过程。

（3）使用 PaddlePaddle 搭建深度学习推荐网络模型。

7.1 问题描述

当今时代，互联网规模迅速扩大，海量信息“轰炸”用户的大脑；电子商务产业不断发展，千万种商品让购物者应接不暇。面对日益严重的信息超载问题，获取有价值信息的成本大大增加，人们迫切希望能够获取自己感兴趣的信息和商品，推荐系统应运而生。

个性化推荐系统是高级的、智能的信息过滤系统（Information Filtering System），它的应用范围很广，信息流推荐、电子商务平台、音乐网站的“猜你喜欢”功能都是个性化推荐系统的实际应用案例。推荐系统通过对用户行为和商品属性进行分析、挖掘，发现用户的个性化需求与兴趣特点，将用户可能感兴趣的信息或商品推荐给用户。推荐系统不同于搜索引擎根据用户需求被动返回信息的运行过程，它根据用户历史行为主动为用户提供精准的推荐信息。

7.2　传统推荐方法

根据 Robin Burke 在《Hybrid Web Recommender Systems》中提出的分类法，传统的推荐方法被划分为六种不同的推荐方法，下面主要介绍更为常用的三种方法：基于内容的推荐（Content-based Recommendation）、协同过滤推荐（Collaborative Filtering Recommendation）、混合推荐（Hybrid Recommendation）。

本章将以个性化电影推荐系统为案例为读者介绍这几种常见的传统推荐方法。电影推荐是基于用户对电影的评分数据完成的，评分数据样例如表 7-1 所示，其中，评分的分数范围是 0 ～ 5 分，“？”表示未获得评分数据。

表 7-1　用户对电影评分

movie	小红（1）	小张（2）	小李（3）	小杨（4）
甜蜜蜜（1）	5	5	0	0
爱你到天荒地老（2）	5	?	?	0
忠犬八公（3）	?	4	0	?
速度与激情（4）	0	0	5	4
红海行动（5）	0	0	5	?

后面将会出现的符号的具体含义如表 7-2 所示。

表 7-2　符号含义对照说明

符号	含义
n_u	表示用户数量
n_m	表示电影数量
$r(i,j)$	如果等于 1 则表示用户 j 对电影 i 进行了评分
$y(i,j)$	表示用户 j 对电影 i 的评分
$m(j)$	表示用户 j 评过分的电影的总数

基于表 7-1 所示的评分数据，可以求得 n_u=4，n_m=5，$y^{(1,1)}$=5。

7.2.1　基于内容的推荐

基于内容的推荐系统通过分析一系列用户之前已评分物品的文档和（或）描述，从而基于用户已评分对象的特征建立模型或个人信息。个人信息是用户兴趣的结构化描述，并且被应用在推荐新物品中。推荐的主要处理过程是将用户个人信息的特征和内容对象的特征相匹配，结果就是用户对某个对象感兴趣程度的评价。

下面将结合上述个性化电影推荐系统案例为读者介绍基于内容的推荐方法的主要步骤：

1. 获取特征向量

下面为每部电影提取两个属性特征作为推荐依据，即 x_1（浪漫指数，代表电影的浪漫程度）和 x_2（动作指数，代表电影的动作程度），用 n 表示特征维度（n=2）。此外，每一部电影都加上一个特征偏置项，该项是不代表属性的固定值，记为 x_0=1。因此，每一部电影都有一个 3×1 维度的特征向量，例如第一部电影甜蜜蜜：$\boldsymbol{x}^{(1)}=[1, 0.9, 0.1]^{\mathrm{T}}$ 代表该电影的浪漫指数是 0.9，动作指数是 0.1。对于表 7-1 中的所有电影，可以得到电影的特征向量组为 $\{\boldsymbol{x}^{(1)}, \boldsymbol{x}^{(2)}, \boldsymbol{x}^{(3)}, \boldsymbol{x}^{(4)}, \boldsymbol{x}^{(5)}\}$。

2. 用户评分表示

用户 j 对电影 i 的评分预测可以表示为 $(\boldsymbol{\theta}^{(j)})^{\mathrm{T}}\boldsymbol{x}^{(i)}$，其中 $\boldsymbol{\theta}^{(j)}$ 表示用户 j 的电影类型喜好参数构成的向量，这个向量恰好是模型需要学习的参数，其在此应用场景下的意义是用户 j 对于浪漫类电影和动作类电影的喜好程度。例如用户小红喜欢看浪漫电影，不喜欢看动作电影，其对应的电影类型喜好参数向量 $\boldsymbol{\theta}^{(1)}=[0,5,0]^{\mathrm{T}}$，则用户 Alice 对第一部电影的评分预测为 $(\boldsymbol{\theta}^{(1)})^{\mathrm{T}}x^1=0\times1+5\times0.9+0\times0.1=4.5$。

3. 目标函数

完成上述变量的定义和说明之后，下一步需要定义目标函数。目标函数的优化使用线性回归模型。对每个用户而言，该线性回归模型的成本函数为预测误差（预测评分和真实评分的差值）的平方和，再加上正则化项：

$$\min_{\theta^{(j)}} \frac{1}{2}\sum_{i;r(i,j)=1}\left(\left(\boldsymbol{\theta}^{(j)}\right)^{\mathrm{T}}\boldsymbol{x}^{(i)}-y^{(i,j)}\right)^2+\frac{\lambda}{2}\sum_{k=1}^{n}\left(\boldsymbol{\theta}_k^{(j)}\right)^2 \tag{7-1}$$

上式中，求和符号下的限制条件表示目标函数只计算那些用户评过分的电影。$\boldsymbol{\theta}_k^{(j)}$表示电影类型喜好参数向量 $\boldsymbol{\theta}^{(j)}$ 的第 k 项。

构建一个推荐系统，需要预测所有用户对不同电影的喜好，因此推荐系统需要学习优化所有用户的电影类型喜好参数向量，推荐系统模型的全局成本函数等于每个用户对应的线性回归模型的成本函数之和：

$$\min_{\theta^{(1)},\ldots,\theta^{(n_u)}} \frac{1}{2}\sum_{j=1}^{n_u}\sum_{i;r(i,j)=1}\left(\left(\boldsymbol{\theta}^{(j)}\right)^{\mathrm{T}}\boldsymbol{x}^{(i)}-y^{(i,j)}\right)^2+\frac{\lambda}{2}\sum_{j=1}^{n_u}\sum_{k=1}^{n}\left(\boldsymbol{\theta}_k^{(j)}\right)^2 \tag{7-2}$$

4. 训练优化

完成目标函数的定义之后，需要确定优化目标函数的方法，此处选用梯度下降算法迭代优化目标函数。因为当时参数向量对应特征向量中的偏置项，该项是人为设定的固定值，不需要正则化，所以根据是否等于 0 分别列出迭代公式如下：

当 $k=0,\boldsymbol{\theta}_k^{(j)}=\boldsymbol{\theta}_k^{(j)}-\alpha\sum_{i;r(i,j)=1}\left(\left(\boldsymbol{\theta}^{(j)}\right)^{\mathrm{T}}\boldsymbol{x}^{(i)}-y^{(i,j)}\right)\boldsymbol{x}_k^{(i)}$

当 $k\neq 0,\boldsymbol{\theta}_k^{(j)}=\boldsymbol{\theta}_k^{(j)}-\alpha\left(\sum_{i;r(i,j)=1}\left(\left(\boldsymbol{\theta}^{(j)}\right)^{T}\boldsymbol{x}^{(i)}-y^{(i,j)}\right)\boldsymbol{x}_k^{(i)}+\lambda\boldsymbol{\theta}_k^{(j)}\right)$

上式中，α 是学习率，与 α 做乘法的因子是由成本函数对 $\theta_k^{(j)}$求导所得。

7.2.2 协同过滤推荐

协同过滤推荐方法基于用户对商品的评分或其他行为（如购买）模式来为用户提供个性化的推荐，而不需要了解用户或者商品的大量信息。这种方法是找到与用户有相同品味的用户，然后将相似用户过去喜欢的物品推荐给用户。协同过滤推荐是应用最广泛的推荐方法之一，它可以分为多个子类：基于用户（User-Based）的推荐、基于物品（Item-Based）的推荐、基于社交网络关系（Social-Based）的推荐、基于模型（Model-based）的推荐等。

在上一节基于内容的推荐方法中，推荐系统根据每部电影的类型特征值学习了表征用户对不同类型电影喜好的参数向量，预测了用户对于电影的评分并依此进行推荐。但是在现实应用中，得到推荐系统电影数据库中所有电影的类型特征值是很困难的，人为标定这些特征值费时费力，也容易掺杂主观因素。如果每部电影的特征值是未知的，但用户对不同类型电影喜好的参数向量是已知的，是否可以学习得出每部电影的类型特征值呢？

根据上一节的内容，类比两种情况的求解思路，可以得出上述问题的目标函数：

$$\min_{x^{(1)},\ldots,x^{(n_m)}} \frac{1}{2}\sum_{i=1}^{n_m}\sum_{j;r(i,j)=1}\left(\left(\boldsymbol{\theta}^{(j)}\right)^{\mathrm{T}}\boldsymbol{x}^{(i)}-y^{(i,j)}\right)^2+\frac{\lambda}{2}\sum_{i=1}^{n_m}\sum_{k=1}^{n}\left(\boldsymbol{x}_k^{(i)}\right)^2 \quad (7\text{-}3)$$

注意　累计符号的上限由 n_u 变成了 n_m。

由此可知，对于一个电影推荐系统，初始化用户参数向量 $\boldsymbol{\theta}$，然后可以迭代求出所有电影特征值 $\boldsymbol{x}$ 和用户参数向量 $\boldsymbol{\theta}$，这就是初始协同过滤方法的基本思路。如果对已知 $\boldsymbol{\theta}$ 求 $\boldsymbol{x}$ 和已知 $\boldsymbol{x}$ 求 $\boldsymbol{\theta}$ 的两个目标函数进行改进，就可以得到同时学习 $\boldsymbol{\theta}$ 和 $\boldsymbol{x}$ 的目标函数。

1. 目标函数

对比已知 $\boldsymbol{\theta}$ 求 $\boldsymbol{x}$ 和已知 $\boldsymbol{x}$ 求 $\boldsymbol{\theta}$ 的两个目标函数，不难发现两个函数预测误差平方和项相同，求和限制条件不同，正则化项不同。改进后的联合学习目标函数使用相同的预测误差平方和项，改变求和的限制条件，并保留不同的正则化项，融合了两个目标函数中所有的成本项，具体如下：

$$\min J(\boldsymbol{x}^{(1)},\ldots,\boldsymbol{x}^{(n_m)},\boldsymbol{\theta}^{(1)},\ldots,\boldsymbol{\theta}^{(n_u)})$$

$$\frac{1}{2}\sum_{(i,j);r(i,j)=1}\left(\left(\boldsymbol{\theta}^{(j)}\right)^{\mathrm{T}}\boldsymbol{x}^{(i)}-y^{(i,j)}\right)^2+\frac{\lambda}{2}\sum_{i=1}^{n_m}\sum_{k=1}^{n}\left(\boldsymbol{x}_k^{(i)}\right)^2+\frac{\lambda}{2}\sum_{i=1}^{n_u}\sum_{k=1}^{n}\left(\boldsymbol{\theta}_k^{(i)}\right) \quad (7\text{-}4)$$

2. 训练优化

优化上述目标函数时，首先将 $\boldsymbol{x}^{(1)},\ldots,\boldsymbol{x}^{(n_m)},\boldsymbol{\theta}^{(1)},\ldots,\boldsymbol{\theta}^{(n_u)}$ 在较小范围进行随机初始化，然后应用梯度下降算法迭代优化目标函数。迭代公式如下：

$$\boldsymbol{x}_k^{(i)}=\boldsymbol{x}_k^{(i)}-\alpha\left(\sum_{j;r(i,j)=1}\left(\left(\boldsymbol{\theta}^{(j)}\right)^{\mathrm{T}}\boldsymbol{x}^{(i)}-y^{(i,j)}\right)\boldsymbol{\theta}_k^{(j)}+\lambda\boldsymbol{x}_k^{(i)}\right) \quad (7\text{-}5)$$

$$\boldsymbol{\theta}_k^{(j)}=\boldsymbol{\theta}_k^{(j)}-\alpha\left(\sum_{i;r(i,j)=1}\left(\left(\boldsymbol{\theta}^{(j)}\right)^{\mathrm{T}}\boldsymbol{x}^{(i)}-y^{(i,j)}\right)\boldsymbol{x}_k^{(i)}+\lambda\boldsymbol{\theta}_k^{(j)}\right) \quad (7\text{-}6)$$

待目标函数收敛时，迭代完成，$(\boldsymbol{\theta}^{(i)})^T\boldsymbol{x}^{(i)}$ 即为推荐系统的期望输出（用户 j 给电影 i 的评分）。

在上述两种推荐方法中，通过学习得到的特征矩阵 $\boldsymbol{X}$ 包含了电影的重要数据信息，有时这些信息隐含着某些不易被人读懂的属性和关系，但是依然需要把特征矩阵 $\boldsymbol{X}$ 作为重要的电影推荐依据。例如，如果一位用户正在观看电影 $x^{(i)}$，推荐模型可以依据给定的相似性度量方法（例如比较向量之间的欧氏距离），找到与 $x^{(i)}$ 相似的电影 $x^{(j)}$ 推荐给该用户。

注意　在协同过滤推荐方法中，不需要设置额外的特征偏置项，所以有 $\boldsymbol{x}, \boldsymbol{\theta} \in R^n$。

7.2.3 混合推荐

混合推荐系统是一种将多个算法或推荐系统单元组合在一起的技术。推荐系统的各个组成部分可以以流水线方式串行连接，也可以并行运行并一同输出结果。在实际工程应用中，多采用组合推荐方法。

组合策略选取的最重要原则就是结合不同算法和模型的优点，并克服它们的缺陷和问题。在 Robin Burke 的《Hybrid Recommender Systems: Survey and Experiments》中，将混合推荐方法划分为 7 种不同的混合策略，这 7 种组合策略的基本概念如下：

- **加权**（Weight）：对多种推荐预测结果加权求和作为最终推荐预测结果。
- **变换**（Switch）：根据不同的问题背景和实际情况，变换选择不同的推荐方法。
- **交叉混合**（Mixed）：同时采用多种推荐方法给出多种推荐预测结果供用户参考、决策。
- **特征组合**（Feature combination）：对来自不同推荐数据源的特征进行组合，再应用到另一种推荐方法中。
- **层叠**（Cascade）：先选用一种推荐方法产生粗糙的推荐预测结果，再在此推荐结果的基础上使用第二种推荐方法产生较精确的推荐预测结果。
- **特征扩充**（Feature augmentation）：一种推荐方法产生的特征信息补充到另一种推荐方法的特征输入中。
- **元级别**（Meta-level）：一种推荐方法产生的模型作为另一种推荐方法的输入。

7.3　深度学习推荐方法

7.3.1　YouTube 的深度神经网络推荐系统

YouTube 是世界上最大的视频上传、分享和发现网站，YouTube 推荐系统为超过 10 亿用户从不断增长的视频库中推荐个性化的内容，系统由两个神经网络组成，分别是候选生成网络和排序网络。候选生成网络从百万量级的视频库中生成上百个候选，排序网络对候选进行打分排序，输出排名最高的数十个结果。下面将分别对上述两个神经网络进行介绍。

1. 候选生成网络（Candidate Generation Network）

候选生成网络的核心思想是将推荐问题建模为一个类别数极大的多分类问题。以 YouTube 视频推荐系统为例，对于一个 YouTube 用户，可以选用的类别包括以下两种：一是历史行为信息，包括用户观看历史（视频 ID）、搜索词记录（search tokens）等；二是用户属性信息，包括人口学信息（如地理位置、用户登录设备）、二值特征（如性别、是否登录）和连续特征（如用户年龄）等。通过上述分类类别，推荐系统对视频库中所有视频分别进行分类，得到每一类的分类结果（即每一个视频的推荐概率），最终输出概率较高的几百个视频。

下面介绍候选生成网络的主要运行过程。首先，将用户历史行为信息映射为向量后取平均值得到固定长度的表示；同时，输入用户属性信息中的人口学信息，并将二值特征和连续特征进行归一化处理，用以优化新用户的推荐效果。接下来，将所有特征表示拼接为一个特征向量，并输入给非线形多层感知器（MLP，功能介绍详见第 6 章内容）处理。MLP 的输出分别流向训练和预测两个模块。在训练模块，MLP 的输出流向 Softmax 分类层，与所有视频特征一同做分类；在预测模块，计算 MLP 的输出（用户的综合特征）与所有视频的相似度，取相似度最高的 K 个输出视频作为候选生成网络的预测结果。候选生成网络结构如图 7-1 所示。

对于给定用户，其想要观看视频的概率预测模型为：

$$P(\omega=i\mid \boldsymbol{u})=\frac{e^{v_i,u}}{\sum_{j\in V}\mathrm{e}^{v_i,u}}$$

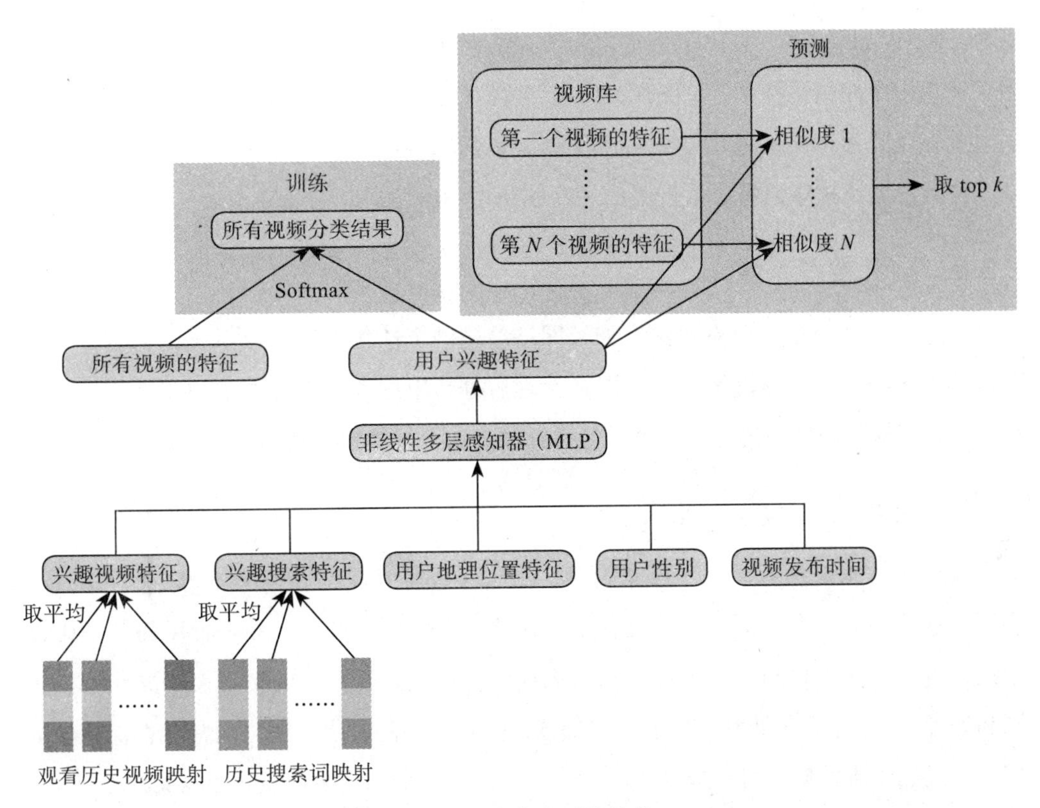

图 7-1 候选生成网络结构

上式中，$\boldsymbol{V}$ 为视频库集合，ω 为此刻用户要观看的视频，$\boldsymbol{v}_i$ 为视频库中第 i 个视频的特征表示，$\boldsymbol{u}$ 为用户 U 的特征表示。$\boldsymbol{v}_i$ 和 $\boldsymbol{u}$ 为长度相等的向量，对两者做点积操作可以通过全连接层实现。

Softmax 分类的类别数非常多，为了保证一定的计算效率，在运行网络时需要采用以下策略：

1）在训练阶段，对负样本类别进行采样，降低实际计算类别的规模至数千。

2）在推荐预测阶段，不采用 Softmax 的归一化计算分类方式（不影响结果），将计算类别得分问题简化为点积（Dot Product）空间中的最近邻（Nearest Neighbor）搜索问题，取与用户兴趣特征 $\boldsymbol{u}$ 最相近的 k 个视频作为候选的预测结果。

2. 排序网络（Ranking Network）

排序网络的结构类似于候选生成网络，它的优势是对候选预测结果进行了更细致的得分计算和结果排序。类比于传统广告排序方法中的特征提取，排序网络也构造了大量用于视频排序的相关特征（如视频 ID、上次观看时间等）。特征处理与候选生成网络的不同之处在于排序网络的输出端是一个加权逻辑回归模型，它计算所有候选视频的预测得分，按分值大小排序后将分值较高的一些视频推荐给用户。

7.3.2　融合推荐系统

融合推荐系统是一个应用深度神经网络结构的个性化电影推荐系统，它融合了用户和电影的多项特征，通过深度神经网络处理后进行用户喜爱电影的预测和推荐。下面介绍融合推荐模型中应用的重要技术，并详细描述融合推荐模型的运行过程。

1. 词向量（Word Embedding）

词向量技术是推荐系统、搜索引擎、广告系统等互联网服务必不可少的基础技术，多用于这些服务的自然语言处理过程中。在这些互联网服务里，一个常见任务是比较两个词或者两段文本之间的相关性，要完成这个任务就需要把词或文字表示成计算机能识别和处理的“语言”。如果在机器学习领域里选择问题的解决方法，通常会选择词向量模型。通过词向量模型可将一个词语映射为一个维度较低的实数向量（Embedding Vector），例如：

$$\text{embedding}(\text{情人节})=[0.3, 4.2, -1.5, \cdots]$$

$$\text{embedding}(\text{玫瑰花})=[0.2, 5.6, -2.3, \cdots]$$

在这组映射得到的实数向量表示中，两个语义（或用法）上相似的词对应的词向量应该“更像”，所以“情人节”和“玫瑰花”这两个表面看来不相关的词因其语境的相关性而有较高的相似度。

2. 文本卷积神经网络（Text Convolutional Neural Networks）

第 6 章对卷积神经网络做了系统全面的介绍，并对其在计算机视觉领域中的应用进行了详细叙述。卷积神经网络可以有效提取、抽象得到高级的特征表示。实践表明，卷积神经网络能高效地处理图像问题和文本问题。

卷积神经网络主要由卷积层（Convolution Layer）、池化层（Pooling Layer）和全连接层组成，其应用及组合方式灵活多变，种类繁多。在融合推荐模型中，选择文本卷积神经网络用于学习电影名称的表示，网络结构如图 7-2 所示。

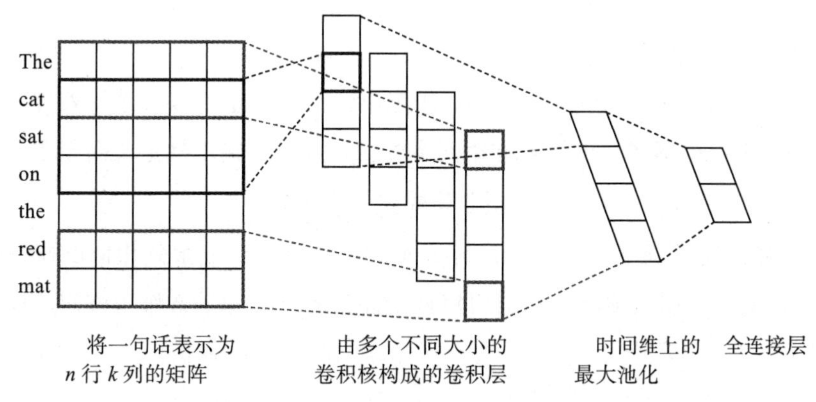

图 7-2　卷积神经网络文本分类模型

假设待处理句子的长度为 n，其中第 i 个词的词向量为 $\boldsymbol{x}_i \in R^k$，k 为维度大小。

1）词向量拼接操作：将每 h 个词向量拼接成一个大小为 h 的词窗口，记为 $\boldsymbol{x}_{i:i+h-1}$，它表示词向量序列 $\boldsymbol{x}_i, \boldsymbol{x}_{i+1}, \ldots, \boldsymbol{x}_{i+h-1}$ 的拼接，其中，i 表示词窗口中第一个词在待处理句子中的位置，取值范围从 1 到 $n-h+1$, $\boldsymbol{x}_{i:i+h-1} \in R^{hk}$。

2）卷积操作：把卷积核 $\omega \in R^{hk}$ 作用于包含 h 个词的窗口 $\boldsymbol{x}_{i:i+h-1}$，得到特征 $\boldsymbol{c}_i=f(\omega \cdot \boldsymbol{x}_{i:i+h-1}+b)$，其中 $b \in R$ 为偏置项（bias），f 为非线性激活函数，如 sigmoid 函数。将卷积核作用于待处理句子中所有的词窗口 $\boldsymbol{x}_{1:h}, \boldsymbol{x}_{2:h+1}, \ldots, \boldsymbol{x}_{n-h+1:n}$，生成一个特征图（Feature Map）：

$$\boldsymbol{c}=[\boldsymbol{c}_1, \boldsymbol{c}_2, \ldots, \boldsymbol{c}_{n-h+1}], \boldsymbol{c} \in R^{n-h+1}$$

3）池化操作：对特征图采用时间维度上的最大池化（Max Pooling Over Time）操作，得到与此卷积核对应的待处理句子的特征 $\hat{\boldsymbol{c}}$，它是特征图中所有特征的最大值：

$$\hat{\boldsymbol{c}}=\max(\boldsymbol{c})$$

3. 系统模型概览

融合推荐系统模型如图 7-3 所示，它包括以下步骤：

1）模型输入：使用用户特征和电影特征作为神经网络的输入。用户特征融合了 4 类属性特征信息，分别是用户 ID、性别、职业和年龄。电影特征融合了 3 类属性特征信息，分别是电影 ID、电影类型 ID 和电影名称。

2）用户特征处理：将用户的 4 类属性特征信息分别映射为 256 维的向量表示，然后分别输入全连接层并将输出结果相加。

3）电影特征处理：将电影 ID 以类似用户属性特征信息的方式进行处理，电影类型 ID 直接转换为向量的形式，电影名称用文本卷积神经网络输出其定长向量表示，然后将 3 个属性的特征向量分别输入全连接层并将输出结果相加。

4）得到用户特征和电影特征的向量表示后，计算二者的余弦相似度作为推荐系统的预测分数。最后，用该预测分数和用户真实评分的差异的平方作为该回归模型的成本函数。

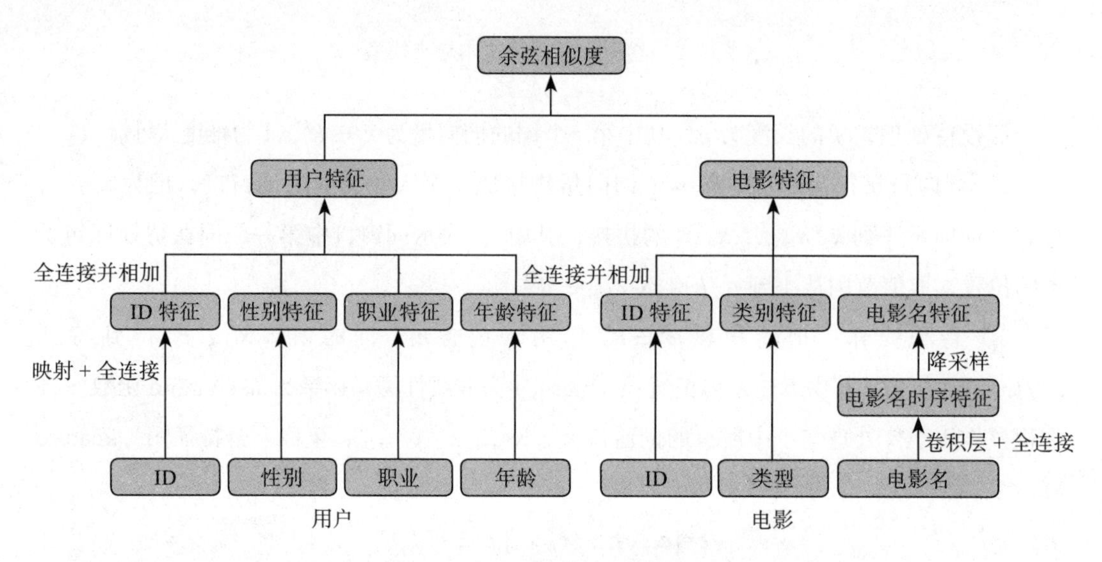

图 7-3 融合推荐模型

7.4 个性化推荐系统在 PaddlePaddle 上的实现

7.4.1 数据准备

本节将以 MovieLens 百万数据集（MovieLens-1M）为基础数据集实现基于特征融合的个性化电影推荐系统。MovieLens-1M 数据集包含了 6 000 位用户对 4 000 部电影的

1 000 000 条评价（评分范围 1~5 分，均为整数），由 GroupLens Research 实验室搜集整理。

项目的初始化过程如代码清单 7-1 所示。PaddlePaddle 在 API 中提供了自动加载数据的模块，数据模块为 paddle.dataset.movielens。在原始数据中包含用户的特征数据、电影的特征数据和用户对电影的评分。

代码清单 7-1　初始化

```
import paddle.v2 as paddle
with_gpu = os.getenv('WITH_GPU', '0') != '0'
# 初始化，设置为不使用 GPU
paddle.init(use_gpu=with_gpu)
```

显示打印出的某条电影特征数据，如代码清单 7-2 所示。

代码清单 7-2　打印某条电影特征数据

```
movie_info = paddle.dataset.movielens.movie_info()
print movie_info.values()[0]
```

如果想要获取电影特征数据，可以打印任意一条电影特征数据，打印结果如下所示。结果表示，电影的 ID 是 1，标题是《Toy Story》，该电影被分到三个类别中。这三个类别是动画、儿童、喜剧。

```
<movieinfo id(1),="" title(toy="" story="" ),="" categories(['animation',=""
"children's",="" 'comedy'])="">
```

显示打印出的某条用户特征数据，如代码清单 7-3 所示。

代码清单 7-3　打印某条用户特征数据

```
user_info = paddle.dataset.movielens.user_info()
print user_info.values()[0]
```

同理，如果想要获取用户特征数据，可以打印任意一条用户特征数据，打印结果如下所示。结果表示，该用户 ID 是 1，女性，年龄比 18 岁还小，职业 ID 是 10。其中年龄属性和职业属性分别用不同的数字对应不同的属性值。

```
<userinfo id(1),="" gender(f),="" age(1),="" job(10)="">
```

显示打印出的第一条训练数据，如代码清单 7-4 所示。

代码清单 7-4　打印第一条训练数据

```
train_set_creator = paddle.dataset.movielens.train()
train_sample = next(train_set_creator())
uid = train_sample[0]
# 按用户信息值的长度确定 mov_id 的位置
mov_id = train_sample[len(user_info[uid].value())]
print "User %s rates Movie %s with Score %s"%(user_info[uid], movie_info[mov_id], train_sample[-1])
```

而对于每一条训练 / 测试数据，格式均为 <用户特征> + <电影特征> + 评分。例如，打印得到第一条训练数据：用户 1 对电影 1193 的评价为 5 分。

打印出的结果如下：

```
User <userinfo id(1),="" gender(f),="" age(1),="" job(10)=""> rates Movie <movieinfo id(1193),="" title(one="" flew="" over="" the="" cuckoo's="" nest="" ),="" categories(['drama'])=""> with Score [5.0]
```

7.4.2　模型配置

下面开始根据输入数据的形式配置模型。对于每个用户，系统输入 4 维特征，其中包括 user_id、gender_id、age_id、job_id。这几维特征均是简单的整数值。为方便神经网络进行处理，本书借鉴自然语言处理中的语言模型，将这几维离散的整数值变换成词向量并取出，分别形成 usr_emb、usr_gender_emb、usr_age_emb、usr_job_emb。网络配置如代码清单 7-5 所示。

代码清单 7-5　用户特征配置

```
# 读取用户编号信息（user_id）
    uid = paddle.layer.data(
            name='user_id',
            type=paddle.data_type.integer_value(
paddle.dataset.movielens.max_user_id() + 1))
        # 将用户编号变换为对应词向量
    usr_emb = paddle.layer.embedding(input=uid, size=32)
        # 将用户编号对应词向量输入到全连接层
    usr_fc = paddle.layer.fc(input=usr_emb, size=32)

# 读取用户性别类别编号信息（gender_id）并做处理（同上）
    usr_gender_id = paddle.layer.data(
        name='gender_id', type=paddle.data_type.integer_value(2))
    usr_gender_emb = paddle.layer.embedding(input=usr_gender_id, size=16)
    usr_gender_fc = paddle.layer.fc(input=usr_gender_emb, size=16)
```

```
# 读取用户年龄类别编号信息 (age_id) 并做处理 (同上)
    usr_age_id = paddle.layer.data(
        name='age_id',
        type=paddle.data_type.integer_value(
            len(paddle.dataset.movielens.age_table)))
    usr_age_emb = paddle.layer.embedding(input=usr_age_id, size=16)
    usr_age_fc = paddle.layer.fc(input=usr_age_emb, size=16)

# 读取用户职业类别编号信息 (job_id) 并做处理 (同上)
    usr_job_id = paddle.layer.data(
        name='job_id',
        type=paddle.data_type.integer_value(
            paddle.dataset.movielens.max_job_id() + 1))
    usr_job_emb = paddle.layer.embedding(input=usr_job_id, size=16)
    usr_job_fc = paddle.layer.fc(input=usr_job_emb, size=16)
```

然后，对于所有的用户特征均输入到一个全连接层 (fc) 中，将所有特征融合为一个 200 维度的特征，用户融合特征配置如代码清单 7-6 所示。

代码清单 7-6　用户融合特征配置

```
# 所有的用户特征再输入到一个全连接层中，完成特征融合
    usr_combined_features = paddle.layer.fc(
        input=[usr_fc, usr_gender_fc, usr_age_fc, usr_job_fc],
        size=200,
        act=paddle.activation.Tanh())
```

进而，我们对每一个电影特征都做了类似的变换，网络配置如代码清单 7-7 所示。电影 ID 和电影类型分别映射到其对应的特征隐层。电影名称是一个词语序列，本代码中用到的电影名信息变量 movie_title 是词语序列对照词典转化成的数字序列表示。movie_title 在输入卷积层后，将得到每个时间窗口的特征（序列特征），然后通过在时间维度降采样得到固定维度的特征，整个过程在 sequence_conv_pool 中实现。最后再将电影的特征融合进 mov_combined_features 中。

代码清单 7-7　电影融合特征配置

```
# 读取电影编号信息 (movie_id)
    mov_id = paddle.layer.data(
            name='movie_id',
            type=paddle.data_type.integer_value(
                paddle.dataset.movielens.max_movie_id() + 1))
        # 将电影编号变换为对应词向量
    mov_emb = paddle.layer.embedding(input=mov_id, size=32)
```

```
        # 将电影编号对应词向量输入到全连接层
    mov_fc = paddle.layer.fc(input=mov_emb, size=32)

        # 读取电影类别编号信息（category_id）
    mov_categories = paddle.layer.data(
            name='category_id',
            type=paddle.data_type.sparse_binary_vector(
                len(paddle.dataset.movielens.movie_categories())))
        # 将电影编号信息输入到全连接层
    mov_categories_hidden = paddle.layer.fc(input=mov_categories, size=32)

        # 读取电影名信息（movie_title）
    mov_title_id = paddle.layer.data(
        name='movie_title',
type=paddle.data_type.integer_value_sequence(len(movie_title_dict)))
        # 将电影名变换为对应词向量
    mov_title_emb = paddle.layer.embedding(input=mov_title_id, size=32)
        # 将电影名对应词向量输入到卷积网络生成电影名时序特征
    mov_title_conv = paddle.networks.sequence_conv_pool(
            input=mov_title_emb, hidden_size=32, context_len=3)

# 所有的电影特征再输入到一个全连接层中，完成特征融合
    mov_combined_features = paddle.layer.fc(
            input=[mov_fc, mov_categories_hidden, mov_title_conv],
            size=200,
            act=paddle.activation.Tanh())
```

我们使用余弦相似度计算用户特征与电影特征的相似性，并将这个相似性拟合（回归）到用户评分上。cost 即为本系统的优化目标，也可认为是本网络模型的拓扑结构，代码如代码清单 7-8 所示。

代码清单 7-8　确定 cost

```
# 计算用户融合特征和电影融合特征的余弦相似度
    inference = paddle.layer.cos_sim(
            a=usr_combined_features, b=mov_combined_features, size=1, scale=5)

        # 定义成本函数为均方误差函数
    cost = paddle.layer.square_error_cost(
            input=inference,
            label=paddle.layer.data(
                name='score', type=paddle.data_type.dense_vector(1)))
```

7.4.3　模型训练

训练模型之前，需要先定义参数，定义方法如代码清单 7-9 所示。parameters 是模型

的所有参数集合，它是一个Python的dict数据，存储这个网络中的所有参数名称。因为此前定义模型时没有指定参数名称，这里参数名称是自动生成的。当然，也可以指定每一个参数名称，方便日后维护。

代码清单 7-9 参数定义

```
# 利用 cost 创建 parameters
    parameters = paddle.parameters.create(cost)
```

在训练过程中，系统直接使用PaddlePaddle提供的数据集读取程序。paddle.dataset.movielens. train()和paddle.dataset.movielens.test()分别读取训练和预测数据集，并且通过feeding来指定每一个数据和数据层（data_layer）的对应关系。例如，代码清单7-10中的feeding表示：对于数据层user_id，使用了reader中每一条数据的第0个元素，gender_id数据层使用了第1个元素，以此类推。

代码清单 7-10 feeding 定义

```
# 数据层和数组索引映射，用于 trainer 训练时读取数据
    feeding = {
        'user_id': 0,
        'gender_id': 1,
        'age_id': 2,
        'job_id': 3,
        'movie_id': 4,
        'category_id': 5,
        'movie_title': 6,
        'score': 7
    }
```

训练过程是完全自动的，在PaddlePaddle中定义事件处理器event_handler以观察训练过程或进行测试等。此外，我们在event_handle中记录了训练成本和测试成本变化的数值，并使用plot_costs函数绘制了成本曲线图，相应代码如代码清单7-11～7-13所示。成本曲线如图7-4所示。

代码清单 7-11 event_handler 定义

```
def event_handler(event):
    """
    事件处理器，可以根据训练过程的信息做相应操作
    Args:
        event -- 事件对象，包含 event.pass_id, event.batch_id, event.cost 等信息
    Return:
    """
```

```
    global step
    if isinstance(event, paddle.event.EndIteration):
        # 每100个batch输出一条记录，分别是当前的迭代次数编号，batch编号和对应成本值
        if event.batch_id % 100 == 0:
            print "Pass %d Batch %d Cost %.2f" % (
                event.pass_id, event.batch_id, event.cost)
            # 添加训练数据的cost绘图数据
            train_costs.append(event.cost)
            train_step.append(step)
        step += 1
    if isinstance(event, paddle.event.EndPass):
        # 保存参数至文件
        with open('params_pass_%d.tar' % event.pass_id, 'w') as f:
            trainer.save_parameter_to_tar(f)

        # 利用测试数据进行测试
        result = trainer.test(reader=paddle.batch(
            paddle.dataset.movielens.test(), batch_size=128))
        print "Test with Pass %d, Cost %f" % (
            event.pass_id, result.cost)
        # 添加测试数据的cost绘图数据
        test_costs.append(result.cost)
        test_step.append(step)
```

代码清单 7-12　绘制曲线图

```
def plot_costs(train_costs, train_step, test_costs, test_step):
"""
利用costs展示模型的训练测试曲线
Args:
    train_costs -- 记录了训练过程的cost变化的list，每100次迭代记录一次
    train_step -- 记录了训练过程迭代次数的list
    test_costs -- 记录了测试过程的cost变化的list，每3500次迭代记录一次
    test_step -- 记录了测试过程迭代次数的list
Return:
"""
train_costs = np.squeeze(train_costs)
test_costs = np.squeeze(test_costs)

plt.figure()
plt.plot(train_step,train_costs,label="Train Cost")
plt.plot(test_step,test_costs,label="Test Cost")

plt.ylabel('cost')
plt.xlabel('iterations (step)')
plt.title("train-test-cost")

plt.legend()
plt.show()
plt.savefig( ‘train_test_cost.png’ )
```

代码清单 7-13　训练过程定义

```
"""
模型训练
paddle.batch(reader(), batch_size=256):
    表示从打乱的数据中再取出 batch_size=256 大小的数据进行一次迭代训练
paddle.reader.shuffle(train(), buf_size=8192):
    表示 trainer 从 train() 这个 reader 中读取了 buf_size=8192 大小的数据并打乱顺序
event_handler: 事件管理机制，可以自定义 event_handler，根据事件信息作相应的操作
    下方代码中选择的是 event_handler_plot 函数
feeding:
    用到了之前定义的 feeding 索引，将数据层信息输入 trainer
num_passes:
    定义训练的迭代次数
"""
trainer.train(
    reader=paddle.batch(
        paddle.reader.shuffle(
            paddle.dataset.movielens.train(), buf_size=8192),
        batch_size=256),
    event_handler=event_handler_plot,
    feeding=feeding,
    num_passes=10)
```

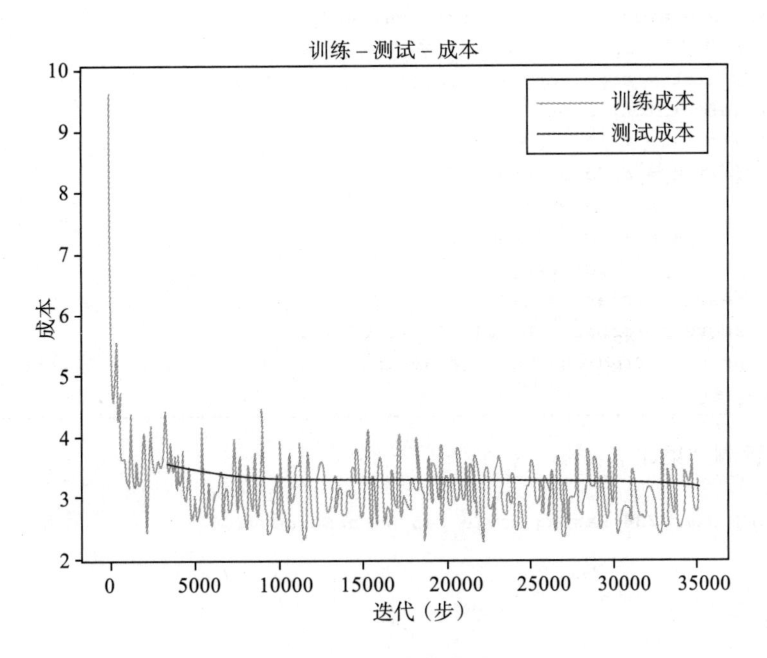

图 7-4　成本曲线图

7.4.4　模型测试

完成模型训练之后，可以使用任意一个用户 ID 和电影 ID 预测该用户对该电影的评分，从而验证系统模型。示例程序如代码清单 7-14 所示。

代码清单 7-14　评分预测

```
import copy
global PARAMETERS
# 读取模型参数，"params_pass_9.tar" 为第 10 次迭代训练出的模型参数
    if not os.path.exists('params_pass_9.tar'):
            print("Params file doesn't exists.")
            return
    with open('params_pass_9.tar', 'r') as f:
            PARAMETERS = paddle.parameters.Parameters.from_tar(f)
# 定义用户编号值和电影编号值
    user_id = 234
    movie_id = 345
        # 根据已定义的用户、电影编号值从 movielens 数据集中读取数据信息
    user = paddle.dataset.movielens.user_info()[user_id]
    movie = paddle.dataset.movielens.movie_info()[movie_id]
        # 存储用户特征和电影特征
    feature = user.value() + movie.value()
        # 复制 feeding 值，并删除序列中的得分项
    infer_dict = copy.copy(feeding)
    del infer_dict['score']
        # 预测指定用户对指定电影的喜好得分值
    prediction = paddle.infer(
            output_layer=inference,
            parameters= PARAMETERS,
            input=[feature],
        feeding=infer_dict)
        score = (prediction[0][0] + 5.0) / 2
        print "[Predict] User %d Rating Movie %d With Score %.2f"%(user_id,
movie_id, score)
```

打印的预测结果如下：

```
[Predict] User 234 Rating Movie 345 With Score 4.46
```

本章小结

推荐系统几乎涵盖了电商系统、社交网络、广告推荐、搜索引擎等领域的方方面面，

而在图像处理、自然语言处理等领域已经发挥重要作用的深度学习技术，也必将会在推荐系统领域大放异彩。本章介绍了传统的推荐方法和典型的深度神经网络推荐模型，并以电影推荐为例，使用 PaddlePaddle 训练了一个个性化推荐神经网络模型，代码文件可以在 Github 的 PaddlePaddle 主页中找到。

本章的参考代码在 https://github.com/BaiduOSS/DeepLearningAndPaddleTutorial 下 lesson7 子目录下。

CHAPTER 8
第8章

个性化推荐的分布式实现

上一章主要讲述了基于PaddlePaddle的深度学习推荐系统在单机上的实现，系统实现的基础数据集是拥有100万条电影评分数据的MovieLens-1M数据集。然而在实际生产中，用于模型训练的数据规模会达到十亿、百亿乃至万亿，如此大规模的数据如果在单机上进行训练需要花费的时间是难以忍受的，所以用户迫切需要将深度学习推荐模型部署在分布式集群环境上并行训练以提高效率。

PaddlePaddle Cloud是百度云为国内深度学习使用者提供的一整套集群环境，是建构在Baidu CCE（容器引擎）之上的深度学习环境。将大规模深度学习任务部署在PaddlePaddle Cloud集群上，可以高效率、低成本、安全可靠地管理和维护分布式的PaddlePaddle任务。本章将介绍PaddlePaddle Cloud的基本架构和具体用法，并结合第7章中介绍的基于PaddlePaddle的深度学习推荐系统的具体实现，讲述如何在PaddlePaddle Cloud上实现分布式深度学习推荐系统。

学完本章，希望读者能够掌握以下知识点：

（1）PaddlePaddle Cloud的使用方法，包括集群创建和配置、客户端配置等。

（2）使用PaddlePaddle Cloud提交单节点任务。

（3）使用PaddlePaddle Cloud搭建分布式深度学习推荐网络模型。

8.1 PaddlePaddle Cloud介绍

PaddlePaddle Cloud是高度可扩展的高性能分布式深度学习云平台，构建于百度云容器引擎CCE之上。CCE是基于Docker和Kubernetes的容器集群管理平台，提供容器化应用的一键式创建、自动伸缩等弹性高可用能力，CCE 产品架构如图 8-1 所示。

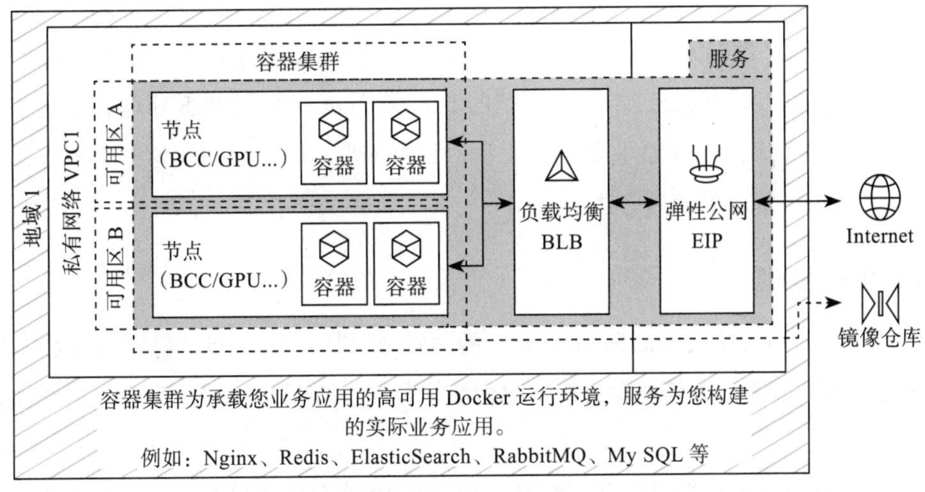

图 8-1　CCE 产品架构图

在 PaddlePaddle Cloud 云平台中，用户无须安装、运维、扩展集群管理基础设施，只需进行简单的 API 调用操作，便可根据业务或应用程序的资源需求和可用性要求在个人专属的 PaddlePaddle Cloud 集群中部署容器、执行任务。PaddlePaddle Cloud 基本架构如图 8-2 所示。

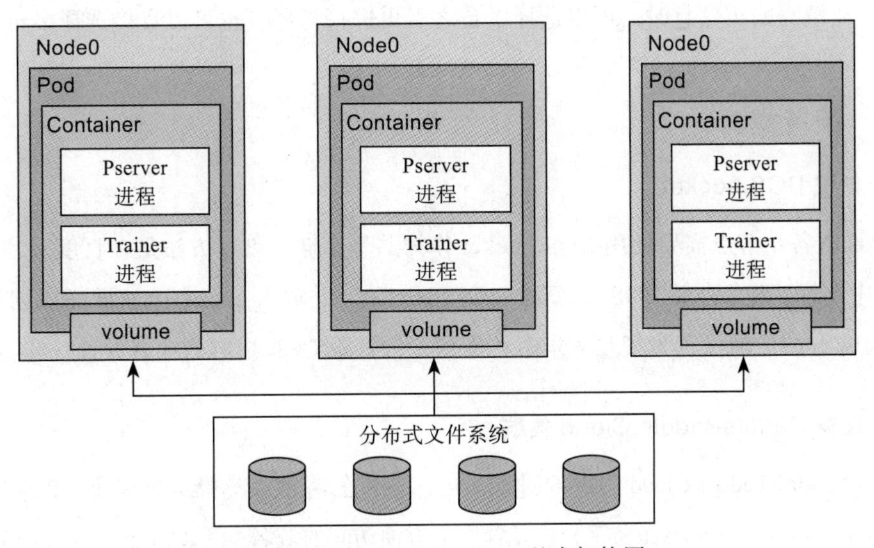

图 8-2　PaddlePaddle Cloud 基本架构图

8.2 PaddlePaddle Cloud 使用

在执行分布式 PaddlePaddle 任务之前，需要先完成 PaddlePaddle Cloud 集群的创建和配置工作。需要注意的是，本章中提到的 PaddlePaddle Cloud 集群环境都是基于百度公有云平台部署实现的。下面将从创建集群、配置集群、配置客户端这三个步骤详细介绍 PaddlePaddle Cloud 的使用方法。

8.2.1 创建集群

进入百度云（https://cloud.baidu.com/）的“管理控制台”，选择“容器引擎 CCE”中的“创建集群”按钮，即可填写集群创建的相应信息。在信息填写过程中，需要注意以下事项：

- 在集群配置中，设置容器网络时注意选择 IP 端，避免出现“容器网络冲突”的红色出错提示。
- 在节点配置中，设置 CPU 和内存时最低要求是 8 核和 8GB，因为 PaddlePaddle Cloud 对机器配置要求比较高。
- 在填写弹性资源时，注意 PaddlePaddle Cloud 需要外部 IP。
- 在填写系统信息时，注意选择合适的密码，以便于之后远程登录进行操作。
- 在填写购买信息时，可以选择 1 台之后再进行扩展，也可以直接选择多台实例。

8.2.2 配置集群

1. 创建 BOS bucket

集群内各个节点需要使用 BOS bucket 作为共享存储，创建方法是在百度云“管理控制台”中选择“对象存储 BOS”，新建一个“bucket”并输入 bucket 名字即完成创建。（注意选择 BOS 的区域可选为华北 / 华南 / 华东，最好跟 CCE 集群的地域设置一样。）

2. 配置 PaddlePaddle Cloud 集群

配置 PaddlePaddle Cloud 集群的时候，进入该配置界面，选择集群名字、PaddlePaddle 版本和刚创建的 BOS bucket 名字，再设置一个方便访问的域名（例如 example.domain.com）。

然后下载 kubectl 1.8 版本的命令行工具，并从集群管理页面中下载该集群的配置文件 kubectl.conf 到本地并保存为 ~/.kube/config，再运行如下命令获得 PaddlePaddle Cloud 的对外 IP 地址。

```
$kubectl get svc -n nginx-ingress
```

例如可以获得该 PaddlePaddle Cloud 的 External IP 为 180.1.1.1。

为使域名在本地解析便于用户访问，用户可以在本地 "hosts" 文件中增加一行 "Paddle_EXTERNAL_IP YOUR_DOMAIN_NAME"，例如对应上例，应加入 "180.1.1.1 example.domain.com"

几分钟后，通过浏览器访问该设定的域名 http:// example.domain.com/，即可进入 PaddlePaddle Cloud 集群登录界面。点击 "SignUp" 后，设置 "email" "password" 等字段，完成 PaddlePaddle Cloud 集群配置。（注意，email 和 password 为必填项，其他随意。）

8.2.3 配置客户端

1. 下载 PaddlePaddle Cloud 客户端

PaddlePaddle Cloud 客户端是提交 PaddlePaddle Cloud 分布式训练任务的命令行工具。用户需要下载最新的 PaddlePaddle Cloud 二进制客户端（下载链接：https://github.com/PaddlePaddle/cloud/releases），并把 PaddlePaddle Cloud 复制到环境变量 $PATH 中的路径下，比如 /usr/local/bin，然后输入下述命令增加可执行权限。

```
$chmod +x $PATH/paddlecloud
```

2. 配置 PaddlePaddle Cloud 客户端

配置 PaddlePaddle Cloud 客户端，首先需要创建配置文件，在 Linux/Mac 系统中创建 ~/.paddle/config 文件（windows 系统创建当前用户目录下的 .paddle\config 文件），写入文件的内容如下所示：

```
datacenters:
- name: default
    username: [your user name]
    password: [secret]
    endpoint: http://example.domain.com
```

```
current-datacenter: default
```

配置文件用于指定使用的 PaddlePaddle Cloud 服务器集群的接入地址，同时配置用户的登录信息，各信息字段对应含义如表 8-1 所示。在命令行下运行“paddlecloud get jobs”，不返回出错信息，即表示 PaddlePaddle Cloud 状态正常，客户端的配置文件运行正常，集群配置通过。

表 8-1 配置信息字段含义说明表

字段	含义
name	自定义的 datacenter 名称，可以是任意字符串
username	PaddlePaddle Cloud 的用户名
password	用户名对应的密码
endpoint	用户部署所使用的域名
current-datacenter	标明使用哪个 datacenter 作为当前操作的 datacenter，默认使用 default

注意 如果对 ~/.paddle/config 文件有修改，请删除 ~/.paddle/token_cache 目录。

8.3 个性化推荐在 PaddlePaddle Cloud 上的实现

8.3.1 提交单节点任务

在介绍个性化推荐系统在 PaddlePaddle Cloud 上的具体实现之前，先简要介绍提交单节点任务的基本过程和其中必要的命令行语法，以下的操作都通过 PaddlePaddle Cloud 客户端进行。

1. 提交数据文件

提交数据文件的命令如下所示：

```
$paddlecloud file put src dest
```

src 表示数据的源文件目录，dest 表示数据提交的目的文件目录。需要注意的是，src 必须是当前目录的子目录。src 如果以“/”结尾，则表示上传 src 目录下的文件，不会再在 dest 下创建新的目录。如果没有以“/”结尾，则表示上传 src 目录，会在 dest 下创建一个新的目录。dest 必须包含“/pfs/{detacenter}/home/{uesername}”目录。

以本书对应程序 lesson2 为例，把数据文件 data.txt 提交到 PaddlePaddle Cloud 上，可以用如下命令：

```
$paddlecloud file put ./data.txt /pfs/default/home/xxx@eample.com
```

注意：xxx@example.com 即之前通过 http://example.domain.com 页面 signup 所用的邮箱地址。

2. 提交执行任务

还是以本书对应程序 lesson2 下执行文件名为“train_with_paddle.py”的程序为例，提交执行任务命令如下所示。命令设置任务名为 lesson2，CPU 数为 1，GPU 数为 0，并行度为 1。

```
$mkdir cloud
$cp train_with_paddle.py cloud
# 修改 train_with_paddle.py，把 load_data("data.txt")，改为 load_data("../../data.
txt")
$vi cloud/ train_with_paddle.py
$paddlecloud submit -jobname lesson2 -cpu 1 -gpu 0 -parallelism 1 -entry
"python train_with_paddle.py" cloud/
```

注意 train_with_paddle.py 将上传到节点上的 /home/pcloud/data/public/[username]/jobs/lesson2 路径下，之所以需要修改文件，是因为数据文件和程序文件上传后的路径不在同一个目录下。

---

3. 查看任务状态和日志

为确保任务的正常执行，经常需要查看任务的执行情况，即查看任务当前状态和执行日志。操作具体命令如下所示：

```
$paddlecloud get jobs    # 查看 job 的状态
$paddlecloud get jobs lesson2   # 查看任务执行的状态
$paddlecloud get workers lesson2    # 查看任务执行的状态
$paddlecloud logs (-n num)lesson2  # 查看任务的日志，加上 -n 参数能看到更多日志
```

4. 终止任务

执行终止任务命令，可以停止在该集群上的所有该训练任务，命令如下所示。在之后提交新的任务时，需要更改提交时的 -name 参数，防止任务名称冲突。

```
$paddlecloud kill jobname
```

5. 输出训练模型

任务成功执行后，训练程序通常会将模型输出保存在云端文件系统中，查看、下载模型输出的命令如下所示：

```
$paddlecloud file ls    # 查看模型输出
$paddlecloud file get   # 下载模型输出
```

8.3.2 个性化推荐在 PaddlePaddle Cloud 上的实现

本书的第 7 章详细讲述了个性化电影推荐系统在 PaddlePaddle 上的实现，而本节则主要介绍个性化电影推荐系统在 PaddlePaddle Cloud 上的实现。

个性化推荐在 PaddlePaddle Cloud 上的实现采用分布式任务提交的模式，分布式任务和单节点任务最重要的区别在于数据文件需要进行拆分，且提交任务时需要指定大于 1 的并行度。在 PaddlePaddle Cloud 上的实现主要包括两个 python 源文件，“prepare_data.py”主要完成数据预处理、拆分的功能，“train_with_cloud.py”主要完成数据并行读取、并行训练，输出预测结果等功能。这两个程序都在本书参考程序的 lesson8 子目录下。

下文将结合两个文件的代码介绍各功能模块的具体实现。

1. 数据准备

根据个性化电影推荐系统设计需要，系统的训练需要在多节点上分布式进行。要实现多节点同时训练，就需要将原始数据集 MovieLens 拆分成若干个独立的子部分。我们可以提交一个任务上去，由 PaddlePaddle Cloud 执行该任务，完成数据集下载和数据文件拆分的功能。

例如提交拆分数据文件任务的命令为：

```
$mkdir cloud;cp prepare_data.py cloud
```

```
$vi  cloud/prepare_data.py #把 USERNAME 改为之前注册好的邮箱地址
$paddlecloud submit -jobname r-p -cpu 1 -gpu 0 -parallelism 1 -entry "python
prepare_data.py" cloud
```

相关代码如代码清单 8-1 和代码清单 8-2 所示。

代码清单 8-1　参数设置

```
import os
import paddle.v2.dataset as dataset
# USERNAME 是 PaddlePaddle Cloud 平台登录的用户名，直接替换相应字段即可
USERNAME = "xxx@example.domain.com"
# 获取 PaddlePaddle Cloud 当前数据中心的环境变量值
DC = os.getenv("PADDLE_CLOUD_CURRENT_DATACENTER")
# 设定在当前数据中心下缓存数据集的路径
dataset.common.DATA_HOME = "/pfs/%s/home/%s" % (DC, USERNAME)
TRAIN_FILES_PATH = os.path.join(dataset.common.DATA_HOME, "movielens")
# 获取训练器的相关参数
TRAINER_ID = int(os.getenv("PADDLE_INIT_TRAINER_ID"))
TRAINER_INSTANCES = int(os.getenv("PADDLE_INIT_NUM_GRADIENT_SERVERS"))
```

代码清单 8-2　数据拆分

```
def main():
"""
    根据训练文件路径对 movielens 数据集进行拆分，并输出操作日志
"""
    # 判断训练是否在 PaddlePaddle Cloud 上执行
        if TRAINER_ID == -1 or TRAINER_INSTANCES == -1:
            print "no cloud environ found, must run on cloud"
            exit(1)
    print("\nBegin to convert data into "+ dataset.common.DATA_HOME)
        # 拆分数据
    dataset.common.convert(TRAIN_FILES_PATH,
                           dataset.movielens.train(), 1000, "train")
    print("\nConvert process is finished")
    print("\nPlease run 'paddlecloud file ls "+ dataset.common.DATA_HOME+
          "/movielens' to check if datas exist there")
```

2. 数据读取

分布式数据读取是从给定的 RecordIO 文件路径中读取训练数据，并返回 RecordIO 文件的数据读取结果。这次提交的任务并行度大于 1，即由多个实例来运行分布式训练。

例如提交分布式训练任务的命令为：

```
$cp train_with_cloud.py cloud
$vi cloud/train_with_cloud.py # 把 USERNAME 改为之前注册好的邮箱地址
$paddlecloud submit -jobname r-t -cpu 2 -gpu 0 -parallelism 2 -entry "python train_with_cloud.py" cloud
```

注意　此次并行度设置为2，即由两个实例来进行分布式训练，可以用 $paddlecloud logs r-t 能看到两个实例的日志输出。

数据读取的代码如代码清单 8-3 所示：

代码清单 8-3　数据读取

```
def recordio(paths, buf_size=100):
    """
    从给定的被 "," 分开的 RecordIO 文件路径创建数据 reader
        Args:
            path -- recordio 文件的路径
            buf_size -- buf 大小设为 100
    Return:
            dec.buffered(reader, buf_size) -- recordio 文件的数据 reader
    """

    import recordio as rec
    import paddle.v2.reader.decorator as dec
    import cPickle as pickle
        # 文件读取模块
    def reader():
        f = rec.reader(paths)
        while True:
            r = f.read()
            if r is None:
                break
            yield pickle.loads(r)
        f.close()
    return dec.buffered(reader, buf_size)
```

3. 模型配置、训练和测试

个性化电影推荐系统在 PaddlePaddle Cloud 上的模型与其在 PaddlePaddle 上的模型是完全一致的，所以构建用户融合特征、构建电影融合特征、cost 计算、训练器定义、模型测试等的代码模块也是完全一致的，相应功能模块的具体代码可参考第 7 章相关内容，这里就不再赘述了。系统在 PaddlePaddle Cloud 上的分布式训练模块代码有一定变化，如代码清单 8-4 所示。

代码清单 8-4 模型训练

```
def event_handler(event):
        if isinstance(event, paddle.event.EndIteration):
            if event.batch_id % 100 == 0:
                print "Pass %d Batch %d Cost %.2f" % (
                    event.pass_id, event.batch_id, event.cost)

# 训练数据文件读入 Reader 修改为 "recordio(TRAIN_FILES_PATH)"
    trainer.train(
        reader=paddle.batch(
          paddle.reader.shuffle(recordio(TRAIN_FILES_PATH), buf_size=8192),
batch_size=256),
        event_handler=event_handler,
        feeding=feeding,
        num_passes=1)
```

本章小结

本章以个性化电影推荐系统在 PaddlePaddle Cloud 上的实现为应用场景，为读者详细介绍了 PaddlePaddle Cloud 的配置方法和基本用法，并就具体应用场景给出了 PaddlePaddle Cloud 分布式训练的代码实现。

本章的参考代码在 https://github.com/BaiduOSS/DeepLearningAndPaddleTutorial 下 lesson8 子目录下。

CHAPTER 9

第9章 广告 CTR 预估

本章将介绍 PaddlePaddle 是如何处理工业界的一个常见问题——广告点击通过率（Click Through Rate，CTR）预估，这里将用其更为常见的说法——CTR 预估，对这类问题进行介绍和阐述。9.1 节介绍 CTR 的定义和 CTR 预估中常见的预测和推荐算法，以及 CTR 预估效果的评估标准。9.2 节介绍 CTR 预估涉及的基本过程，同时说明特征预处理在整个 CTR 预估过程中发挥的作用。9.3 节介绍工业上 CTR 预估的常见模型及各自的优缺点，对几种较为常用的模型也会进行详细介绍。9.4 节介绍 CTR 预估在 PaddlePaddle 上的实现，包括模型的建立和代码的实现。

注意 本章中所介绍的 CTR 预估是一个简化的流程，仅供读者入门学习使用，实际的 CTR 预估远比本书中介绍的模型复杂得多。

学完本章，希望读者能达到如下目的：

（1）熟练掌握 CTR 预估原理及 CTR 预估流程。

（2）初步的理解和认识 CTR 预估过程中涉及的算法、模型。

（3）能利用文中的示例代码实现简单的 CTR 预估。

9.1 CTR 预估简介

计算广告学是一个十分庞大的学科，里面涵盖了自然语言处理、机器学习、推荐系统等众多研究方向。而广告作为互联网行业的三大盈利模式（广告、电商、游戏）之一，是这三大模式中最有技术含量的，因而计算广告学一直都吸引着无数学术界、工业界的精英投入其中。计算广告学中的 CTR 预估正是机器学习在商业界最成功的应用之一。CTR 预估可以为搜索引擎等广告平台提供一个更为合理的广告排序机制，从而使得收益最大的广告能够获得更高频次的展示（display），最终使得广告平台利益最大化。

9.1.1 CTR 定义

在介绍 CTR 之前，首先需要介绍两个补充概念——单次点击成本（Cost Per Click，CPC）和千次展示印象成本（Cost Per 1000 Impressions，CPM）。

CPC 对于广告发布者而言，是每产生一次用户点击，需要支付给发布网站的成本。而对于广告平台而言是每产生一次用户点击从广告发布者处获得的收益。

其公式为：

$$\text{CPC}=\frac{\text{Cost}}{\text{Click}} \tag{9-1}$$

为了统一表述，本书将研究对象定为广告平台，Click 为单则广告总点击数，Cost 为该广告总收入。

CPM 字面意思是每千人印象成本，这是对于广告发布商而言的。对于广告平台而言，则是每展示 1000 次单则广告所产生的收益，公式为：

$$\text{CPM}=\frac{\text{Cost}}{\text{Impression}}\times 1000 \tag{9-2}$$

其中，Cost 为某一则广告的总收益，Impression 为展示次数。

CTR 中文一般译名为点击通过率，也可以简称为点击率。其含义为一则广告展示转化为用户点击的比率（可以理解为该则广告每次展示会带来多少次点击），计算公式如下：

$$\text{CTR}=\frac{\text{Click}}{\text{Impression}} \tag{9-3}$$

其中，Click 为某一则广告的总点击数，Impression 为展示次数。

CPC 乘以 CTR 的结果，对于广告发布商而言为每次展示的成本，对于广告平台而言则是每次展示的收益。CPM 为每 1000 次展示的成本（收益），那么推导可以得到 CTR、CPC 和 CPM 之间的关系：

$$\text{CPM}=\text{CTR}\times\text{CPC}\times 1000 \tag{9-4}$$

由上述公式可以看出，CTR=1/1000时，CPM=CPC，如果CTR>1/1000，则CPM>CPC，如果CTR<1/1000，则CPM<CPC。之所以用CTR=1/1000作为平衡点，是由于之前研究表明，多数情形下，1000次展示能够带来1次点击。

CTR预估的最终目标便是获得最大的千次展示的收益，使得CPM最大化。

9.1.2 CTR与推荐算法的异同

我们在上一章中已经学习了推荐算法的相关知识，那么CTR与推荐算法之间有什么不同呢？

CTR与推荐算法最大的不同在于对精准性的要求上。一般而言，推荐算法只需要得到一个产品的最优次序，不需要知道精准的概率，它的目的是帮助用户发现潜在感兴趣的内容。然而对于广告中的CTR预估而言，需要给出精准的CTR，根据计算结果结合出价供广告平台排序使用。推荐算法更倾向于产品，重在用户体验，CTR预估偏重于商业（有广告主，有买卖）。

但是推荐算法和CTR预估在目的上也有相似的地方，都是为了在合适的场景、合适的时间给合适的目标受众展示合适的内容，引导用户点击。

9.1.3 CTR预估的评价指标

得出CTR预估的结果后，如果想要了解CTR预估结果的优劣，通常使用由logloss和AUC指标组成的指标体系，对CTR预估结果的质量进行评估。

1. Log损失（logloss）

对于一般情况而言，可以使用logloss用来评估CTR的准确性，在介绍logloss之前，先引入KL距离的概念。

Kullback-Leibler差异（Kullback-Leibler Divergence），简称为KL距离，又称相对熵（Relative Entropy）。它衡量的是相同时间、空间里，两个概率分布的差异情况，那么对于两个概率分布$P(x)$和$Q(x)$而言，二者的KL距离为：

$$D(P\|Q)=\sum_{x\in X}P(X)\log\frac{P(x)}{Q(x)} \tag{9-5}$$

回到CTR预估问题，假设真实的CTR为tCTR，预测的CTR为pCTR，则预估

CTR 与真实 CTR 的 KL 距离为：

$$\mathrm{KL}（\mathrm{tCTR}||\mathrm{pCTR}）=\mathrm{tCTR}\cdot\log\frac{\mathrm{tCTR}}{\mathrm{pCTR}}+（1-\mathrm{tCTR}）\cdot\log\frac{1-\mathrm{tCTR}}{1-\mathrm{pCTR}} \tag{9-6}$$

最后化简上述公式，可以得到 KL 距离的简化形式：

$$\begin{aligned}&\mathrm{KL}（\mathrm{tCTR}||\mathrm{pCTR}）\\&=\frac{1}{\mathrm{impression}}\cdot[-\mathrm{clink}\cdot\log（\mathrm{pCTR}）-\\&（\mathrm{impression}-\mathrm{click}）\cdot\log\cdot（1-\mathrm{pCTR}）+\mathrm{const.}]\end{aligned} \tag{9-7}$$

impression 为一则广告的展示次数，click 为总点击数，const. 为常量。一般而言，可以选取中括号内的内容进一步简化计算，也就是 logloss：

$$\mathrm{logloss}=-\mathrm{click}\cdot\log（\mathrm{pCTR}）-（\mathrm{impression}-\mathrm{click}）\cdot\log\cdot（1-\mathrm{pCTR}） \tag{9-8}$$

logloss 值越小，说明 pCTR 与 tCTR 的差距越小，即 CTR 预估结果越接近真实情况。

2. AUC（Area Under Curve）指标

除了对于一般问题的 logloss 指标之外，如果对 CTR 预估设置阈值，譬如 0.5，大于 0.5 的 CTR 为“1”类，小于等于 0.5 的 CTR 为“0”类，那么 CTR 问题将变为二分类问题。对于二分类问题，可将样本根据真实值和预测值的组合，划分为表 9-1 所示的 4 种形式。表 9-1 为混淆矩阵表，分别用 0 和 1 代表正样本和负样本。

表 9-1　预测值与真实值混淆矩阵表

	真实值：1 （True，T）	真实值：0 （False，F）
预测值：1 （Positive，P）	真阳性 （True Positive，TP）	伪阳性 （False Positive，FP）
预测值：0 （Negative，N）	伪阴性 （True Negative，TN）	真阴性 （False Negative，FN）

有了表 9-1 的定义，一般研究中，通常会使用准确预测率（Precision Rate）、正确率（Accuracy Rate）、召回率（Recall Rate）和 F- 评估值（F-Measure）对二分类结果进行评估：

1）准确预测率（下式中的 Precision）表示在预测值为 1 的结果中，预测正确的比率，Precision 越高，证明预测值为 1 的预测结果越准确：

$$\text{Precision} = \frac{\text{TP}}{\text{TP} + \text{FP}} \tag{9-9}$$

2）召回率（下式中的 Recall）表示真实值为 1 的样本中，预测正确的比率，召回率越高，证明对于真实情况为 1 的结果所做的二分类效果越好：

$$\text{Recall} = \frac{\text{TP}}{\text{TP} + \text{TN}} \tag{9-10}$$

3）正确率（下式中的 Accuracy）表示预测值与真实值一致的结果比率，All 为全体样本数目，正确率越高，说明预测结果与真实情况越接近：

$$\text{Accuracy} = \frac{\text{TP+FN}}{\text{All}} \tag{9-11}$$

4）F- 评估值（下式中的 F-Measure）是对于 Precision 和 Recall 的综合考虑参数，F-Measure 越大，说明所使用的二分类算法效果越好：

$$\text{F-Measure} = \frac{2}{\frac{1}{\text{Precision}} + \frac{1}{\text{Recall}}} \tag{9-12}$$

对于 CTR 预估而言，Precision、Recall、Accuracy 以及 F-Measure 都可以评估 CTR 预估结果的优劣，但是这些方法对于测试数据样本的依赖性非常大，有些测试数据集本身只有细微的差异，但最终结果的评估指标差异却非常大。对于严重不均衡的测试样本，衡量也会比较困难。

那么，既然无法使用简单的单点 Precision/Recall 来描述，我们考虑使用一系列的点来描述准确性。做法如下：

1）对于测试样本，CTR 预估算法会给出每个数据对应的预测结果，以及相应的可信度评分（Confidence Score）。

2）按照给出的评分进行排序，将其中一个评分作为阈值（Thresholds），问题转化为一个二分类问题，低于阈值的结果被打上标签“0”，高于阈值的结果被打上标签“1”。此时引入两个新的标准，假正率（False Positive Rate，FPR）和真正率（True Positive Rate，TPR）。

FPR 是实际标签为“0”的样本中，被预测错误的比例，计算公式如下：

$$\mathrm{FPR}=\frac{\mathrm{FP}}{\mathrm{FP}+\mathrm{TN}} \tag{9-13}$$

TPR 是实际标签为“1”的样本中，被预测正确的比例，计算公式如下：

$$\mathrm{TPR}=\frac{\mathrm{TP}}{\mathrm{TP}+\mathrm{FN}} \tag{9-14}$$

3）当选用不同阈值时，将 FPR 值设为横坐标，TPR 值设为纵坐标，绘制出接收者操作特征（Receive Operating Characteristic，ROC）曲线，如图 9-1 所示。

4）为了避免阈值设定对于分类器结果的影响，通常引入 ROC 曲线下方面积（Area Under Curve，AUC）以此进行评价，如图 9-2 所示阴影面积便是 AUC。

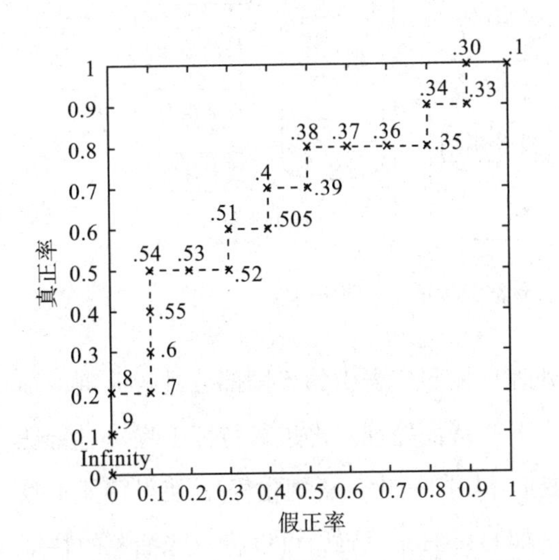

图 9-1 基于 FPR 和 TPR 绘制的 ROC 曲线

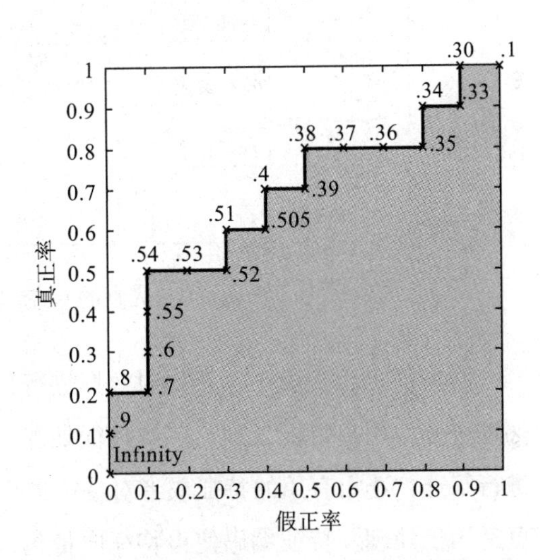

图 9-2 ROC 曲线对应的 AUC（阴影部分面积）

AUC 值越大，预测越准确。当测试集中的正负样本的分布变化的时候，ROC 曲线能够保持不变，并且对于不均衡的数据集，AUC 也能有一定的容忍性。因而 AUC 常常作为 CTR 预估效果的评估指标。

9.2 CTR 预估的基本过程

具体进行 CTR 预估时，通常涉及三个问题：CTR 模型训练的总体步骤是怎样的？为什么要进行特征预处理？特征选择在这个过程中发挥了怎样的作用？在本节中，将逐一解答这三个问题。

9.2.1　CTR 预估的三个阶段

一个完整的 CTR 预估模型从开始建立到最终的上线服务，通常会经历三个阶段：特征工程阶段、模型训练阶段和线上服务阶段，如图 9-3 所示。

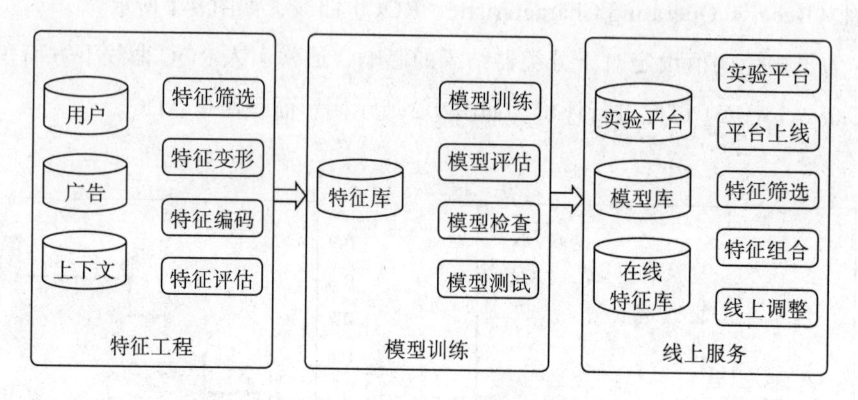

图 9-3　完整的 CTR 预估通常经历的三个阶段

在特征工程阶段中，首先对数据进行预处理。按照广告中的不同部分进行分割，预处理可分为用户特征处理、广告特征处理、上下文特征处理。再进行特征工程，对特征进行筛选，选出有用的特征或者对特征进行变形（如归一化、正则化等），使得特征本身更适用于处理。特征编码使得特征向量化，例如 One-Hot 编码，可以将一些抽象的特征变得可以在数学上计算。最后执行特征评估，评估特征的重要性和优先级。

在模型训练阶段完成 CTR 模型的训练、评估、检查和测试等工作。在这一阶段提升线下模型的拟合效果，使得模型在线下训练阶段达到最优化。

在线上服务阶段中，先建立实验平台进行线上试运行，从模型库中挑选合适的模型，建立线上特征库。在平台上线后，根据反馈及实时特征对 CTR 评估模型进一步调优（特征筛选、特征组合），使其更加健壮可靠。

9.2.2　CTR 预估中的特征预处理

CTR 预估模型根据一些输入特征（用户基本信息、历史行为数据、广告信息及环境信息等）得到该用户点击广告的概率。在利用特征之前，往往还会对原始特征进行预处理。常用的特征预处理方式有下面 5 种：

- 独热编码（One-Hot encoding）：根据特征的维度 N，确定一个 N 维向量，其第 i 个元素为 1，其余元素为 0。举个实际例子，例如地理特征分为东、南、西、北四个维度，那么一种可行的 One-Hot 编码可以是 [1，0，0，0] 代表东、[0，1，0，0] 代表南、[0，0，1，0] 代表西、[0，0，0，1] 代表北，1 就是唯一的 hot 点，反应特征。
- 离散化（Discretization）：把连续的数字变成离散的特征，此时新的特征往往代表之前连续数字的一个子区间。
- 归一化（Normalization）：归一化就是将一条记录中各个特征的取值范围固定到（0，1）之间。从而使每一个特征值都在一个范围内，从而保证各个特征值之间相差过大。
- 特征选择（Feature Selection）：特征选择就是从已有的 M 个特征（feature）中选择出一些最有效特征以降低数据集维度的过程，是 CTR 预估性能的一个重要手段。
- 特征交叉（Feature intersection）：把多个特征进行交叉产生的新的值作为特征值，用于训练，这种值可以表示一些非线性的关系。

将整个 CTR 预估建模阶段的流程简化，可以得到特征预处理阶段的流程图，如图 9-4 所示。

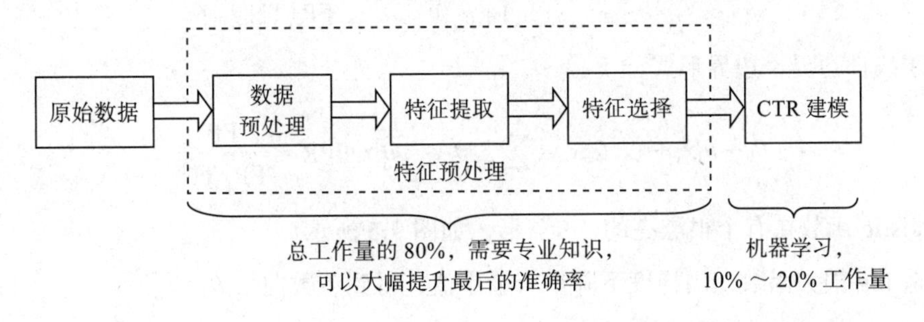

图 9-4　CTR 预估的特征预处理

由图 9-4 不难看出，特征预处理在整个 CTR 预估建模过程中具有很重要的意义，它几乎承担了整个建模过程工作量的80%，且其本身对于准确率的提升而言极其关键。可以说，一个好的特征预处理，决定了一个好的特征工程阶段，读者在进行CTR建模工作时应该给予足够的重视。

9.3 CTR预估的常见模型

在实际的CTR预估问题中，CTR模型本身也经历了一条发展脉络，从最初主要针对海量高维离散特征的逻辑回归（Logestic Regression，LR），到主要针对少量低纬度梯度特征的梯度提升决策树（Gradient Boosting Decision Tree，GDBT），此后Facebook综合LR和GBDT提出了改进的GBDT+LR的预估模型，此后还有一些综合改进模型，如分解机（Factorization Machine，FM）综合深度神经网络（Deep Neural Network，DNN）。在LR的基础上，也有不少改进模型，如混合逻辑回归（Mixed Logestic Regression，MLR）模型。下面将逐一介绍这些模型。

9.3.1 LR模型

LR模型可以称的上是CTR预估模型的开山鼻祖，也是工业界使用最为广泛的CTR预估模型。LR是广义线性模型，与传统线性模型相比，LR使用了Logistic变换将函数值映射到0～1区间，映射后的函数值就是CTR的预估值。

LR利用了Logistic函数，函数形式为：

$$h_\theta(\mathrm{x}) = g(\theta^{\mathrm{T}}x) = \frac{1}{1+e^{-\theta^{\mathrm{T}}x}}\ \mathrm{FPR} = \frac{\mathrm{FP}}{\mathrm{FP+TN}} \tag{9-15}$$

对于线性边界，边界形式如下：

$$\theta_0 + \theta_1 x_1 + \cdots\ \theta_n x_n = \sum\nolimits_{i=1}^{n} \theta_i x_i = \theta^{\mathrm{T}} x\ \mathrm{FPR} = \frac{\mathrm{FP}}{\mathrm{FP+TN}} \tag{9-16}$$

Logistic函数在有个很漂亮的“S”形，如图9-5所示。

构造log损失函数，用梯度下降法求最小值，得到参数向量θ：

$$\begin{aligned} J(\theta) &= \frac{1}{m}\sum_{i=1}^{n}\mathrm{Cost}\left(h_\theta(x_i), y_i\right) \\ &= -\frac{1}{m}\left[\sum\nolimits_{i=1}^{n} y_i \log h_\theta(x_i) + (1-y_i)\log h_\theta(1-x_i)\right] \end{aligned} \tag{9-17}$$

1. 正则化

为了防止过拟合，通常会在损失函数后面增加惩罚项 L1 正则或者 L2 正则：

- L1 正则化是指权值向量 $\boldsymbol{w}$ 中各个元素的绝对值之和，通常表示为 $\|\boldsymbol{w}\|_1$。
- L2 正则化是指权值向量 $\boldsymbol{w}$ 中各个元素的平方和然后再求平方根，通常表示为 $\|\boldsymbol{w}\|_2$。

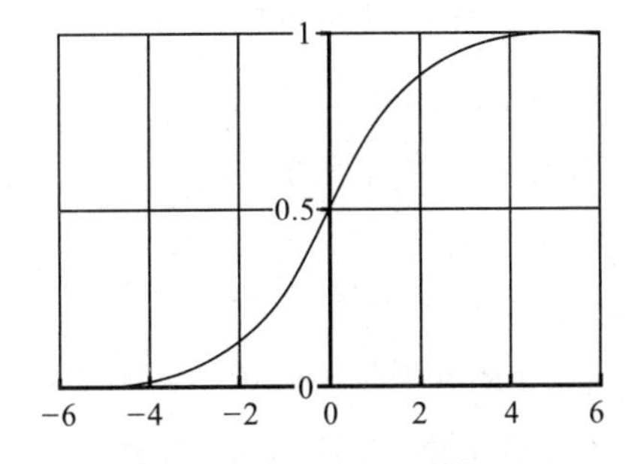

图 9-5　Logistic 函数曲线图

其中，L1 正则可以产生稀疏性，即让模型部分特征的系数为 0。这样做有几个好处：首先可以让模型简单，防止过拟合；其次能选择有效特征，提高性能。如图 9-6 所示，最优解出现在损失函数的等值线和约束函数 L1 相切的地方，即凸点，而菱形的凸点往往出现在坐标轴上（系数 w_1 或 w_2 为 0），最终产生了稀疏性。

L2 正则通过构造一个所有参数都比较小的模型，防止过拟合。但 L2 正则不具有稀疏性，原因如图 9-7 所示，约束函数 L2 在二维平面下为一个圆，与等值线相切在坐标轴的可能性就小了很多。

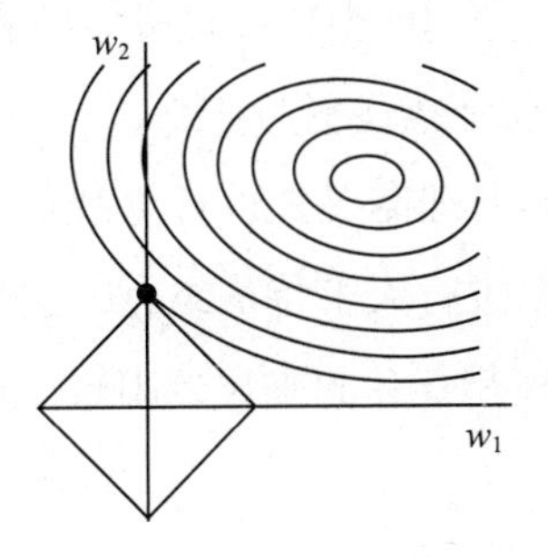

图 9-6　L1 正则化示意图

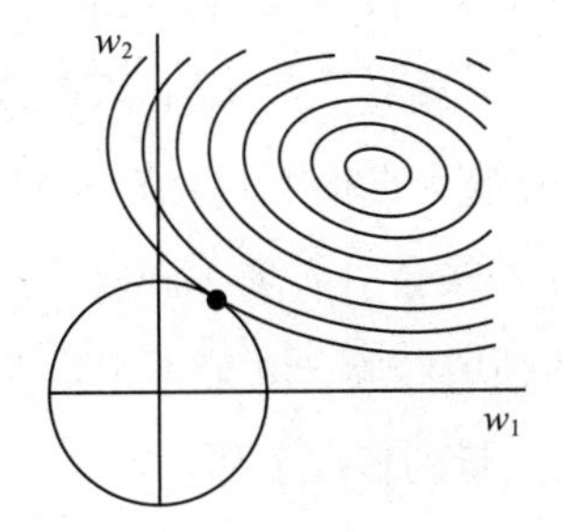

图 9-7　L2 正则化示意图

2. 离散化

LR 处理离散特征可谓得心应手，但处理连续特征的时候需要进行离散化。通常连续特征会包含大量的反馈 CTR 特征、表示语义相似的值特征、年龄价格等属性特征。

以年龄为例，可以用业务知识分桶：如用小学、初中、高中、大学、工作的平均年龄区间做分桶；也可以通过统计量分桶，使各个分桶内的数据均匀分布。

反馈CTR特征的离散化，一般通过统计量分桶，但在桶的边界往往会出现突变的问题，比如两个桶分别为0.013～0.015、0.015～0.018，在边界左右的值0.01499和0.01501会带来完全不同的效果。（这里给GBDT+LR埋下一个伏笔。）

3. 特征组合

LR由于是线性模型，不能自动进行非线性变换，需要大量的人工特征组合。以ID类特征为例，用户ID往往有上亿维（one-hot处理后的特征），广告ID往往有上百万维，特征组合会产生维度爆炸。

广告特征里往往有三类维度（a，u，c），分别是广告类特征、用户类特征、上下文类特征。这三类特征各自互相组合，就产生了很多种可能性。所以在CTR预估模型的早期，主要工作就是在做人工特征工程。人工特征工程不但极为烦琐，还需要大量的领域知识和进行大量试错工作。

4. 优缺点

优点：由于LR模型简单，训练时便于并行化，在预测时只需要对特征进行线性加权，所以性能比较好，往往适合处理海量ID类特征。用ID类特征有一个很重要的好处，就是防止信息损失（相对于范化的CTR特征），对于特征描述更为细致。

缺点：LR的缺点也很明显，首先对连续特征的处理需要先进行离散化，如上面所说，人工分桶的方式会引入多种问题。另外LR需要进行人工特征组合，这就需要开发者有非常丰富的领域经验，才能不走弯路。这样的模型迁移起来比较困难，换一个领域又需要重新进行大量的特征工程。

9.3.2　GBDT模型

GBDT（Gradient Boosting Decision Tree）是一种典型的基于回归树的boosting算法。学习GBDT，只需要理解两方面：

- 梯度提升（Gradient Boosting）：每次建树是在之前建树损失函数的梯度下降方向上进行优化，因为梯度方向（求导）是函数变化最陡的方向。不断优化之前的弱分类器，得到更强的分类器。每一棵树学的是之前所有树学习内容之和的残差。

❑ 回归树（Regression Tree）：注意，这里使用的是回归树而非决策树，通过最小化 log 损失函数找到最合理的分支，直到叶子节点上所有值唯一（残差为 0），或者达到预设条件（树的深度）。若叶子节点上的值不唯一，则以该节点上的平均值作为预测值、图 9-8 所示便是回归树的一个示例。

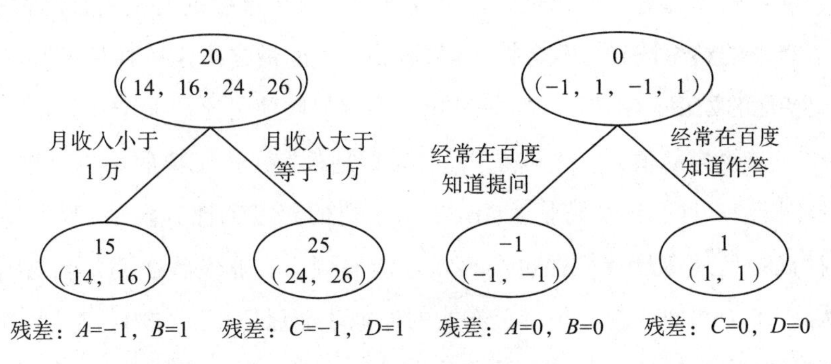

图 9-8　回归树示例图

回归树的建立过程涉及两个核心问题：

核心问题 1：回归树如何优化？

最直观的想法，如果前一轮有分错的样本，那边在后面新的分支只需提高这些分错样本的权重，对于误分类、错分类样本重新学习。这种方法在数学上可以用残差来解决，比如图 9-8 中，第一轮训练后残差向量为（−1，1，−1，1），第二轮训练就是为了消除残差，即这些分错的样本，当残差为 0 或者达到停止条件才停止。

那么哪里体现了 Gradient 呢？其实回到第一棵树结束时想一想，无论此时的损失函数是什么，无论是均方差还是均差，只要它以误差作为衡量标准，残差向量（−1, 1, −1, 1）都是它的全局最优方向，这就是 Gradient。

核心问题 2：如何将多个弱分类器组合成一个强分类器？

通过加大分类误差率较小的弱分类器的权重，通过多棵权重不同的树（能者多劳）进行打分，最终输出回归预测值。

1. 特征工程

由于 GBDT 不善于处理大量 ID 类离散特征（后文会详细说明），但善于处理连续的特征，一般的做法是用各种 CTR 反馈特征来做交叉，来范化地表达信息。在这种情况下，信息会大量存在于动态特征中，而少量存在于模型中（对比LR，信息几乎都存在于模型中）。

2. 优缺点

优点：读者可以把树的生成过程理解成自动进行多维度的特征组合的过程，从根节点到叶子节点上的整个路径（多个特征值判断），才能最终决定一棵树的预测值。另外，对于连续型特征的处理，GBDT可以拆分出一个临界阈值，比如大于0.027走左子树，小于等于0.027（或者默认值）走右子树，这样很好地规避了人工离散化的问题。

缺点：对于海量的ID类特征，GBDT由于树的深度和棵数限制（防止过拟合），不能有效的存储；另外海量特征在也会存在性能瓶颈。工业实践表明，当GBDT的One-Hot特征大于10万维时，就必须做分布式的训练才能保证不突破内存限制。所以GBDT通常配合少量的反馈CTR特征来表达，这样虽然具有一定的范化能力，但是同时会有信息损失，对于头部资源不能有效表达。

9.3.3 GBDT+LR模型

GBDT常常用来解决LR的特征组合问题，其主要实现原理是：

训练时，GBDT建树的过程相当于自动进行特征组合和离散化，然后从根节点到叶子节点的这条路径就可以看成是不同特征进行的特征组合，用叶子节点可以唯一表示这条路径，并作为一个离散特征传入LR进行二次训练。

预测时，会先走GBDT的每棵树，得到某个叶子节点对应的一个离散特征（即一组特征组合），然后把该特征以One-Hot形式传入LR进行线性加权预测。

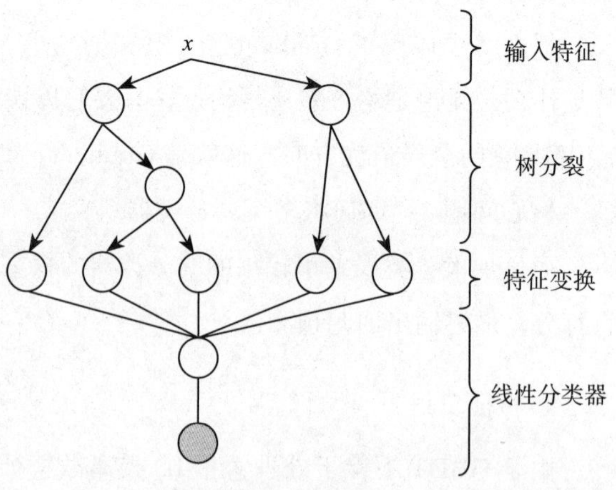

图9-9　GBDT+LR模型示例图

1. 改进

Facebook的方案在实际使用中并不可行，因为广告系统往往存在上亿维的 ID 类特征（用户 ID 有 10 亿维，广告 ID 有上百万维），而 GBDT 由于树的深度和棵数的限制，无法存储这么多 ID 类特征，导致信息损失。有如下改进方案供读者参考：

方案一（见图 9-10）：GBDT 训练除 ID 类特征以外的所有特征，其他 ID 类特征在 LR 阶段再加入。这样的好处很明显，既利用了 GBDT 对连续特征的自动离散化和特征组合，同时 LR 又有效利用了 ID 类离散特征，防止信息损失。

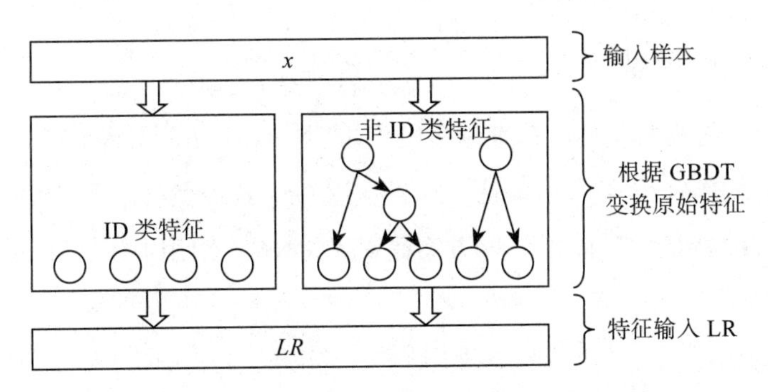

图 9-10　GBDT+LR 模型改进方案一示例图

方案二（见图 9-11）：GBDT 分别训练 ID 类树和非 ID 类树，并把组合特征传入 LR 进行二次训练。对于 ID 类树可以有效保留头部资源的信息不受损失；对于非 ID 类树，长尾资源可以利用其范化信息（反馈 CTR 等）。但这样做有一个缺点，介于头部资源和长尾资源中间的一部分资源，其有效信息既包含在范化信息（反馈 CTR）中，又包含在 ID 类特征中，而 GBDT 的非 ID 类树只存得下头部的资源信息，所以还是会有部分信息损失。

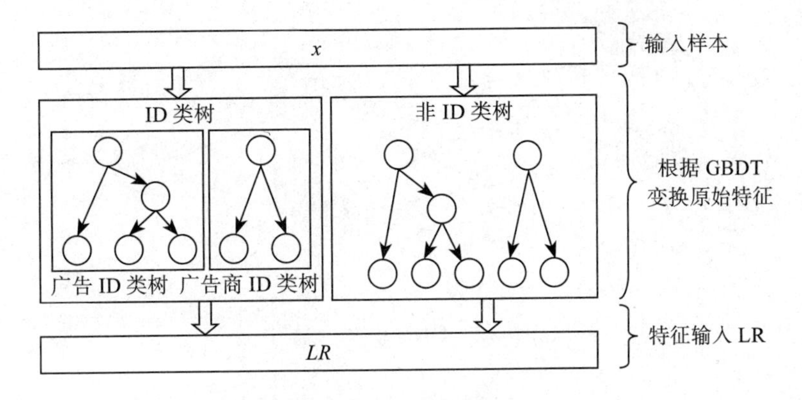

图 9-11　GBDT+LR 模型改进方案二示例图

2. 优缺点

优点：GBDT 可以自动进行特征组合和离散化，LR 可以有效利用海量 ID 类离散特征，保持信息的完整性。

缺点：LR 预测的时候需要等待 GBDT 的输出，一方面 GBDT 在线预测慢于单 LR，另一方面 GBDT 目前不支持在线算法，只能以离线方式进行更新。

9.3.4 FM+DNN 模型

随着深度学习的逐渐成熟，越来越多的人希望把深度学习引入 CTR 预估领域，然而由于广告系统包含海量 ID 类离散特征，如果全用 One-Hot 表示，会产生维度爆炸，DNN 不支持这么多维的特征。目前工业界方案是 FM+DNN，即用 FM 做嵌入（Embedding），DNN 做训练。

FM 的目标函数如下：

$$y(x)=\omega_0+\sum_{i=1}^{n}\omega_i x_i+\sum_{i=1}^{n}\sum_{j=i+1}^{n}<v_i,v_j>x_i x_j \tag{9-18}$$

可以看到 FM 的前半部分可以理解成是 LR，后半部分可以理解成是特征交叉（二阶 FM 只支持二维特征交叉）。

DNN 模型往往具有多个隐层，如图 9-12 所示，x_1、x_2 为输入，深色圆形代表残差，通过 ReLU、tanh 等激活函数做非线性变换。残差会反向传播（虚线部分），并通过随机梯度下降来更新权值向量，最终预测时通过 Sigmoid 函数做归一化输出（二分类用 Sigmoid 做归一化；多分类用 Softmax 做归一化）。

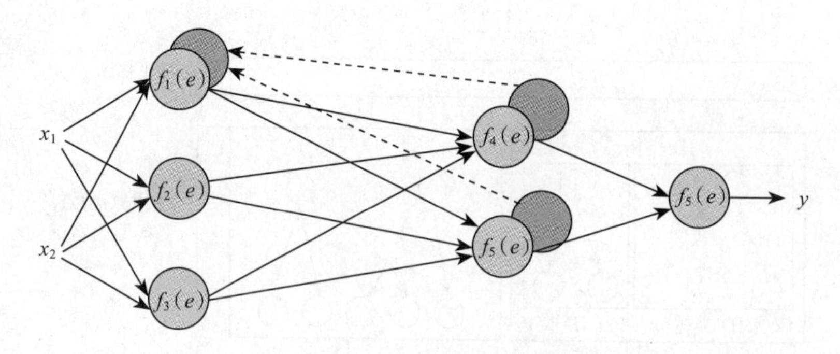

图 9-12 DNN 模型示意图

FM+DNN 的具体做法是，对于离散特征，先找到其对应的分类领域（Category

Field)，并用 FM 做嵌入，把该分类领域下的所有特征分别投影到这个低维空间中。以用户表单（Query）为例，如果用 One-Hot 可能有数十亿维，但是如果用 FM 编码，就可以把所有的表单都映射到一个 200 维左右的向量连续空间里，这就大大缩小了 DNN 模型的输入。而对于连续特征，由于其特征维度本来就不多，可以和 FM 的输出一同输入到 DNN 模型里进行训练。图 9-13 显示了 FM+DNN 的具体做法：首先将特征分为离散特征和连续特征处理，离散特征通过嵌入函数转换为浮点特征后，与之前的连续性特征一起输入隐藏层，最后对隐藏层的输出进行 CTR 预估。

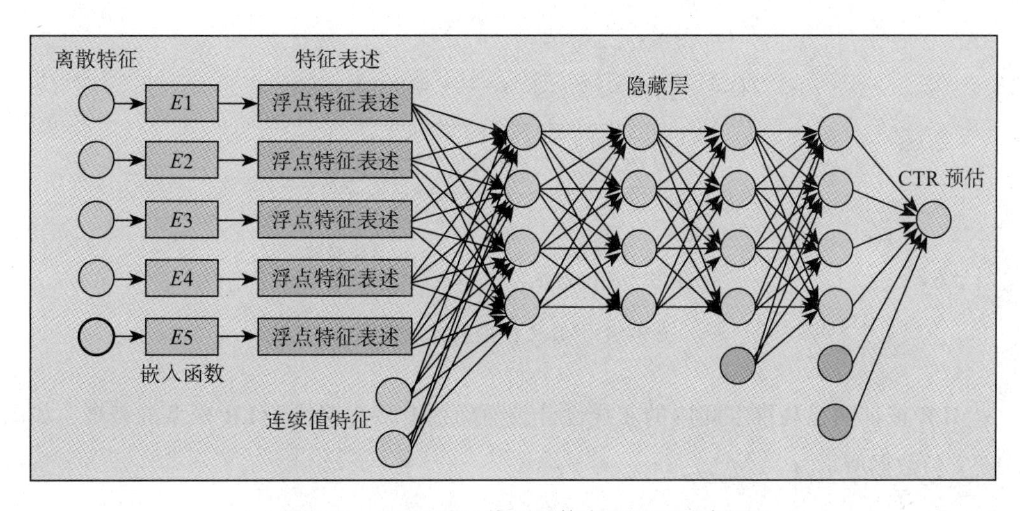

图 9-13　FM+DNN 模型具体实施过程示意图

FM+DNN 模型优缺点如下：

优点：FM 可以自动进行特征组合，并能把同一分类领域下的海量离散特征投影到一个低维的向量空间里，大大减少了 DNN 的输入。而 DNN 不但可以做非线性变换，还可以做特征提取。

缺点：由于二阶 FM 只支持二维的特征交叉（考虑性能的因素常用二阶 FM），所以不能像 GBDT 那样做到 10 维的特征组合。另外 DNN 模型出于调参复杂和性能不高的原因，并不适用于中小型业务，所以多数用在大型业务驱动下的 CTR 工程中。

9.3.5　MLR 模型

MLR 是 LR 的一个改进，它采用分治的思想，用分片线性的模式来拟合高维空间的非线性分类面。

简单来说，MLR 就是聚类 LR。先对样本空间进行分割。这里有一个超参数 m，用来代表分片的个数，当 m=1 时自动退化为普通的 LR；m 越大，拟合能力越强；当然随着 m 增大，其所需要的训练样本数也不断增大，性能损耗也不断增加。阿里的实验表明，当 m=12 时，表现最好。

在 MLR 中，聚类部分用 Softmax 做分区函数并决定样本空间的划分，预测部分用 Sigmoid 做拟合函数，并决定空间内的预测，其计算公式如图 9-14 所示。

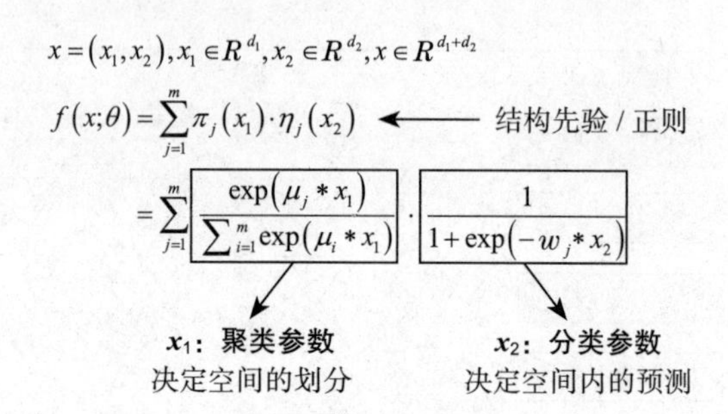

图 9-14　MLR 模型公式计算图

MLR 被证明在高维空间内的非线性分类面问题上，有着优于 LR 模型的表现，如图 9-15 实验数据所示。

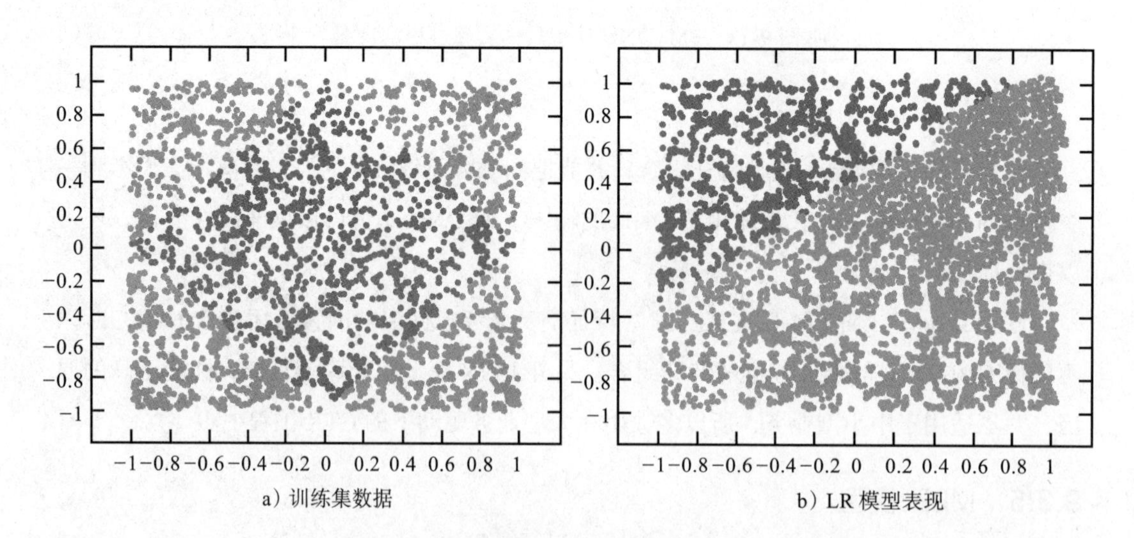

a）训练集数据　　b）LR 模型表现

图 9-15　MLR 模型与 LR 模型在非线性问题上分类效果对比图

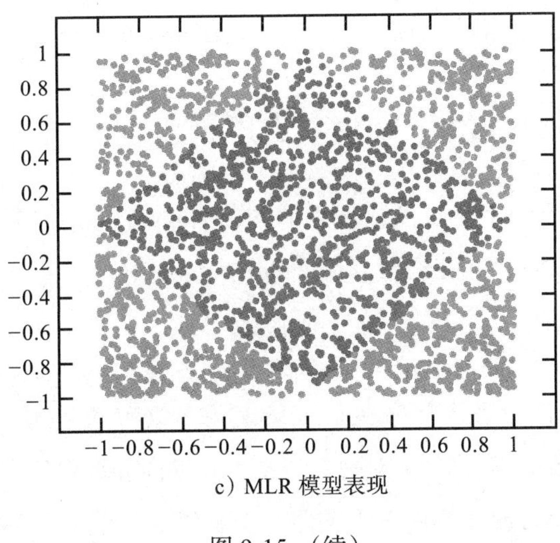

c）MLR 模型表现

图 9-15 （续）

MLR 模型的优缺点如下：

优点：MLR 通过先验知识对样本空间进行划分，可以有效提升 LR 对非线性的拟合能力，比较适合用于电商场景，如 3C 类和服装类不需要分别训练各自不同的 LR 模型，学生人群和上班族也不需要单独训练各自的 LR，在一个 LR 模型中即可搞定。模型的迁移能力比较强。

缺点：MLR 中超参数 *m* 需要人工去调，另外还是有 LR 共性的缺点，如需要人工特征组合和人工离散化分桶等。

9.4 CTR 预估在工业上的实现

工业上的 CTR 预估分为两个主要的组成部分——线下部分和线上部分。首先需要在线下部分中根据已有的数据训练模型，基于 logloss 指标和 AUC 指标评估 CTR 预估模型的效果，直到达到上线标准。上线后，利用线上数据做预测，同时根据线上的预测效果，一方面关注随着评估时间增加，预测效果的变化（如果时间影响比较大，需要考虑如何更快地分发模型）；另一方面调整模型参数，实现模型优化。线下模型训练是整个 CTR 预估过程的基础，特征工程、模型训练都是 CTR 预估中极其重要的环节。而线上优化是 CTR 预估准确率提升的重要保障。读者在日后接触到工业级的 CTR 预估的过程中，可以感受CTR预估的线下过程和线上过程之间的相互作用。

9.5　CTR预估在PaddlePaddle上的实现

在本节中，将介绍一个能提供数据集的网站Kaggle，并指导读者基于Google提出的Wide & Deep Learning Model框架，在PaddlePaddle中实现现实中的CTR预估。

9.5.1　数据集

Kaggle是由联合创始人、首席执行官安东尼·高德布卢姆（Anthony Goldbloom）2010年在墨尔本创立的开源数据库网站，主要为开发商和数据科学家提供举办机器学习竞赛、托管数据库、编写和分享代码的平台。该平台迄今为止已经吸引了超过80万名数据科学家的关注。

Click-Through Rate Prediction是移动广告DSP公司Avazu在Kaggle上举办的广告点击率预测的比赛。测试数据集是10天的点击数据，按时间顺序排列，测试集是1天的广告点击数据，以此来测试模型预测准确率，如表9-2所示。

表9-2　Click-Through Rate Prediction数据集说明

id	ad identifier，广告编号
click	0/1 for non-click/click，判断是否点击，点击则为1，否则为0
hour	format is YYMMDDHH, so 14091123 means 23:00 on Sept. 11, 2014 UTC. 时间，前2位代表年份，3-4位代表月份，5-6位代表日期，最后两位代表整点时间
C1	anonymized categorical variable，经过处理后的分类变量
banner_pos	位置
site_id	位置id
site_domain	网页所在领域
site_category	网页分类
app_id	应用id
app_domain	应用所在领域
app_category	应用分类
device_i	设备id
device_ip	设备ip
device_model	设备模型
device_type	设备类型
device_conn_type	设备连接类型
C14-C21	anonymized categorical variables，其他指标

注意　数据的下载地址为 https://www.kaggle.com/c/avazu-ctr-prediction/data。

9.5.2　预测模型选择和构建

Wide & Deep Learning 模型用于整合适合学习抽象特征的 DNN 和大型稀疏特征的 LR 模型的优点。Wide & Deep Learning 模型是一个比较成熟的模型，这里演示如何在 paddle paddle 上使用这个模型来完成 CTR 预测任务。

注意　更为详细的关于 PaddlePaddle 上 CTR 的代码实现，请参考说明文档：http://www.paddlepaddle.org/docs/develop/models/ctr/README.html。

而 CTR 预估的完整代码请访问以下 github 链接：https://github.com/PaddlePaddle/models/tree/develop/ctr。

模型的结构如图 9-16 所示。

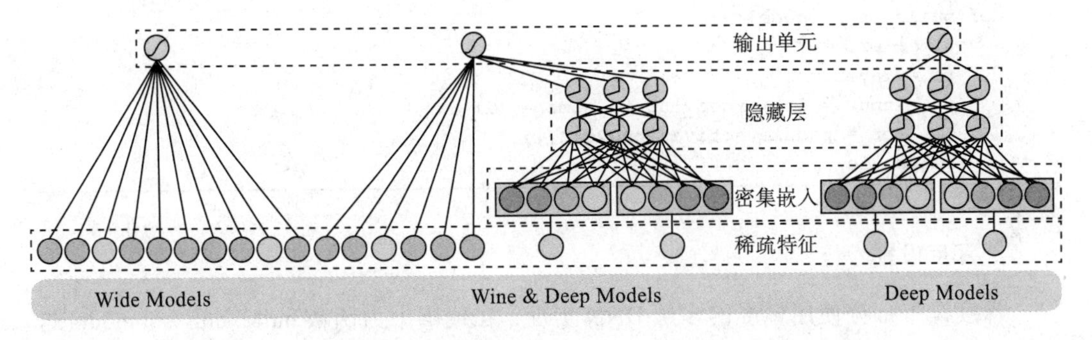

图 9-16　Wide & Deep Learning 模型结构图

1. 模型输入

模型的整体输入为 3 个参数：

- dnn_input：用于 DNN 训练。
- lr_input：用户 LR 训练。
- click：预测目标是否点击，点击则值为 1，否则值为 0。

这一部分的实现代码如代码清单 9-1 所示。

代码清单 9-1　模型输入部分代码

```
# 用于 DNN 训练的输入
dnn_merged_input = layer.data(
name = 'dnn_input',
type = paddle.data_type.sparse_binary_vector(self.dnn_input_dim))
# 用于 LR 训练的参数
lr_merged_input = layer.data(name = 'lr_input',
    type = paddle.data_type.sparse_vector(self.lr_input_dim))
# 预测目标
click = paddle.layer.data(name='click',
type = dtype.dense_vector(1))
```

2. 宽度设置

宽度设置部分在函数 build_lr_submodel 中实现，使用 LR 模型，激活函数使用 ReLU，这一部分代码如代码清单 9-2 所示。

代码清单 9-2　模型宽度设置部分代码

```
# 建立 lr 子模型
def build_lr_submodel():
    # 设置 fc 层参数
    fc = layer.fc(
        input = lr_merged_input, name = 'lr',
        act = paddle.activation.Relu())
    return fc
```

3. 深度设置

深度设置部分使用标准的多层 DNN 实现，在代码中为函数 build_dnn_submodel 这一部分代码，如代码清单 9-3 所示。

代码清单 9-3　模型深度设置部分代码

```
# 建立 DNN 子模型
def build_dnn_submodel():
    # DNN 嵌入数据设置
    dnn_embedding = layer.fc(input = dnn_merged_input,
            size = dnn_layer_dims[0])
    _input_layer = dnn_embedding
    for i, dim in enumerate(dnn_layer_dims[1:])
        fc = layer.fc(
        input = _input_layer
        size = dim,
```

```
        act = paddle.activation.Relu(),
        name = 'dnn-fc-%d' % i)
    # 更新 input_layer
    _input_layer = fc
    return _input_layer
```

4. 联合函数

联合函数 combine_submodels 输入之前建立的 DNN 和 LR 子模型，用 Simoid 函数作为激活函数，输出值为（0，1）之间的浮点数，作为预测值，函数片段如代码清单 9-4 所示。

代码清单 9-4 联合函数部分代码

```
# 将 DNN 和 LR 两个子模型合并
def combine_submodels(dnn, lr):
    # 归并两个子模型，形成 merge_layer
    merge_layer = layer.concat(input = [dnn, lr])
    fc = layer.fc(
        input = merge_layer
        size = 1,
        name = 'output',
        # 利用 Sigmoid 函数估计 CTR，将输出一个 0 到 1 之间的浮点数
        act = paddle.activation.Sigmoid()
    return fc
```

5. 训练

训练利用 train 函数实现，其具体代码及参数设置如代码清单 9-5 所示。

代码清单 9-5 训练部分代码

```
# 建立 DNN、LR 子模型
dnn = build_dnn_submodel(dnn_layer_dims)
lr = build_lr_submodel()
output = combine_submodels(dnn, lr)
# 建立损失函数
classification_cost = paddle.layer.multi_binary_label_cross_entropy_cost(
    input=output, label=click)


paddle.init(use_gpu=False, trainer_count=11)

params = paddle.parameters.create(classification_cost)
```

```
    optimizer = paddle.optimizer.Momentum(momentum=0)

    trainer = paddle.trainer.SGD(
        cost=classification_cost, parameters=params, update_equation=optimizer)

    dataset = AvazuDataset(train_data_path, n_records_as_test=test_set_size)

    def event_handler(event):
        if isinstance(event, paddle.event.EndIteration):
            if event.batch_id % 100 == 0:
                logging.warning("Pass %d, Samples %d, Cost %f" % (
                    event.pass_id, event.batch_id * batch_size, event.cost))

            if event.batch_id % 1000 == 0:
                result = trainer.test(
                    reader=paddle.batch(dataset.test, batch_size=1000),
                    feeding=field_index)
                logging.warning("Test %d-%d, Cost %f" % (event.pass_id, event.
batch_id,
                                                          result.cost))
    trainer.train(
        reader = paddle.batch(
            paddle.reader.shuffle(dataset.train, buf_size = 500)
            batch_size = batch_size),
        # 将领域标记作为输入进行标注
        feeding = field_index,
        event_handle = event_handler,
        num_passes = 100)
```

通过上述5个步骤，一个完整的 Wide & Deep Learning 模型便训练完成了，下面将通过真实的数据集，更为具体地在 PaddlePaddle 上实现完整的 CTR 预估模型的训练、预测过程。

9.5.3 PaddlePaddle 完整实现

本小节将完整叙述 CTR 预估模型在 PaddlePaddle 平台的代码实现，请读者跟着流程复现 PaddlePaddle 进行 CTR 预估的完整过程。

1. 数据下载

访问 Kaggle 数据集网站上的 Avazu 数据集（https://www.kaggle.com/c/avazu-ctr-prediction/data），下载训练集数据（train.gz，1.04GB）和测试集数据（test.gz）。页面如图 9-17 所示（注：实际上提供的是 *.gz 文件，需要解压后得到）。

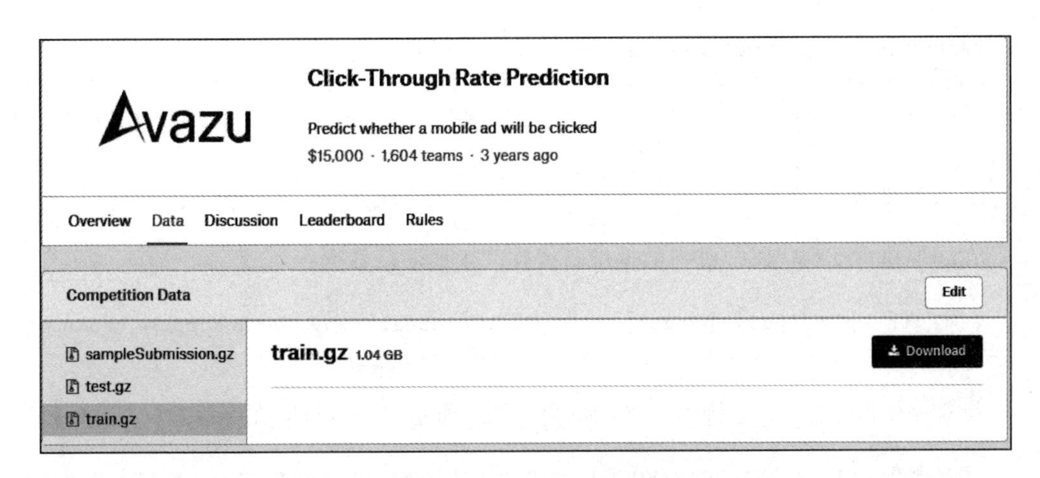

图 9-17　Kaggle 数据集页面截图

2. 环境准备

这里代码实现环境为 Mac OS 12.10（8GB 内存，128GB 固态硬盘），首先下载 CTR 预估的代码：

```
$ git clone https://github.com/PaddlePaddle/models.git
$ cd models
```

将 train.gz 解压后得到的 train.csv 复制到上述代码所在的文件夹内，并重命名为 train.txt（大约 6GB），这里假设读者将 ctr 文件夹内的所有内容拷贝到了 ~/workspace 路径下：

```
$ cp train.csv ~/workspace/train.txt
```

3. 环境准备

启动 PaddlePaddle 的纯 CPU 镜像：

```
$ docker run -it -v ~/workspace:/home/workspace --rm paddlepaddle/
paddle:latest /bin/bash
```

以 Mac OS 12.10 下运行上述代码为例，在 /home/workspace 文件夹下，将有如下所示的文件内容：

```
root@cd113afae508:/home/workspace# ls
```

```
README.md     dataset.md   images   network_conf.py    reader.py    test.txt
train.py    utils.py avazu_data_processer.py  housing.py  infer.py  network_conf.
pyc  reader.pyc  train.txt  train.pyc  utils.pyc
```

4. 数据准备

在终端执行下列代码，进行数据准备操作，生成演示数据：

```
$ mkdir -p output; python avazu_data_processer.py --data_path train.txt
--output_dir output --num_lines_to_detect 1000 --test_set_size 100
```

操作完毕后，3～5分钟后，终端将会有如下所示的内容打印在屏幕上：

```
root@cd113afae508:/home/workspace# mkdir -p output; python avazu_data_
processer.py --data_path train.txt --output_dir output --num_lines_to_detect 1000
--test_set_size 100
    WARNING:paddle:detecting dataset
    INFO:paddle:load trainset from train.txt
    ……
    INFO:paddle:load 100000 records
    INFO:paddle:write to output/train.txt
    INFO:paddle:load testset from train.txt
    INFO:paddle:write to output/test.txt
    INFO:paddle:load inferset from train.txt
    INFO:paddle:write to output/infer.txt
    INFO:paddle:write data meta into output/data.meta.txt
```

5. 模型训练

在终端执行下列代码，进行模型训练操作：

```
$ python train.py --train_data_path ./output/train.txt --test_data_path ./
output/test.txt --data_meta_file ./output/data.meta.txt --model_type=0
```

训练结束后（训练耗时大约3分钟），终端将输出以下结果：

```
root@cd113afae508:/home/workspace# python train.py --train_data_path ./output/
train.txt --test_data_path ./output/test.txt --data_meta_file ./output/data.meta.
txt --model_type=0
    I1126 17:13:06.640563     16 Util.cpp:166] commandline:  --use_gpu=False
--trainer_count=1
    INFO:paddle:dnn input dim: 61
    INFO:paddle:lr input dim: 10040001
    I1126 17:13:06.754720    16 GradientMachine.cpp:94] Initing parameters..
    I1126 17:13:07.287757    16 GradientMachine.cpp:101] Init parameters done.
```

```
INFO:paddle:load trainset from ./output/train.txt
WARNING:paddle:Pass 0, Samples 0, Cost 0.686135, {}
INFO:paddle:load testset from ./output/test.txt
WARNING:paddle:Test 0-0, Cost 0.674791, {}
......

WARNING:paddle:Pass 9, Samples 0, Cost 0.449101, {}
INFO:paddle:load testset from ./output/test.txt
    WARNING:paddle:Test 9-0, Cost 0.505487, {}
```

执行完训练操作后，检查文件夹，会发现多了许多名字类似于“ctr_models-pass-0-batch-0-test-0.674790788405.tar.gz”的新文件，pass-0 表示是第 1 趟拟合获得的模型，batch-0 表示是第 1 趟中的第 1 个批次，后面的数字 0.67……可以理解为损失，数字越小说明 CTR 预估模型越准确。

6. 模型预测

在终端执行下列代码，进行模型训练操作：

```
$ python infer.py --model_gz_path ctr_models-pass-9-batch-0-test-0.505487498671.tar.gz --data_path ./output/infer.txt --prediction_output_path ./output/predictions.txt --data_meta_path ./output/data.meta.txt --model_type 0
```

注意　这部分代码中，ctr_models-pass-9-batch-0-test-0.505487498671.tar.gz 需要替换成文件夹中实际生成的 *.gz 文件，实际上输入 ctr，再按 tab 键，会自动补全至 ctr_models-pass-，只需要再输入趟数（即 Pass 数），再按 tab 键就能补全所需要的模型文件了。

执行完模型预测代码，大约 2 分钟后终端将打印以下内容：

```
root@cd113afae508:/home/workspace# python infer.py --model_gz_path ctr_models-pass-9-batch-0-test-0.505487498671.tar.gz --data_path ./output/infer.txt --prediction_output_path ./output/predictions.txt --data_meta_path ./output/data.meta.txt --model_type 0
I1126 17:18:17.086571    83 Util.cpp:166] commandline:  --use_gpu=False --trainer_count=1
[INFO 2017-11-26 17:18:17,092 infer.py:44] create CTR model
[INFO 2017-11-26 17:18:17,103 reader.py:62] dnn input dim: 61
[INFO 2017-11-26 17:18:17,104 reader.py:63] lr input dim: 10040001
[INFO 2017-11-26 17:18:17,111 infer.py:54] load model parameters from ctr_models-pass-9-batch-0-test-0.505487498671.tar.gz
[INFO 2017-11-26 17:18:18,230 infer.py:62] infer data...
[INFO 2017-11-26 17:18:18,232 reader.py:27] load inferset from ./output/infer.txt
```

```
[WARNING 2017-11-26 17:18:18,234 infer.py:66] write predictions to ./output/
predictions.txt
```

通过上述终端结果读者不难发现，预测结果已经被写入一个新文件 predictions.txt 里面了，打开这个文件，观察 CTR 预估的最终结果，在本书所实现的环境中，predictions.txt 的内容如下：

```
0.223796
0.194723
0.193593
0.187194
……
```

本章小结

9.1 节介绍了 CTR 的定义，以及 CTR 预估与推荐算法的异同，CTR 是一个需要用精确计算用来排序的参考因子，而推荐算法并不需要精确的计算结果。同时介绍了 CTR 预估效果的评估标准——logloss 和 AUC 指标。

9.2 节概述了 CTR 预估中涉及的基本过程，特征工程、模型训练、上线调整这三个阶段需要读者记住。特别是特征工程中的特征选择，需要读者在实际的 CTR 预估问题中加以重视。

9.3 节介绍了工业上 CTR 预估的常见模型及各自的优缺点，LR、GBDT、GBDT+LR 和 FM+DNN 需要读者重点理解。MLR 是一个新近提出的 LR 模型的变种，仅供读者参考，作为一个未来改进的思路。

9.4 节介绍了工业过程中涉及的线下过程和线上过程，希望读者在具体接触到相关项目时能够很好把握这两个阶段。

9.5 节介绍了 CTR 预估在 PaddlePaddle 上的实现模型和代码，希望读者能够跟着本书的流程，实现简单的 CTR 预估，复现关键结果。更期待读者能够自行实现其他的 CTR 预估模型，做到举一反三。

学完本章，希望读者能对 CTR 预估及 CTR 预估流程中涉及的算法、模型有初步的理解和认识，并能利用文中的示例用代码实现简单的 CTR 预估，复现文章中的 CTR 过程。

CHAPTER 10

第10章

算法优化

前几章主要讲述了典型的深度学习的模型及其在图像识别等领域的应用。本章将在此基础上进一步讲解如何系统地构建一个深度学习项目，以及如何监控并根据实验反馈来改进深度学习系统。首先，将介绍在深度学习中常出现的一些概念，为深度学习项目的开展奠定基础。然后系统地描述一个深度学习项目的实践流程，从确定目标、迭代过程，到不断地在实验中进行观察以判断系统当前所处的状态，并据系统所处的状态给出不同的策略来优化系统、提升模型能力。最后给出一些工程上选择并调整超参数的经验性建议，使读者能够更好地搭建适合自己的深度学习系统。

学完本章，希望读者能够做到以下几点：

（1）能够科学地设计一个深度学习系统的实践流程。

（2）能够对实验中出现的现象进行观察，并判断系统当前所处状态。

（3）能够针对系统中出现的问题选择不同的优化策略提高系统的能力。

10.1 基础知识

本节介绍深度学习中常见的基本概念。

10.1.1 训练、验证和测试集

同传统机器学习模型类似，深度网络模型的构建通常需要将样本分成独立的三部分：训练集（Train Set）、验证集（Validation Set）和测试集（Test Set）。一般来说，在数据集规模很大，比如百万数量级时，训练集、验证集和测试集的划分可以是98%、1%、1%

或者99.5%、0.4%、0.1%。训练集主要用来训练模型。在训练集上可以计算训练误差，通过降低训练误差可以使模型进行学习和优化。

一个在训练集上训练好的模型，在测试集上也应具有较好的效果。机器学习的一个前提假设就是训练集和测试集是独立同分布的。在这个前提下，将模型作用在测试集上，可以评估训练模型的泛化能力。通过降低模型的泛化误差，可以提高模型的表达能力。

可通过设置超参数来控制算法的行为或模型复杂度。超参数与参数的区别在于，它并不是算法本身可以学习出来的。通常将训练集分为两个不相交的子集：一个仍然作为训练集训练模型；另一个就是验证集，用来学习超参数，它是训练算法观察不到的样本集合。

10.1.2　偏差和方差

统计学为机器学习提供了很多理解模型特性、分析模型泛化能力的工具，比如偏差和方差。

偏差（bias）是期望预测与真实标签的误差，定义为：

$$z(\boldsymbol{x}) = (\bar{f}(\boldsymbol{x}) - \boldsymbol{y}) \tag{10-1}$$

其中$\bar{f}(x)$表示模型f对测试样本x的预测输出的期望值，y是x的真实标签。它度量了期望预测与真实标签的偏离程度，反映的是模型本身的精准度，即模型本身的表达能力。

方差（variance）定义为：

$$\boldsymbol{z}(x) = \mathrm{E_D}\left[(f(x;\mathrm{D}) - \bar{f}(x))^2\right] \tag{10-2}$$

其中$f(x;\mathrm{D})$表示在训练集上，模型f对测试样本x的预测输出。方差用于度量用不同训练集得到的输出结果与模型输出期望之间的误差，即模型预测的波动情况。它刻画了学习性能随训练集变动而产生的变化，即数据扰动造成的影响。

由此可见，偏差和方差从不同的两个角度刻画估计量的误差，图10-1所示是一种直观描述方差偏差影响的方法。

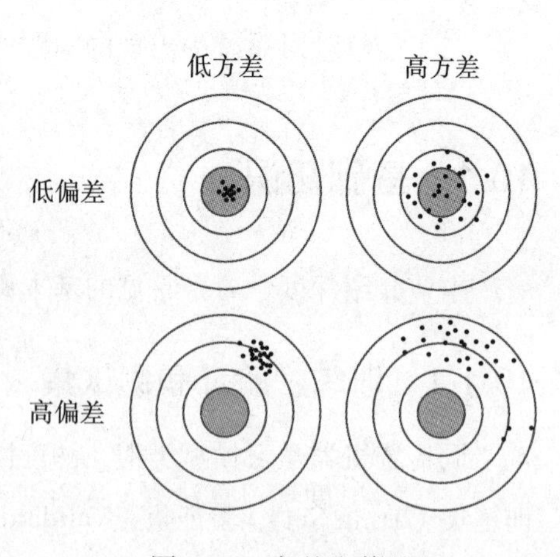

图10-1　方差和偏差

假设灰色靶心区域是真实标签所在区域，即模型输出想要拟合的区域。黑色点表示模型对不同数据集中的样本输出的预测值。由此可见，当方差较低的时候，黑色点比较集中，而方差较高的时候，黑色点则比较分散。当偏差较低的时候，黑色点更靠近靶心区域，表示预测效果比较好；反之则离靶心较远，预测效果变差。

理想情况下，方差和偏差都应当尽可能低，即图 10-1 中左上图表现的情况，此时模型的预测值集中在靶心区域，即全部落在真实标签的区域，体现了模型良好的表达能力。

给定一个学习目标，在训练开始阶段，由于训练较少，学习不足，模型拟合能力不强，预测值和真实标签差距很大，即偏差很大。而因为模型无法较好地表达数据，数据集的扰动也无法产生明显的变化，即方差很小，此时是欠拟合的情况。

随着训练的进行，模型的学习能力不断增强，开始能够捕捉训练数据扰动带来的影响。在充分训练后，轻微的扰动都会导致模型发生明显的变动，此时已经能够学习训练数据集自身特定的、而非所有数据集通用的特性，这说明模型偏差较小而方差较大，这是过拟合的表现。

模型的训练程度可以用模型复杂度衡量，图 10-2 所示直观表示了随着模型复杂度的提升，偏差逐渐减小，方差逐渐增大。当方差和偏差都较小的时候，对应的就是最优模型复杂度。

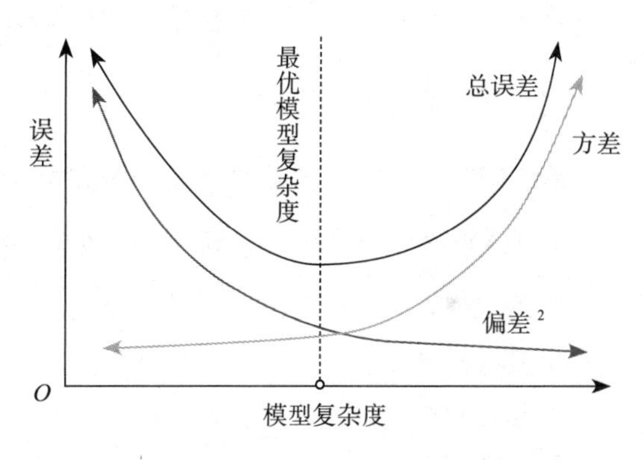

图 10-2 模型复杂度与误差的关系

10.2 评估

本节介绍如何评估深度学习实验的进展。只有明确深度学习实验的目标和评估方式，才能调整策略、优化系统，得到更好的实验效果。

10.2.1 选定评估目标

大多数深度学习算法都涉及某种形式的优化。优化指的是改变模型的参数以最小化或最大化特定目标的过程。通常情况下，最优化的目标是最小化误差或者代价函数。在实际搭建一个深度学习项目中，要做的第一步就是确定优化的目标，即使用什么误差度量来指导接下来的所有工作。同时也应该了解目标性能大致能够达到的级别。

理论上讲，即使有无限的训练数据，并且恢复了真正的概率分布，也不可能实现绝对零误差。这是因为输入特征可能无法包含输出变量的完整信息，或是因为系统本质上是随机的。更何况在实际的工程项目中，研究者能够获得的训练数据也是有限的。通常学界认为贝叶斯最优误差是理论上能够达到的最低误差，而人类的水平较为接近贝叶斯最优误差，所以有时可以将人类水平作为贝叶斯最优误差的一个近似。

另外一个需要考虑的问题是度量的选择。可以用来评估学习算法的性能度量有很多，通常用一个单一指标来度量模型的性能，比如准确率或召回率等。当必须同时考虑两种或多种性能度量的时候，也可以采取加权平均的方法。一般来讲，在学术研究中，研究者可以根据已有研究公布的基准结果来估计性能度量。在现实世界中，模型性能的度量应该受成本、安全、用户需求等多种因素综合影响。

10.2.2　迭代过程

第1章中提到了导数的概念。导数在最优化问题中起着重要作用，因为它可以反映如何更改变量 θ 来略微改善参数 θ 为的函数 $f(\theta)$。因此可以通过将往导数的反方向移动一小步来减小 $f(\theta)$。这种技术称为梯度下降。

在网络的反向传播过程中回传相关误差，使用梯度下降更新参数值，通过计算误差相对于参数的梯度，在代价函数梯度的相反方向更新参数，最终使模型收敛。网络更新参数的公式为：

$$\theta = \theta - \eta \times \nabla_{\theta} L(f(x;\theta), y)$$

其中，$L(f(x;\theta), y)$ 为代价函数，度量了模型预测 $f(x;\theta)$ 与实际值的偏差；$\nabla_{\theta} L(f(x;\theta), y)$ 是代价函数相对于其参数的梯度；η 是学习率。

通过这种迭代方式反复不断地更新参数，可以寻找到使网络性能较优的参数。

10.2.3　欠拟合和过拟合

深度学习中，主要从以下两个角度来评价学习算法效果的好坏：

- 降低训练集上的误差，即训练误差。
- 减少训练集上的误差和测试集上的误差的差距。

这两个角度体现了机器学习面临的两个主要挑战：欠拟合和过拟合。

欠拟合是指模型不能在训练集上获得足够低的误差，即模型在训练集上的误差比人类平均误差要高，此时模型还有提升的空间，可以通过增加模型深度和训练次数或选择一些优化算法继续提高模型的表现能力。

而过拟合是指学习时选择的模型所包含的参数过多，以至于这一模型对已知数据预测得很好，但对未知数据预测得很差的现象。过拟合通常称为模型的泛化能力不好，可以通过增加数据集、加入一些正则化方法或者改变超参数来进行调整。

10.3 调优策略

本节利用上一节中介绍的评估系统所处状态的方法，分别通过降低偏差和降低方差两个方面来介绍优化系统的策略。

10.3.1 降低偏差

深度网络模型优化算法主要依据最小化或最大化的目标函数 $L(f(x^{(i)}; \theta), y^{(i)})$，更新对模型的训练和表达能力造成影响的参数，使这些参数达到或尽可能接近目标函数的最优值，从而提高模型的学习能力，获得预期的网络模型。当模型出现欠拟合的状况时，可以通过调整优化算法来改善模型的训练，降低模型的预测偏差，提升模型的表现能力。

1. 随机梯度下降

随机梯度下降（Stochastic Gradient Descent，SGD）是最常见的优化算法，它对每个训练样本计算反向梯度，并进行参数更新，从而保证执行速度很快。

$$\theta = \theta - \eta \times \nabla_{\theta} L(f(x^{(i)}; \theta), y^{(i)}) \tag{10-3}$$

$x^{(i)}$ 是第 i 次训练的样本，是该样本的真实标签，是学习率。在实践中一般需要随训练的次数减小学习率，使得模型优化能够稳定，逐渐收敛到局部最小值。

由于随机梯度下降对每个样本都进行更新，使得参数的变化过于频繁，参数之间的方差偏高，从而造成不同程度的代价函数波动。如图 10-3 所示，每个训练样本中高方差的更新参数会导致代价函数大幅度波动。

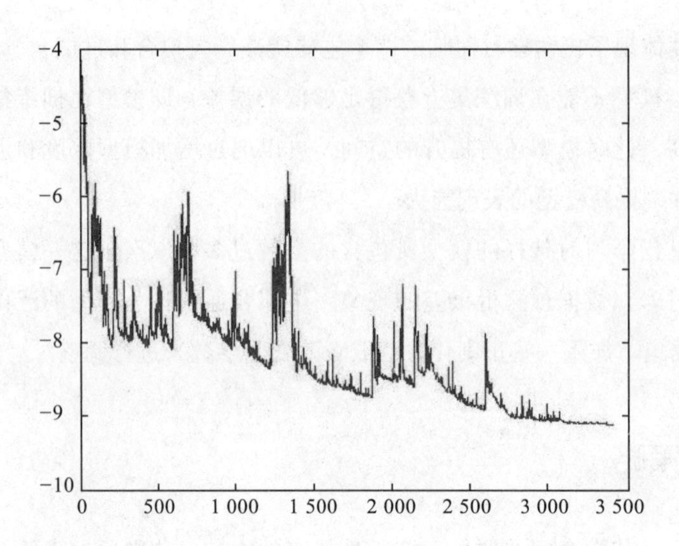

图 10-3 随机梯度下降中出现的代价函数大幅度波动现象

2. Minibatch

SGD优化方法具有速度快的优势，但由于采用逐个样本进行梯度更新的方式，容易造成目标函数震荡，其收敛性能欠佳。小批量梯度下降（Mini Batch Gradient Descent）是对SGD的一种改进，采用小批量的数据进行梯度更新，即每个批量是整个数据集的一个子集，每次对1个批量中的 m 个训练样本更新参数。小批量是随机抽取的，减少了训练数据集带来的冗余性和随机性，因此减少了由于频繁更新造成的代价函数的波动，使得收敛更稳定，从而效果更好。同时小批量的训练方式也避免了使用大批量数据面临的计算量开销大、计算速度慢的问题。

算法：小批量梯度下降在第K个训练迭代的更新

Require：学习率 η

Require：初始化模型参数 θ

while 为满足停止准则 do

　　从训练集中采样 m 个样本 $\{x^{(1)}, \cdots, x^{(m)}\}$ 作为一个小批量，样本 $x^{(i)}$ 的真实标签为 $y^{(i)}$

　　计算梯度估计：$\hat{g} \leftarrow +\frac{1}{m}\nabla_{\theta}\sum_{i=1}^{m} L\left(f\left(x^{(i)};\theta\right), y^{(i)}\right)$

参数更新：$\theta=\theta-\eta\times\hat{g}$

end while

图 10-4 所示通过改变 mini batch 尺寸展示了不同批量大小的训练数据对网络模型性能的影响。算法模型采用第 6 章介绍的数字识别的 CNN 架构，将原本为 128 的 mini batch 尺寸改为 512。对比图 6-21，实验结果显示：修改后的模型其训练代价函数下降到 2.3 左右就不再发生变化，同时测试的预测置信度仅为 10.28%。

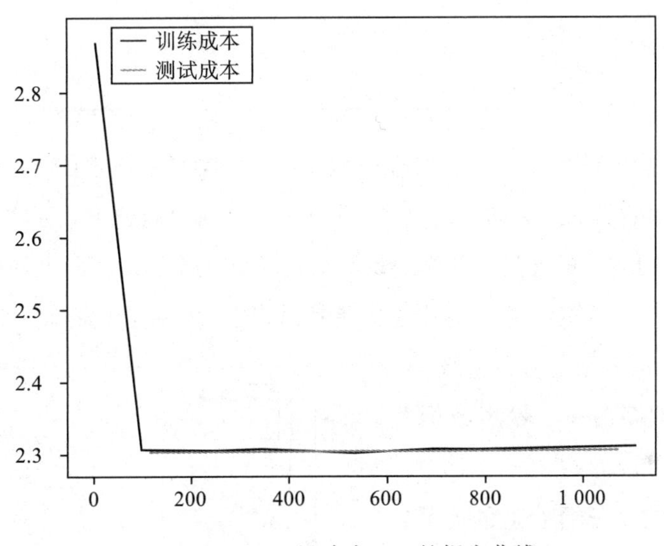

图 10-4 batch 尺寸为 512 的损失曲线

3. Momentum

Momentum（动量）更新是一种加快收敛速度的方法。Momentum 是来自物理中的概念，其基本思想是在代价函数中引入“惯性”，这样在代价函数较平坦（梯度很小）的区域也可以根据惯性沿着某一方向继续学习，因此加快了网络的收敛。

$$\boldsymbol{v}_t=\gamma\boldsymbol{v}_{t-1}+\eta\nabla_\theta L(\theta) \tag{10-4}$$

$$\boldsymbol{\theta}=\boldsymbol{\theta}-\boldsymbol{v}_t$$

动量更新算法引入了速度，它包含了参数在参数空间移动的方向和速率，被设为负梯度的指数衰减平均。

算法：使用动量的小批量梯度下降

Require：学习率 η，动量参数 γ

Require：初始化模型参数 θ，初始速度 v

while 为满足停止准则 do

　从训练集中采样 m 个样本 $\{x^{(1)}, \cdots, x^{(m)}\}$ 作为一个小批量，样本 $x^{(i)}$ 的真实标签为 $y^{(i)}$

　计算梯度估计：$g \leftarrow +\frac{1}{m}\nabla_{\theta}\sum_{i=1}^{m}L(f(x^{(i)};\theta), y^{(i)})$

　计算速度更新：$v_t \leftarrow \gamma v_{t-1} - \eta g$

　参数更新：$\theta = \theta + v$

end while

借助小球从光滑的坡上滑落的物理模型，可以将动量更新理解为小球（即参数）在山坡（即代价函数曲面）上滚动的过程中，通过累计之前滑行速度，在梯度方向一致的维度上小球可以获得较大的速度，使得小球具备足够的速度越过曲面上局部的凹陷，到达山坡低谷处。相对于 SGD，可以减少参数更新过程中代价函数的抖动，获得更快的收敛速度。因此，动量方法能够加速学习，尤其适用于处理高曲率、噪声数据等问题。

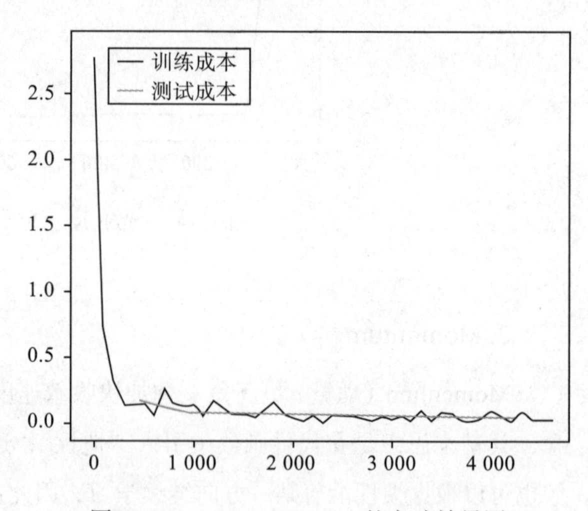

图 10-5　momentum = 0.9 的实验效果图

在实际应用中，选择合适的动量参数对模型的收敛十分关键，通过下面的实验可以对比发现动量的作用。本节实验同样参考第 6 章的实验设置，仅改变动量参数。未调整动量参数时，实验效果如图 10-5 所示，损失可以下降并接近 0。

设置 momentum=0.95 时，虽然损失仍然在下降，但基本在 2.3 左右就不再发生变化了，如图 10-6 所示。

设置 momentum=0.99 时，损失一直在动荡，甚至出现了剧增，模型不收敛，且效果不稳定，如图 10-7 所示。

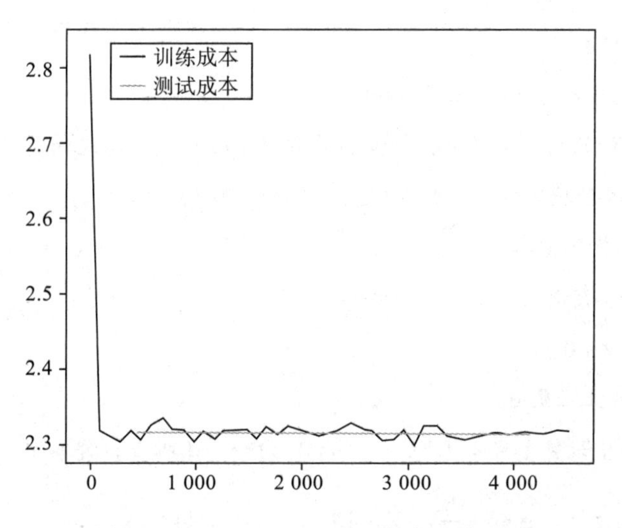

图 10-6　momentum = 0.95 的实验效果图

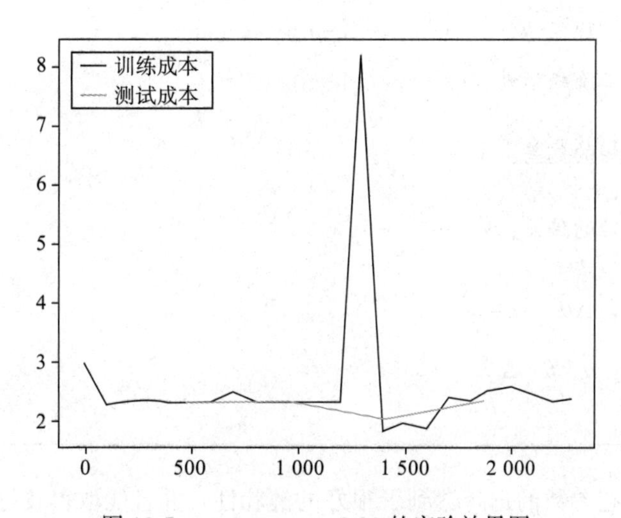

图 10-7　momentum = 0.99 的实验效果图

4. Adam

Adam（Adaptive Moment Estimation）是一种学习率自适应的二阶优化算法，它同时利用梯度的一阶和二阶矩估计动态调整参数的学习率，能够处理稀疏梯度，且善于处理非平稳目标。对内存需求较少，适用于大数据集和高维空间。

算法：Adam 算法

Require：学习率 η（建议默认为 0.001）

Require：矩估计的指数衰减率，ρ_1 和 ρ_2 在区间 [0, 1) 内（建议分别默认为 0.9 和 0.999）

Require: 用于数值稳定的小常数 δ（建议默认为 10^{-8}）

Require：初始化模型参数 θ

初始化一阶和二阶矩变量 $s=0$，$r=0$

初始化时间步 $t=0$

while 为满足停止准则 do

　　从训练集中采样个样本 $\{x^{(1)}, \cdots, x^{(m)}\}$ 作为一个小批量，样本 $x^{(i)}$ 的真实标签为 $y^{(i)}$

　　计算梯度估计：$g \leftarrow +\frac{1}{m}\nabla_\theta \sum_{i=1}^{m} \mathrm{L}\left(f\left(x^{(i)};\theta\right) y^{(i)}\right)$

　　$\mathrm{t} \leftarrow t+1$

　　更新有偏一阶矩估计：$s \leftarrow \rho_1 s + (1-\rho_1)g$

　　更新有偏二阶矩估计：$r \leftarrow \rho_2 r + (1-\rho_2)g \odot g$

　　修正一阶矩的偏差：$\hat{s} \leftarrow \frac{s}{1-\rho_1^t}$

　　修正二阶矩的偏差：$\hat{r} \leftarrow \frac{r}{1-\rho_2^t}$

　　计算更新：$\Delta\theta = -\eta \frac{\hat{s}}{\sqrt{\hat{r}}+\delta}$

　　更新参数：$\theta = \theta + \Delta\theta$

end while

Adam 通常对超参数的选择达到了很好的健壮性，并且能取得较好的效果，目前是深度学习领域很受欢迎的优化算法。

10.3.2　降低方差

通过减低偏差可以提高模型在训练数据上的表现。但实际中，评价一个机器学习模型的性能，除此之外还要评估它在未观测到的数据上的表现，这就要求模型具有良好的泛化能力。本节将要介绍的正则化方法能够提高模型泛化能力，减少训练误差和测试误差的差距。下面将主要介绍几种常见的正则化方法。

1. L2 正则和 L1 正则

一种正则化方法是在目标函数或代价函数后面加上一个正则项，对参数进行约束，来限制模型的学习能力。

将正则化后的代价函数记作：

$$\tilde{L}\left(f\left(x;\theta\right),y\right)=L\left(f\left(x;\theta\right),y\right)+\alpha\Omega\left(\theta\right) \tag{10-5}$$

其中是一个超参数，权衡罚项对代价函数的相对贡献，其越大，则表示对应的正则化惩罚越大。

这里介绍比较常见的 L1 和 L2 正则化方法。

（1）L2 正则

L2 参数正则化方法也叫权重衰减。通过向目标函数添加一个正则项，使权重更加接近原点。

L2 参数正则化之后的模型具有以下总的代价函数：

$$\tilde{L}\left(f\left(x;\theta\right),y\right)=L\left(f\left(x;\theta\right),y\right)+\frac{\alpha}{2}\theta^T\theta \tag{10-6}$$

与之对应的梯度为

$$\nabla_\theta\tilde{L}\left(f\left(x;\theta\right),y\right)=\nabla_\theta L\left(f\left(x;\theta\right),y\right)+\alpha\theta \tag{10-7}$$

使用单步梯度下降更新权重，即执行以下更新：

$$\theta\leftarrow(1-\eta\alpha)\theta-\eta\nabla_\theta \mathrm{L}(f(x;\theta),\mathrm{y}) \tag{10-8}$$

可以看到，加入 L2 正则项后会影响参数更新的规则，正则化之后的模型权重在每步更新之后的值都要更小。

假设 L 是一个二次优化问题（比如采用平方代价函数），则模型参数可以进一步表示为 $\bar{\theta}=\frac{\lambda_i}{\lambda_i+\alpha}\theta_i$，即相当于在原来的参数上添加一个控制因子，其中是参数 Hessian 矩阵的特征值。由此可见：

- 当 $\lambda_i \gg \alpha$ 时，惩罚因子作用比较小。
- 当 $\lambda_i \ll \alpha$ 时，对应的参数会缩减至 0。

这表示，在显著减小目标函数方向上正则化的影响较小，而无助于目标函数减小的方向上对应的分量则在训练过程中因为正则化而被衰减掉。

因此增加 L2 正则项，对原函数进行一定程度的平滑化，通过限制参数在 0 点附近，减小输出目标中协方差较小的特征的权重，加快收敛，降低优化难度。

（2）L1 正则

L1 正则化也是一种常见的正则化方法，它能使得模型的参数尽可能稀疏化。模型参数的 L1 正则化被定义为 $\Omega(\theta)=\|\theta\|_1$，即各个参数的绝对值之和。

与 L2 权重衰减类似，可以通过缩放惩罚项的正超参数 α 来控制 L1 权重衰减的强度。因此，正则化的目标函数 $\tilde{L}\left(f(x;\theta),y\right)$ 如下所示：

$$\tilde{L}\left(f(x;\theta),y\right)=L\left(f(x;\theta),y\right)+\alpha\|\theta\|_1 \quad (10\text{-}9)$$

对应的梯度（实际上是次梯度）：

$$\nabla_\theta\tilde{L}\left(f(x;\theta),y\right)=\nabla_\theta L\left(f(x;\theta),y\right)+\alpha\operatorname{sgn}(\theta) \quad (10\text{-}10)$$

其中 $\operatorname{sgn}(\theta)$ 是符号函数。

L1 正则化对梯度的影响不再是线性地缩放每个 θ_i；而是添加一项与 $\operatorname{sgn}(\theta_i)$ 同号的常数。使用这种形式的梯度之后，不一定能得到 $\tilde{L}\left(f(x;\theta),y\right)$ 二次近似的直接算术解（L2 正则化时可以）。L1 参数正则化相对于不加正则化的模型而言，每步更新后的权重向量都向 0 靠拢。因此 L1 相对于 L2 能够产生更加稀疏的模型，即当 L1 正则在参数 θ 比较小的情况下，能够直接缩减至 0。因此可以起到特征选择的作用。

2. Dropout

Dropout 是通过修改模型本身结构来实现的，计算方便但功能强大。图 10-8 所示为三层人工神经网络。

对于图 10-8 所示的网络，在训练开始时，按照一定的概率随机选择一些隐藏层神经元进行删除，即认为这些神经元不存在，这样便得到图 10-9 所示的网络。

按照这样的网络计算梯度进行参数更新（对删除的神经元不更新）。在下一次迭代时，再随机选择一些神经元，重复上面的做法，直到训练结束。

Dropout 也可以看作是一种集成（bagging）方法，每次迭代的模型都不一样，最后以某种权重平均起来，这样参数的更新不再依赖于某些共同作用的隐层节点之间的关系，能够有效防止过拟合。

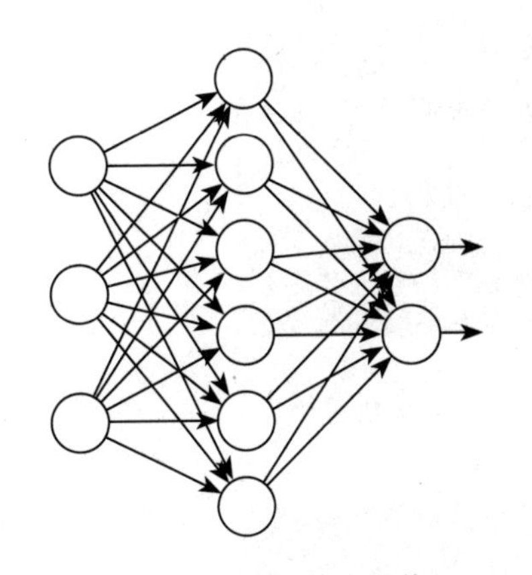

图 10-8　三层神经网络

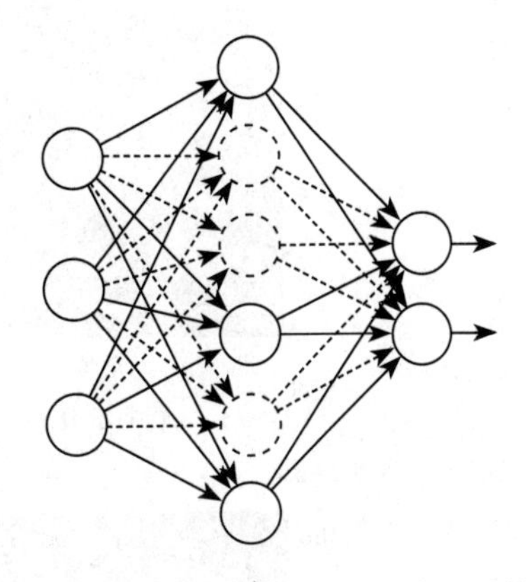

图 10-9　Dropout 后的三层神经网络

本节采用的实验是点集的二分类问题。数据分布如图 10-10 所示。

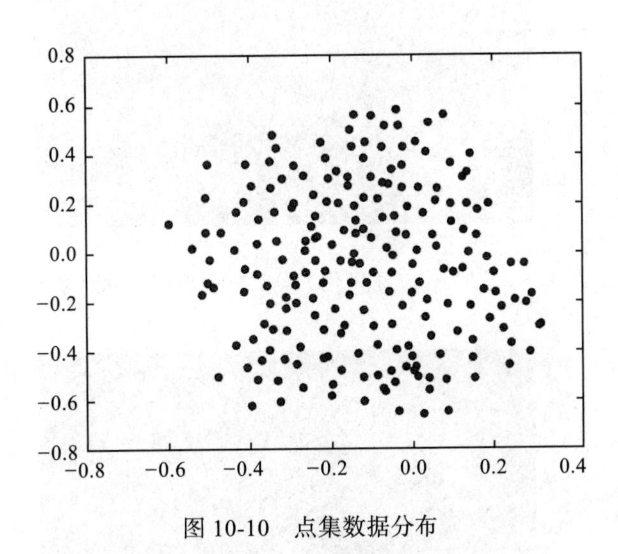

图 10-10　点集数据分布

实验的目的是找到一个决策边界将蓝色的点与红色的点分开。如果不采用任何正则化方法，得到的决策边界如图 10-11 所示。

可以看出，没有采取任何正则化措施，我们得到的决策边界是过拟合的。分别加入 L2 正则化和 Dropout 正则化，得到的边界如图 10-12 和图 10-13 所示。

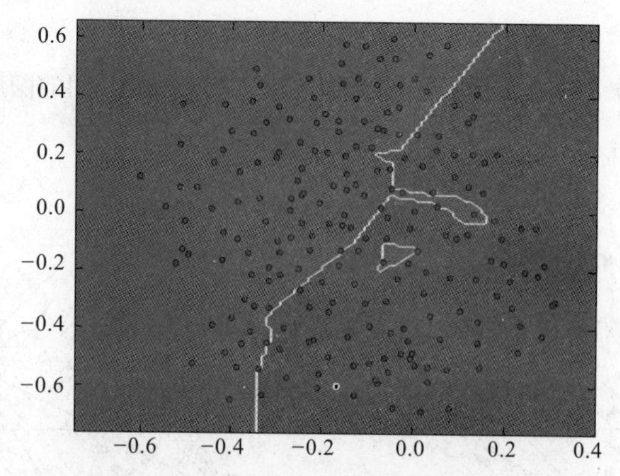

图 10-11　无正则化项的分类模型得到的决策边界

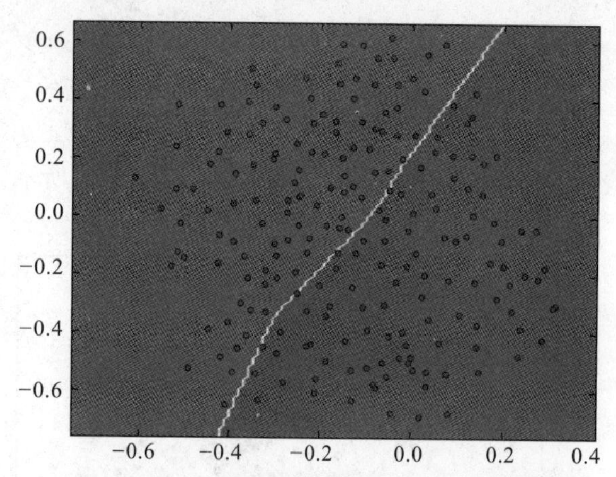

图 10-12　加入 L2 正则化的分类模型得到的决策边界

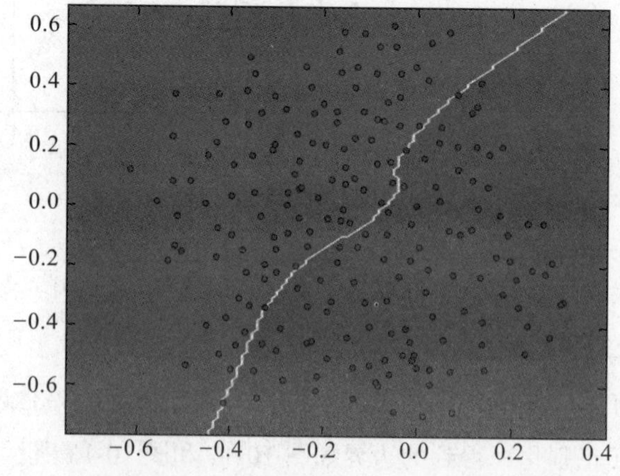

图 10-13　加入 Dropout 正则化的分类模型得到的决策边界

由此可见，加入正则化后的模型得到的决策边界缓和了过拟合的问题，具有更好的泛化能力。

3. Batch normalization

机器学习的一个假设就是，数据是满足独立同分布的。而在深度学习模型中，原本做好预处理的同分布数据在经过层层的前向传导后，分布不断发生变化。随着网络的加深，上述变化带来的影响不断被放大。Batch normalization 的目的就是对网络的每一层输入做一个处理，使得它们尽可能满足输入同分布的基本假设。可以对每一层的输入做标准化处理，使得输入均值为 0、方差为 1：

$$\hat{\boldsymbol{x}}^{(k)} = \frac{\boldsymbol{x}^k - \mathrm{E}\left[\boldsymbol{x}^{(k)}\right]}{\sqrt{\mathrm{var}\left[\boldsymbol{x}^{(k)}\right]}} \tag{10-11}$$

但如果只是简单地对每一层做白化处理，会降低层的表达能力。如图 10-14 所示，在使用 Sigmoid 激活函数的时候，如果把数据限制到 0 均值单位方差，那么相当于只使用了激活函数中近似线性的部分，这显然会降低模型表达能力。

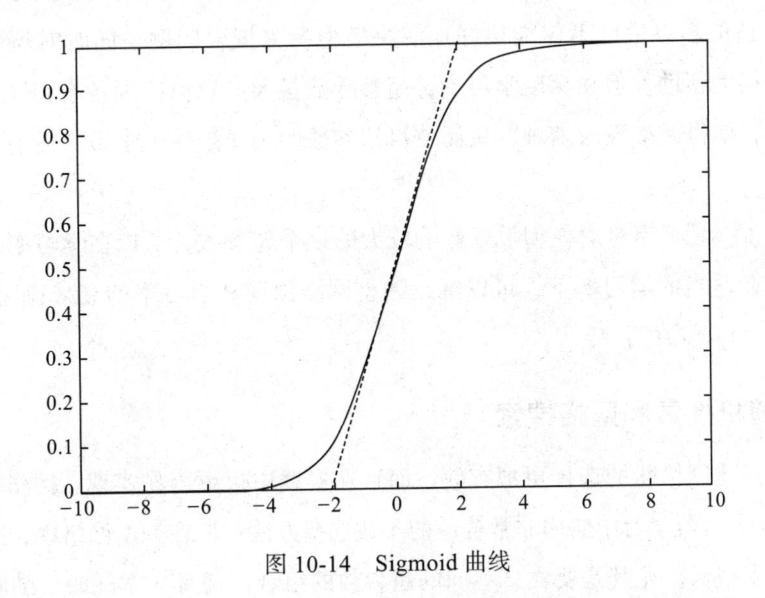

图 10-14　Sigmoid 曲线

所以为 Batch normalization 增加了两个参数，用来保持模型的表达能力。于是最后的输出为：

$$y^{(k)} = \gamma^{(k)}\hat{x}^{(k)} + \beta^{(k)} \tag{10-12}$$

通过引入这两个可学习的重构参数和，让网络可以学习恢复出原始网络表达能力的输出，同时又能保证每层的特征分布尽可能相近。最后 batch normalization 网络层的前向传导过程公式就是：

$$\begin{aligned}
\mu_B &\leftarrow \frac{1}{m}\sum_{i=1}^{m} x_i \\
\sigma_B^2 &\leftarrow \frac{1}{m}\sum_{i=1}^{m}(x_i - \mu_B)^2 \\
\hat{x}_i &\leftarrow \frac{x_i - \mu_B}{\sqrt{\sigma_B^2 + \epsilon}} \\
y_i &\leftarrow \gamma \hat{x}_i + \beta \equiv \mathrm{BN}_{\gamma,\beta}(x_i)
\end{aligned} \tag{10-13}$$

其中 m 是 mini batch size，μ_B 是 mini batch 的均值，σ_B^2 是 mini batch 的方差。

10.4 超参数调优

选取合适的超参数，不仅能很好地解决模型的欠拟合问题，同时对模型的过拟合的解决也有很大帮助。但在深度学习中，超参数数量大、取值范围各不相同，因此组合的情形繁多，使得调参极为困难，从而使得超参数的选择是深度学习中最为复杂的步骤之一。

通常来说，学习率是对模型效果影响较大的一个超参数，所以在学习率的选取上要更为慎重。在适当的学习率下，可以继续调整网络深度和学习率的衰减速度等超参数。下面将介绍一些调参的技巧。

10.4.1 随机搜索和网格搜索

随机选择比网格化的选择更加有效，而且在实践中也更容易实现。网格搜索（Grid Search）是经典机器学习中应用非常普遍的参数选择方法。但在深度网络中，网格搜索搜寻超参数效率很低，尤其是要尝试不同的超参数的组合，通常非常耗时。随着超参数数量的增加，网格搜索的计算消耗将呈指数级增长。而在实际中，一般会存在部分超参数相较于其他超参数对模型存在更大的影响，通过随机搜索，而不是网格化搜索，可以高效、精确地发现这些比较重要的超参数，并取得较好的效果时的值。

10.4.2 超参数范围

超参数取值范围可以优先在对数尺度上进行搜索，通常可以以 10 为阶数进行尝试，尤其是对于学习率、正则化项的系数等，该方法效果明显，这主要是因为采用倍乘的策略会加强它们在动态训练过程中对梯度值的影响。例如，当学习率是 0.001 的时候，如果对其固定地增加 0.01，学习率发生较大的改变，梯度下降的幅度也将随之大幅增加，那么对于学习过程会有很大影响。然而当学习率是 10 的时候，增加 0.01 则影响就微乎其微了。因此，比起加上或者减少某些值，以乘积的方式改变学习率的范围更加符合深度网络学习过程。当然，在实际中也存在一些参数（比如 Dropout）需要在原始尺度上（0 到 1 之间）进行搜索。

超参数范围的相关代码如下：

```
import numpy as np
# 假设调参过程中一些参数的调试范围如下
# 学习率 learning_rate 介于 [0.000001,1] 之间
r = -6*np.random.rand()
learning_rate = 10**r
# 动量 momentum 介于 [0.9,0.999] 之间
m = -3*np.random.rand()
momentum = 1-10**m

#Dropout 取值范围为 [0.5,0.8]
dropout = 0.5+0.3*np.random.rand()
```

10.4.3 分阶段搜索

在实践中，另外一个有效的策略是先进行粗略范围（比如）搜索，然后根据好的结果出现的位置，进一步在该位置附近范围进行更细致的搜索。在粗略范围搜索的阶段，每次训练一个周期即可，这是因为初始时超参数的设定是随机的、无意义的，甚至会让模型无法学习到任何有用的知识。而在细致搜索阶段，就可以多运行几个周期。

10.4.4 例子：对学习率的调整

学习率是深度学习中相对难设置的超参数。将学习率设置得太小，会导致梯度下降速度过慢，网络收敛慢；而将学习率设置得过大，会导致结果越过最优值，甚至由于震荡而出现梯度爆炸现象。

我们以第6章数字识别任务为例说明学习率的影响，代码如代码清单10-1所示。第6章实验环节选用的学习率为0.01/128，而保持其他参数和设置不变，分别将学习率设置为0.000 01/128.0和1.0/128.0重新进行实验，实验结果的cost图和测试结果记录如图10-15～图10-17所示。

代码清单10-1　数字识别实验原始设置

```
optimizer = paddle.optimizer.Momentum(
    learning_rate=0.01 / 128.0,
    momentum=0.9,
    regularization=paddle.optimizer.L2Regularization(rate=0.0005 * 128))
```

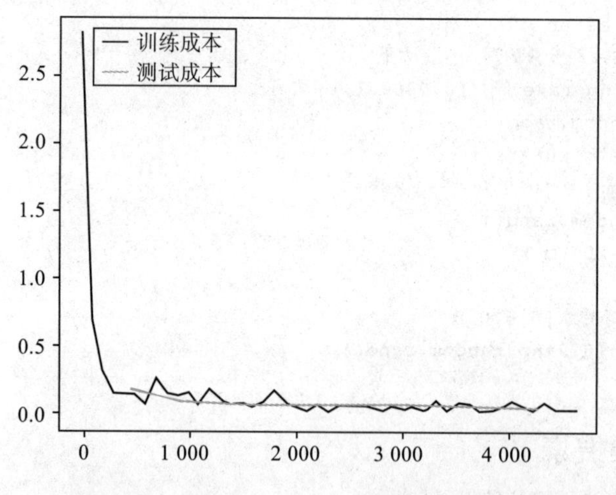

图10-15　学习率＝0.01/128.0的实验效果图

由此上结果可以看到，当学习率过小时（即0.000 01/128.0），网络收敛过慢，相同迭代次数下训练得到的模型效果较差；当学习率过大时（即1.0/128.0），由于梯度下降幅度较大，总是越过局部最优值，网络无法收敛。只有在选择合适的学习率（即0.01/128.0）的情况下，才能快速而有效地完成网络的训练。

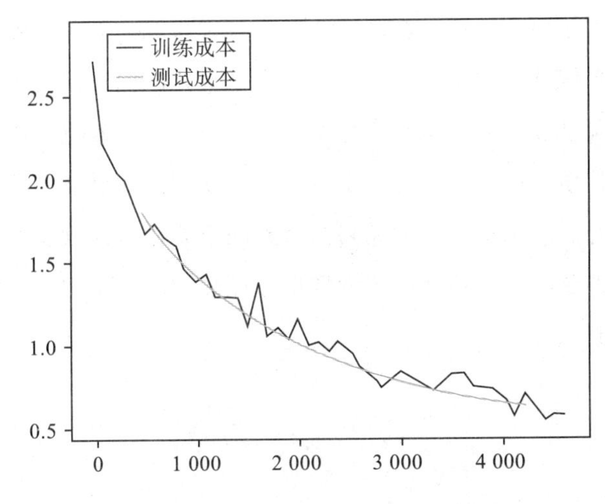

图 10-16 学习率 =0.00001/128 的实验效果图

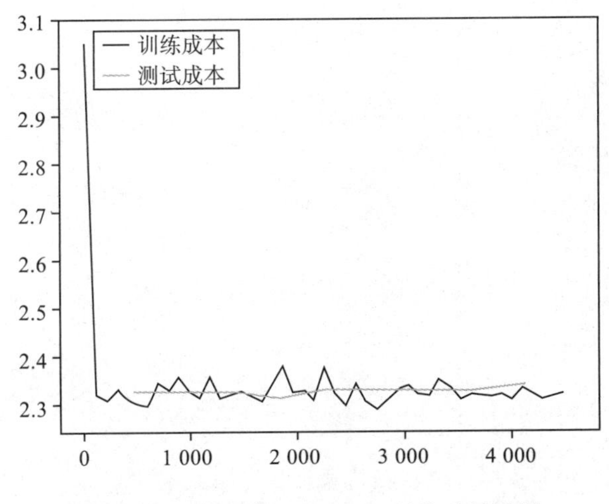

图 10-17 学习率 =1.0/128.0 的实验效果图

本章小结

本章主要介绍了深度学习工程实践的基础知识和实用技巧。主要包括如何设计一个合理的实践流程、确定目标及评估指标，让大家对深度学习工程的迭代本质有一个基本的认识。在深度学习实验中，要不断观察实验中各项指标的变化，并对当前系统出现的问题做出判断。若系统处于欠拟合，可以通过降低偏差的方法来调整；若模型处于过拟合状态，可以通过降低方差的策略来优化系统。超参数的调整也是深度学习中重要又烦琐的部分，对于降低偏差和方差都有一定的效果，是调优的重要手段，本章对此给出了一些经验性建议，并通过例子来说明超参数调整的重要性，使读者有更直观、深入的理解。希望通过本章的学习，能够帮助读者解决在深度学习系统中出现的困难，成功搭建自己的深度学习系统。